跨平台移动开发丛书

Bootstrap Web 设计与开发实战

杨旺功 著

清华大学出版社
北京

内 容 简 介

本书由浅入深，全面、系统、详尽地介绍了Bootstrap框架相关技术在Web和移动Web开发领域的应用。书中提供了大量的代码示例，读者可以通过这些示例深入理解Bootstrap框架相关的知识点，同时还可以举一反三，将这些示例应用到实战项目之中。本书从基本原理到实战应用，几乎涉及了Bootstrap框架Web开发领域的绝大部分内容，是一本集理论与实战的综合性参考书。

本书共15章，分为三篇。第一篇为Bootstrap基础，主要介绍Bootstrap框架的基础知识与开发入门等内容。第二篇为Bootstrap框架，主要介绍了Bootstrap脚手架、Bootstrap样式设计、Bootstrap组件设计、Bootstrap插件设计与Bootstrap多媒体设计等相关的内容。第三篇为Bootstrap实战，详细讲解了如何基于Bootstrap框架开发Web应用的过程与方法，同时还包括整合jQuery UI框架和jQuery Mobile框架开发移动应用的案例。

本书适合所有想全面深入学习Bootstrap框架开发技术的人员阅读，尤其适合正在应用Bootstrap框架做移动应用开发的人员阅读。对于大中专院校相关专业的学生和培训机构的学员，本书也是一本不可多得的参考书。

图书在版编目（CIP）数据

Bootstrap Web设计与开发实战 / 杨旺功著. -- 北京：清华大学出版社，2017（2019.8重印）

（跨平台移动开发丛书）

ISBN 978-7-302-47087-8

I. ①B… II. ①杨… III. ①网页制作工具 IV.①TP393.092.2

中国版本图书馆CIP数据核字（2017）第118989号

责任编辑：夏毓彦
封面设计：王　翔
责任校对：闫秀华
责任印制：沈　露

出版发行：清华大学出版社
　　网　　址：http://www.tup.com.cn，http://www.wqbook.com
　　地　　址：北京清华大学学研大厦A座　　**邮　　编：**100084
　　社 总 机：010-62770175　　**邮　　购：**010-62786544
　　投稿与读者服务：010-62776969，c-service@tup.tsinghua.edu.cn
　　质量反馈：010-62772015，zhiliang@tup.tsinghua.edu.cn
印 装 者：三河市铭诚印务有限公司
经　　销：全国新华书店
开　　本：190mm×260mm　　**印　张：**19　　**字　数：**486千字
版　　次：2017年7月第1版　　**印　次：**2019年8月第4次印刷
定　　价：69.00元

产品编号：073173-01

前　言

Bootstrap 是由 Twitter 公司推出的一款前端开发框架，在当前的 Web 和移动 Web 应用设计领域中非常受欢迎。基于 Bootstrap 框架可以实现前端 UI 设计与后台业务逻辑设计的协作开发，可以完美地实现响应式布局界面，可以无缝适配如 PC、平板和手机等多种设备终端，可以说 Bootstrap 是所有前端开发框架中的集大成者。

目前图书市场关于 Bootstrap 框架开发的图书不少，但真正从实际应用出发，通过具体案例来指导读者提高应用开发水平的图书却不多。本书便是以实战为主旨，通过大量的代码实例与项目实例，让读者全面、深入、透彻地理解 Bootstrap 框架开发的各种热门技术及各种主流框架及其整合使用，提高实际开发水平和项目实战能力。

关于 Bootstrap 框架

- Bootstrap 不仅是一个 CSS 框架

我们知道，Bootstrap 框架是基于 CSS 标准构建的，但如果仅仅认为其是一个前端 CSS 框架就太狭隘了。Bootstrap 框架最初是由 Twitter 公司的两个员工发布的，旨在能够让 Web 应用适应各种不同的设备终端，一经推出就受到业内开发人员的广泛关注。随着 Bootstrap 框架的快速发展，很快成为开发跨平台和跨设备应用的首选前端技术。

目前，Bootstrap 已经是一款集成 HTML5、CSS3 和 JavaScript 技术的开发框架，自身已经构成了独立的开发体系，基于 Bootstrap 二次开发的插件也非常受欢迎。因此，Bootstrap 不再仅仅是一个 CSS 框架，其涵盖的内容已经十分广泛了。

- Bootstrap 框架的主流地位

Bootstrap 框架在学习上需要花费一定的功夫，但在使用上还是照顾设计人员的常规思路，对于有一定的前端开发基础的设计人员还是易学易用的。

Bootstrap 框架的移动开发特性与当前移动互联网在蓬勃发展的大背景下，二者是相得益彰、相互助力。一方面，随着移动应用程序的大行其道，促使了 Bootstrap 框架的不断改进与完善；另一方面，随着 Bootstrap 框架性能的不断提升，可以帮助前端设计开发人员利用 Bootstrap 框架开发出更强大的移动应用程序。可以说，Bootstrap 框架已经占据了移动应用开发的主流地位。

- 本书与 Bootstrap 框架

许多人在学习 Bootstrap 框架的时候经常会搞混一些概念和用法。从某种角度来说，Bootstrap 框架是一系列前端技术的集合，并且是不断向前发展的技术。为了帮助那些对移动开发感兴趣的读者能够在较短的时间内掌握 Bootstrap 框架开发技术，笔者编写了本书。

本书首先从 Bootstrap 框架的基础入手，让读者理解 Bootstrap 框架究竟如何使用。然后针对 Bootstrap 框架的内容由浅入深一一进行了讲解，尤其是在移动开发中的应用，以期读者能够掌握 Bootstrap 框架的核心内容。最后再讲解了基于 Bootstrap 框架的开发实战，让读者可以快速成为一位高效而专业的开发者。

本书特色

- 内容丰富，覆盖面广

本书基本涵盖 Bootstrap 框架开发的所有常用知识点及开发工具。无论是初学者，还是有一定基础的 Web 开发从业人员，通过阅读本书都将获益匪浅。

- 注重实践，快速上手

本书不以枯燥乏味的理论知识作为讲解的重点，而是从实践出发，将必要的理论知识和大量的开发实例相结合，并将笔者多年的实际项目开发经验贯穿于全书的讲解中，让读者可以在较短的时间内理解和掌握所学的知识。

- 内容深入、专业

本书直击要害，先从标准文档入手，深入浅出地讲解了 Web 技术的原理；然后结合移动 Web 开发的相关工具，介绍了实际的移动 Web 开发，让读者学有所用。

- 实例丰富，随学随用

本书提供了大量来源于真实 Web 开发项目的实例，并给出了丰富的程序代码及注释。读者通过研读这些例子，可以了解实际开发中编写代码的思路和技巧，而且还可以将这些代码直接复用，以提高自己的开发效率。

本书体系

第一篇　Bootstrap 基础（第 1～2 章）

本篇涵盖的内容包括 Bootstrap 框架的基础知识和开发入门等内容。

第二篇　Bootstrap 框架（第 3～12 章）

本篇主要介绍了 Bootstrap 框架的脚手架、样式设计、组件设计、插件设计与多媒体设计等相关的内容。

第三篇　Bootstrap 实战（第 13～15 章）

本篇详细讲解了使用 Bootstrap 框架开发 Web 应用与移动应用的实战方法，包括多个 Web 应用与移动应用的案例。

代码下载

本书代码下载地址（注意数字和英文字母大小写）如下：

https://pan.baidu.com/s/1jIzG0Hg（密码：etjr）

如果下载有问题，请联系电子邮箱 booksaga@163.com，邮件主题为“Bootstrap 代码”。

本书读者

- 需要全面学习移动应用开发技术的人员
- Bootstrap 初学者
- 有一定基础的 Web 开发人员
- Web 前端开发工程师
- 移动应用开发人员
- 浏览器开发人员
- 大中专院校的学生
- 相关培训班的学员

本书作者（封面）

杨旺功，男，博士在读，北京印刷学院新媒体学院数字媒体艺术专业教师，主要研究方向是信息与交互设计、虚拟现实、数字娱乐和新媒体艺术等，具有丰富的数字媒体交互产品设计和移动应用 UI 设计的教学经验。在数字艺术与设计领域成果显著，发表数字艺术论文 8 篇，出版著作 6 部。

本书由杨旺功主笔，参与本书创作的还有王立平、刘祥淼、彭霁、樊爱宛、张泽娜、曹卉、林江闽、沈超、李阳、李雷霆、韩广义、孙亚南、熊伟，在此表示感谢。由于编者水平有限，书中不足之外在所难免，欢迎广大读者批评指正。

作者

2017 年 6 月

目 录

第 1 章

Bootstrap从何而来

Bootstrap 框架源自于 Twitter，是基于 HTML、CSS 和 JavaScript 构建的、目前最受欢迎的前端框架。Bootstrap 简洁灵活，提供很多响应式设计模板，也支持跨平台操作，是目前 Web 开发和移动 Web 开发人员的首选框架。本章将介绍 Bootstrap 框架的基础内容，帮助读者了解认识 Bootstrap 框架。

本章主要内容包括：

- 了解响应式设计的概念
- 掌握响应式设计的设计原则
- 了解 Bootstrap 的设计目标

1.1 初识 Bootstrap

本节先向读者介绍 Bootstrap 框架从何而来，帮助读者了解 Bootstrap 框架的历史及特点。

Bootstrap 框架是由 Twitter 设计师 Mark Otto 和 Jacob Thornton 共同开发出来的，准确讲其是一个 HTML+CSS 的前端框架。Bootstrap 框架提供了优雅的 HTML 和 CSS 规范，是由动态 CSS 语言写成，完美地解决了页面响应式设计的难点。因此，Bootstrap 框架推出后颇受欢迎，已经成为 Web 开发人员实际意义上的设计规范，目前许多优秀的开源前端框架均是基于 Bootstrap 源码性能优化而来的。

Bootstrap 框架中包含了丰富的 Web 组件，设计人员可以使用这些组件快速搭建出一个漂亮美观、功能完备的网站。同时，Bootstrap 框架还自带了多个 jQuery 功能插件，这些功能插件为 Bootstrap 框架中的组件提供了功能支持。设计开发人员可以对 Bootstrap 框架中所有的 CSS 变量进行修改，根据实际需求来裁剪出满足项目需要的代码。

Bootstrap 框架目前最新版本是 v3.3.5，且最新版本是完全向下兼容的。同时，官方网站也已经发布了 Bootstrap 4.0 预览版，以供开发人员测试使用。

1.2 什么是响应式设计

页面可以根据用户的终端设备尺寸或浏览器的窗口尺寸来自动地进行布局调整，这就是响应式布局设计。目前，用户终端设备可谓是种类繁多、琳琅满目。我们细想一下，从台式显示器到笔记本电脑屏幕，从平板电脑再到手机界面，且同一类设备但不同厂家的产品屏幕尺寸也不尽相同，如果设计起页面来，想想都头大。响应式布局就是为了解决这个问题而诞生的，且目前已经是主流的设计方式了。

图 1.1 就是一个直观的响应式布局设计示意图，图中演示了同一个页面在台式显示器、iPad 及 iPhone 三种设备屏幕尺寸上呈现的效果。

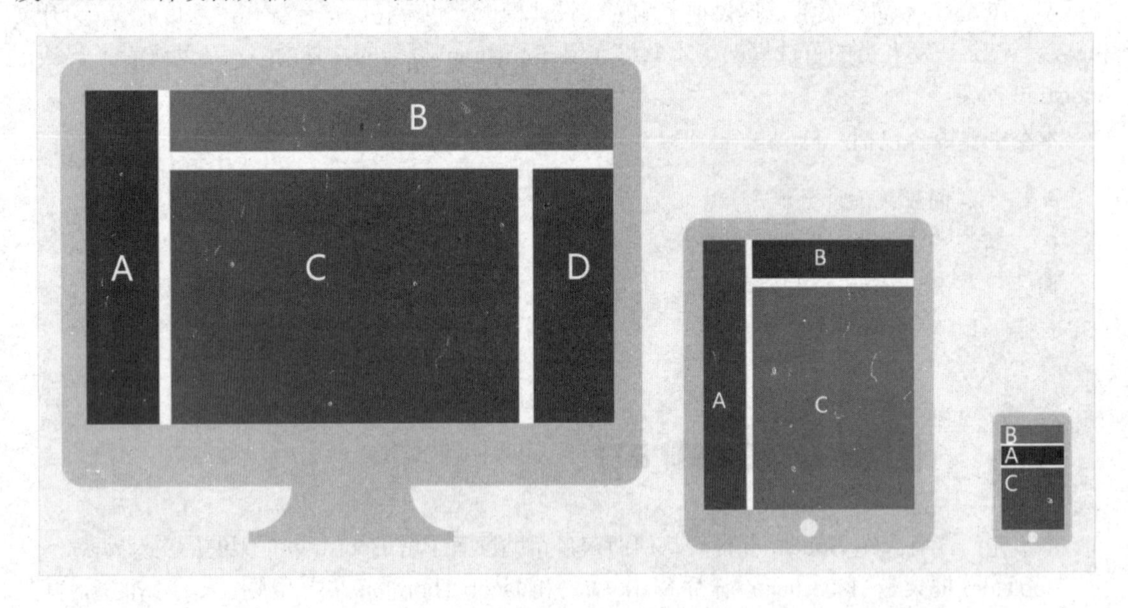

图 1.1　响应式布局设计示意图

下面再来看图 1.2 和图 1.3，这是两个典型的响应式设计案例，读者可以直观地感受一下。

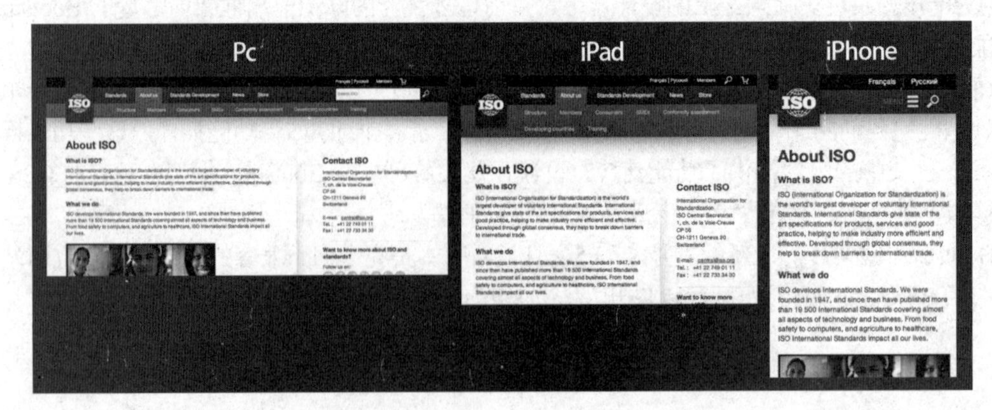

图 1.2　响应式设计案例 1

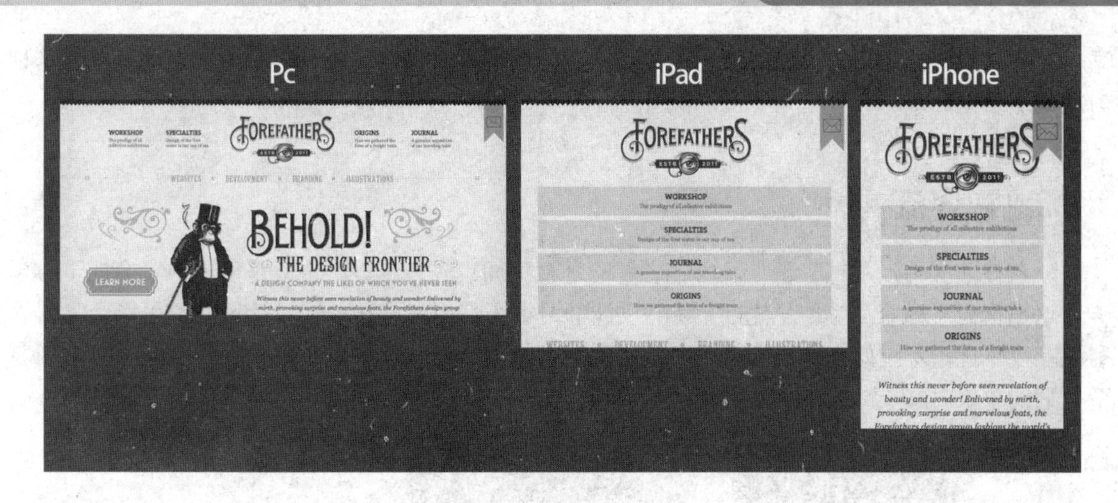

图 1.3　响应式设计案例 2

近年来，新兴的移动互联网发展势头非常迅猛，尤其是高性能智能手机和平板的普及，使得在移动设备上浏览绚丽的页面成为可能（相对于曾经的 WAP 手机站来说）。响应式设计越来越流行，Bootstrap 框架就是因此应运而生的。可以说，Bootstrap 框架的出现解决了之前一直困扰设计人员的终端设备屏幕尺寸的兼容性问题，是广大前端设计开发人员的福音。

1.3　响应式设计四大原则

本节介绍一下响应式设计所需要遵循的一些基本原则，归纳起来一共有 4 个方面，具体如下：

- 移动优先还是 PC 优先
- 内容流
- 位图还是矢量图
- 相对单位还是固定单位

1.3.1　移动优先还是 PC 优先

随着移动互联网的发展，很多小型创业企业甚至没有了自己的网站，只有一个 APP 应用。在这个时代，网站项目是从小屏幕入手过渡到大屏幕（移动优先），还是从大屏幕入手过渡到小屏幕（PC 优先），成为企业考虑的首要问题。

传统的大企业改造型网站，大部分是从大屏幕逐步过渡到小屏幕，而且在过渡到小屏幕时会碰到一些额外的限制，如没法在第一页面显示更多的内容，要更简洁，具体到要放哪些标签都是需要决策的内容。

在新兴的创业公司中，通常情况下都会从两方面同时着手，所以具体哪个优先还是要看哪种方式最适合你。

1.3.2 内容流

随着移动屏幕尺寸越来越小，内容所占的垂直空间也越来越多。也就是说，内容会向下方延伸，这被称为“内容流”。早先的 Web 设计师习惯了使用像素和点来设计页面，可能会觉得这有点难以掌握。不过好在它很简单，多多练习就习惯了。图 1.4 展示了两种设计状态下页面内容变宽后的效果。

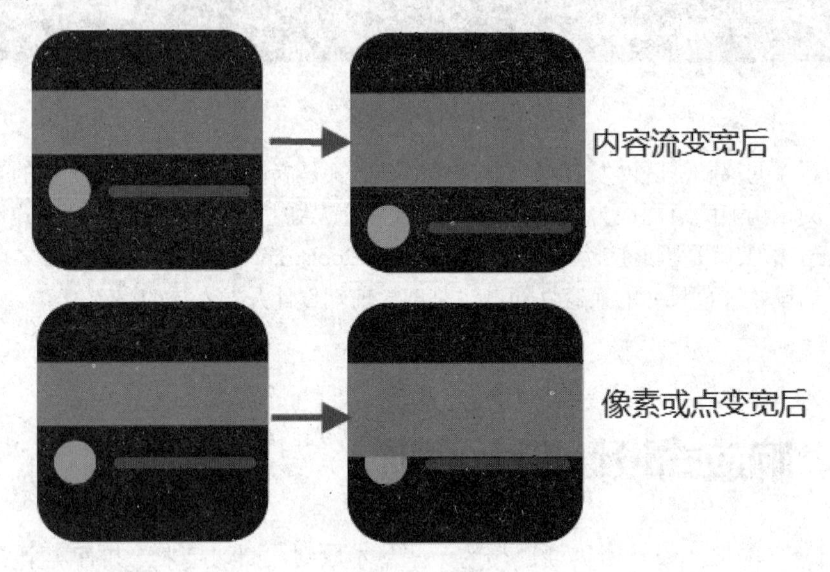

图 1.4 内容流对比

1.3.3 位图还是矢量图

以前我们知道，当一张图片被放大后就会出现比较“虚”的情况，这种图是位图，而放大后不变“虚”的则是矢量图。先来了解一下两者的概念。

矢量图使用线段和曲线描述图像，所以称为矢量，同时图形也包含了色彩和位置信息。

位图使用像素（一格一格的小点）来描述图像，计算机屏幕其实就是一张包含大量像素点的网格，在位图中，图像由每一个网格中的像素点的位置和色彩值来决定，每一点的色彩是固定的，所以放大后观看图像时，每一个小点看上去就像是一个马赛克，这就是我们常说的“虚”。

在响应式设计中，图标或图像都会涉及这个问题。如果我们的图标有很多细节，并且应用了很多华丽的效果，那就用位图，否则，考虑使用矢量图。如果是位图，使用 jpg、png 或 gif；矢量图则最好使用 SVG 或图标字体。位图和矢量图两者各有利弊。矢量图通常比较小，很适合移动端来展示，但部分比较老的浏览器可能不支持矢量图。还有，有些图标有很多曲线，可能导致它的大小比位图还大，所以要根据实际情况明智取舍。

1.3.4　相对单位还是固定单位

对于设计师而言，我们的设计对象可能是桌面屏幕，也可能是移动端屏幕，或者介于两者之间的任意屏幕类型。不同的终端像素密度也会不同，所以我们需要使用灵活可变且能够适应各种设备的单位。

传统的设计单位有 px、pt、cm 等，但他们都是固定单位，没法实现跨平台展示。那么，在这种情况下，百分比等相对单位就到了发挥作用的时候了。使用百分比时，我们所说的宽度 50%是表示宽度占屏幕大小（或者叫视区，即所打开浏览器窗口的大小）的一半，如图 1.5 所示。

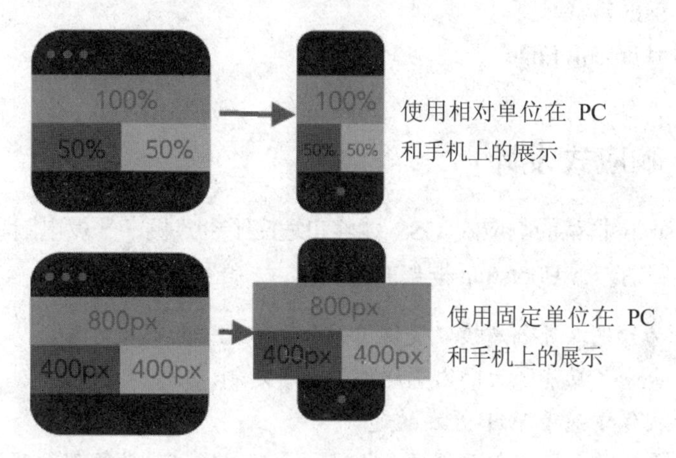

图 1.5　固定单位和相对单位对比

1.4 Bootstrap 设计目标

本节介绍一下 Bootstrap 设计目标，包括目标对象、浏览器支持和响应式设计等内容。

1.4.1　优先针对移动设备

其实自 Bootstrap 3 版本开始，Bootstrap 框架包含了贯穿于整个库的移动设备优先的样式。在之前的 Bootstrap 版本中（直到 2.x），设计人员需要手动引用一个特定 CSS 文件，才能让整个项目友好地支持移动设备。现在不一样了，Bootstrap 3 版本默认的 CSS 本身就是对移动设备优先友好支持。

Bootstrap 框架的设计目标从优先支持桌面设备转变到优先支持移动设备，这实际上是一个非常及时的、适应 Web 设计发展方向的转变。因为，现在越来越多的用户在使用移动设备，而且使用的频次也是越来越高。

1.4.2 浏览器支持

Bootstrap 框架支持目前市面上的、几乎所有的主流浏览器，下面列举几款浏览器：

- Internet Explorer (IE)
- Google Chrome
- Firefox
- Opera
- Safari
- Microsoft Edge

1.4.3 响应式设计

Bootstrap 框架的响应式 CSS 能够自适应于台式机、平板电脑和手机等多种设备终端。下面我们简单归纳一下 Bootstrap 框架的特点：

- 为开发人员创建接口提供了一个简洁统一的解决方案。
- 包含了功能强大的内置组件，易于定制。
- 提供了基于 Web 开发的定制。
- 最重要的是框架开源的，设计人员可以通过修改框架源码满足特定需求。

1.5 本章小结

本章主要介绍了 Bootstrap 框架的基本知识、其与响应式布局的关系以及 Bootstrap 框架的设计目标。希望能够提高读者对应用 Bootstrap 框架进行 Web 开发的兴趣。

第 2 章

Bootstrap开发环境

从本章开始，就带领读者真正进入 Bootstrap 开发的实战阶段了，要实战就要了解 Bootstrap 的开发环境、框架结构、布局方式，以及如何调用 Bootstrap 样式和组件等方面的基本内容。本章的目的就是从 Bootstrap 项目的整体大局上入手，让读者对它的使用有个预先判断。

本章主要内容包括：

- 下载 Bootstrap 的开发包
- 初次在项目中使用 Bootstrap
- 在项目中调用 Bootstrap 的各种组成元素
- 进行第一次 Bootstrap 项目实战

2.1 Bootstrap 开发环境概述

本节先介绍 Bootstrap 框架的开发环境，包括如何下载 Bootstrap 开发包，如何在网站中使用 Bootstrap 框架，如何调用 Bootstrap 样式、组件和 JS 特效等方面的内容。对于全书的内容来讲，本节的内容是最基础的部分。

2.1.1 下载 Bootstrap 开发包

Bootstrap 的官方网站地址是 http://getbootstrap.com/，界面图 2.1 所示。可以在官网下载最新的版本和详细的使用说明文档。

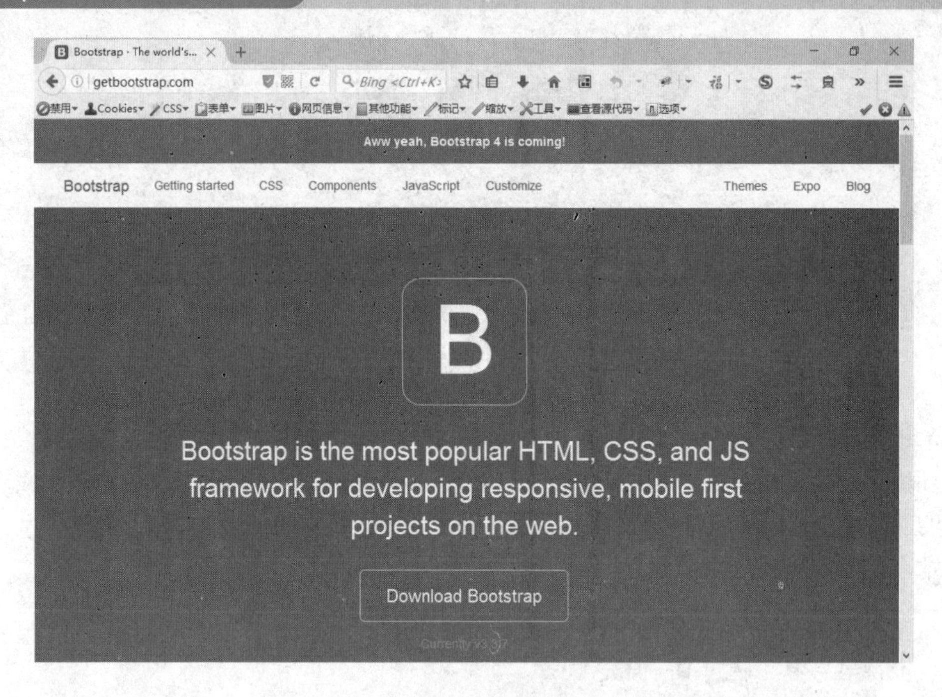

图 2.1　Bootstrap 官网

目前，国内也有不错的 Bootstrap 中文网站，例如“Bootstrap 中文网”，读者可以访问网址 http://getbootstrap.com/ 进行浏览，界面如图 2.2 所示。

图 2.2　Bootstrap 中文网

在图 2.1 中，读者可以点击 Download Bootstrap 按钮，转到下载页面，如图 2.3 所示。

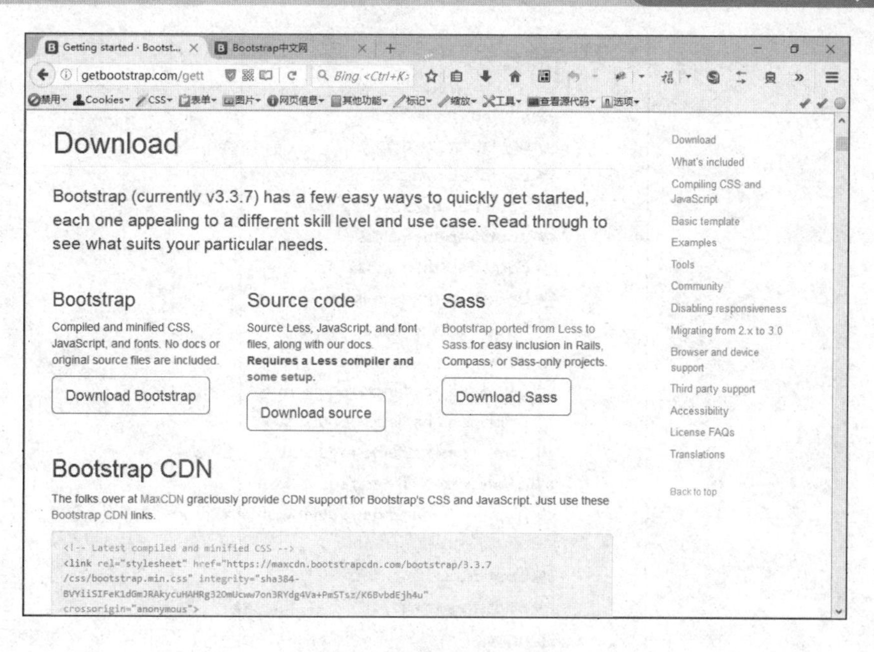

图 2.3　下载 Bootstrap 框架

在上图中可以看到三个下载选项。选择第一项可以下载到 Bootstrap 框架开发包，但其不包括一些基本的源码或文档；如果想深入学习 Bootstrap 框架的源码则需要下载第二项，但下载第二项需要注意，Bootstrap 的源代码是使用 CSS 的预编译语言 Less 编写的，下载源码需要 LESS 编译器；第三项是下载 Sass 预编译包，后面章节中我们会进行介绍。如果开发人员要应用 Bootstrap 框架，则必须使用已经编译好的 CSS 文件。

下载第一项，得到的是一个文件名为“bootstrap-3.3.7-dist.zip”的压缩包，解压后的目录结构如图 2.4 所示。其中，重要的文件存放在 css 目录和 js 目录之中了，下面我们会进行详细的介绍。

名称	修改日期	类型
css	2016/7/25 15:53	文件夹
fonts	2016/7/25 15:53	文件夹
js	2016/7/25 15:53	文件夹

图 2.4　压缩包解压后目录结构

2.1.2　Bootstrap 开发包目录结构

从图 2.4 中可以看到，Bootstrap 开发包中包含了 css、js 和 font 三个目录，分别代表编译好的样式文件、脚本文件和字体文件。下面，看一下这三个目录中具体都有什么文件，如图 2.5 所示。

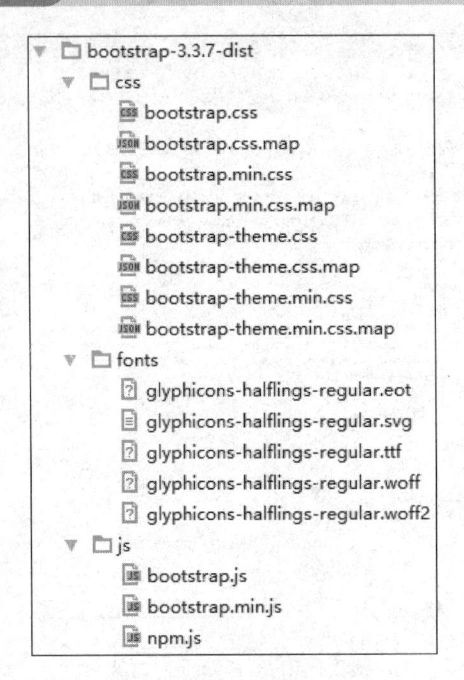

图 2.5　Bootstrap 开发包目录结构

上图中对设计人员有用的是 css 目录中的样式文件，以及 js 目录中的脚本文件。其中，文件名中不含“min”关键字的是未压缩的文件，而包含“min”关键字的是压缩好的文件（体积小，下载速度快）。实际项目开发中，为了提高文件下载速度，都会选用压缩好的文件。

2.1.3　在网站中使用 Bootstrap 框架

在网站中使用 Bootstrap 框架的方法很简单，和引入其他 CSS 或 JavaScript 文件一样，使用<script>标签引入 JavaScript 文件，使用<link>标签引入 CSS 文件。不过需要注意的是 Bootstrap 的 JavaScript 效果都是基于 jQuery 的，因此需要使用 Bootstrap 的 JavaScript 动态效果的话，必须先引入 jQuery。

这里我们可以去 http://jquery.com/download/下载最新 jQuery 文件，或使用当前项目中已有的 jQuery 文件。

【代码 2-1】引入 Bootstrap（详见源代码 ch02 目录中 ch02.loadBootstrap.html 文件）：

```
01  <html>
02  <head>
03    <link href="../bootstrap/css/bootstrap.css" rel="stylesheet">
04  </head>
05  <body>
06  Load Bootstrap 3...
```

```
07        ……………….
08  <script src="../js/jQuery.js"></script>        <!--jQuery应该放在前面优先加载-->
09  <script src="../bootstrap/js/bootstrap.js"></script>
10  </body>
11  </html>
```

JavaScript 文件放在文档尾部有助于提高加载速度。

【代码解析】

引入 Bootstrap 还可以使用第三方的 CDN 服务，Bootstrap 3 版本则建议使用 Bootstrap 中文网提供的 CDN，网址是 http://open.bootcss.com/；当然如果是做国外的项目，首选则是 Google 的 CDN 服务了。

本例效果如图 2.6 所示。

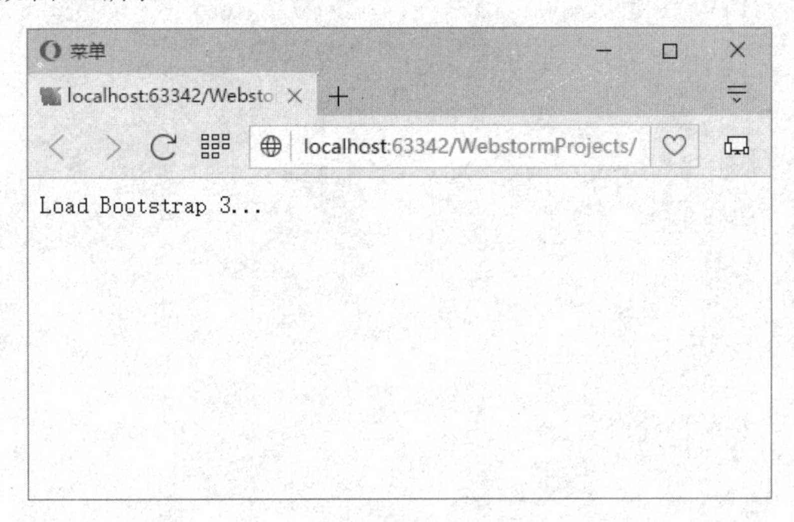

图 2.6　网站中引入 Bootstrap 框架

2.2 调用 Bootstrap 样式

以编写一个表格为例，如果不使用 Bootstrap 或者其他类似的框架，有以下两步：

（1）第一步肯定是构思设计表格的样式，宽度、高度、行高、对齐方式、边框等很多地方需要考虑，而且一开始的设想与实际效果并不符合，还需要后面不断地调试。

（2）第二步需要编写相应的 HTML/CSS 代码，边写，边调试，还要边思考如何给 id 或者 class 命名，最后可能还需要上司或者同事进行审核。

如果决定使用 Bootstrap，那么只需要引入 Bootstrap，然后在<table>标签中添加一个 class="table"，就可以获得一个 Bootstrap 设定好的表格样式。

【代码 2-2】应用 Bootstrap 表格样式（详见源代码 ch02 目录中 ch02.loadTableCSS.html 文件）：

```
01  <!DOCTYPE html>
02  <html lang="en">
03  <head>
04      <meta charset="UTF-8">
05      <link href="../bootstrap/css/bootstrap.css" rel="stylesheet">
06      <title>Bootstrap - Load Table CSS</title>
07  </head>
08  <body>
09  <table class="table">   <!-- 只需要添加 class="table"即可 -->
10      <tr>
11          <th>No</th>
12          <th>Name</th>
13          <th>Age</th>
14          <th>Gendle</th>
15      </tr>
16      <tr>
17          <td>001</td>
18          <td>Tom</td>
19          <td>18</td>
20          <td>male</td>
21      </tr>
22      <tr>
23          <td>002</td>
24          <td>Mary</td>
25          <td>20</td>
26          <td>female</td>
27      </tr>
28      <tr>
29          <td>003</td>
30          <td>Jack</td>
31          <td>22</td>
32          <td>male</td>
33      </tr>
```

```
34 </table>
35 <script src="../js/jquery.js"></script>      <!--jQuery应该放在前面优先加载-->
36 <script src="../bootstrap/js/bootstrap.js"></script>
37 </body>
38 </html>
39 <head>
```

本例效果如图 2.7 所示。

菜单

Bootstrap - Load Table

localhost:63342/WebstormProjects/

No	Name	Age	Gendle
001	Tom	18	male
002	Mary	20	female
003	Jack	22	male

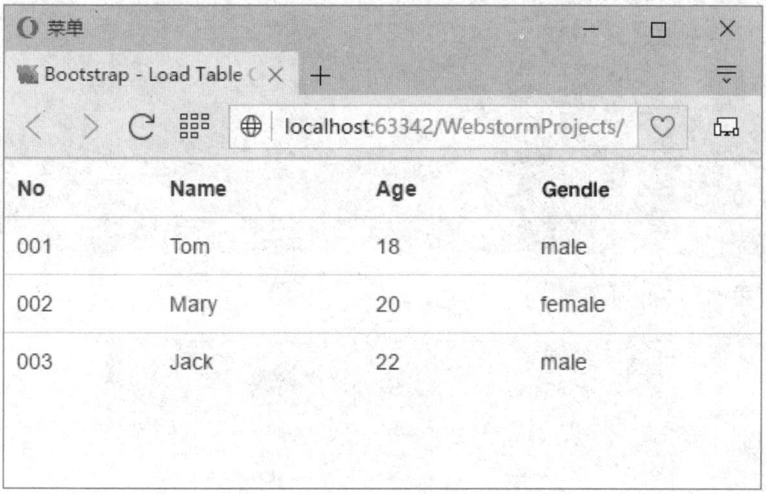

图 2.7　应用 Bootstrap 表格样式

当然，Bootstrap 框架功能非常强大，提供多种表格样式。下面，我们添加一种类名为“table-striped”的类似斑马纹表格样式，并同时添加类名为“table-bordered”的样式来为表格加上边框。

【代码 2-3】（详见源代码 ch02 目录中 ch02.loadTableStripedCSS.html 文件）

```
01 <table class="table table-striped table-bordered">
02     <tr>
03         <th>No</th>
04         <th>Name</th>
05         <th>Age</th>
06         <th>Gendle</th>
07     </tr>
08     <tr>
09         <td>001</td>
10         <td>Tom</td>
11         <td>18</td>
```

```
12            <td>male</td>
13        </tr>
14        <tr>
15            <td>002</td>
16            <td>Mary</td>
17            <td>20</td>
18            <td>female</td>
19        </tr>
20        <tr>
21            <td>003</td>
22            <td>Jack</td>
23            <td>22</td>
24            <td>male</td>
25        </tr>
26    </table>
```

本例代码效果如图 2.8 所示。

No	Name	Age	Gendle
001	Tom	18	male
002	Mary	20	female
003	Jack	22	male

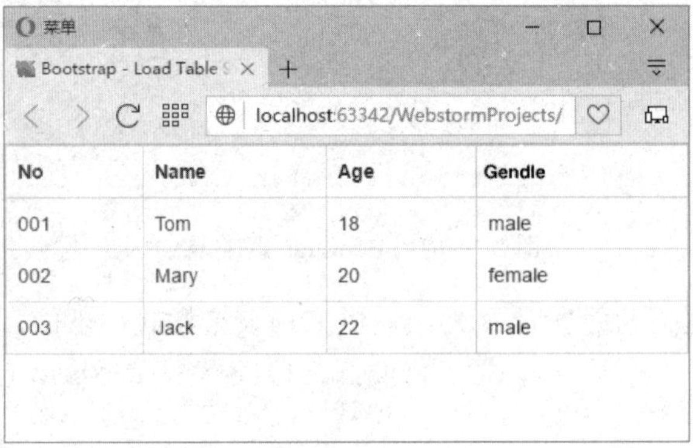

图 2.8　带斑马纹和边框的表格

2.3 调用 Bootstrap 组件

除了添加 class 的方式外，在布局方面，只要符合约定的一些 class 命名和嵌套结构，我们就可以轻松地构建出一些通用组件，以导航条为例。

【代码 2-4】（详见源代码 ch02 目录中 ch02.loadNavbar.html 文件）

```
01  <!DOCTYPE html>
02  <html lang="en">
```

```
03  <head>
04      <meta charset="UTF-8">
05      <link href="../bootstrap/css/bootstrap.css" rel="stylesheet">
06      <title>Bootstrap - Load Table Striped CSS</title>
07  </head>
08  <body>
09  <div class="navbar">
10      <div class="navbar-inner">
11          <a class="brand" href="#">Bootstrap - Navbar</a>
12          <ul class="nav">
13              <li class="active"><a href="#">Home</a></li>
14              <li><a href="#">News</a></li>
15              <li><a href="#">BBS</a></li>
16              <li><a href="#">About</a></li>
17          </ul>
18      </div>
19  </div>
20  <script src="../js/jquery.js"></script>     <!--jQuery 应该放在前面优
先加载-->
21  <script src="../bootstrap/js/bootstrap.js"></script>
22  </body>
23  </html>
24  <head>
```

只要符合 div .navbar>div .navbar-inner>ul .nav>li 这样的 HTML 文档结构，就可以构建出一个顶部导航条，本例效果如图 2.9 所示。

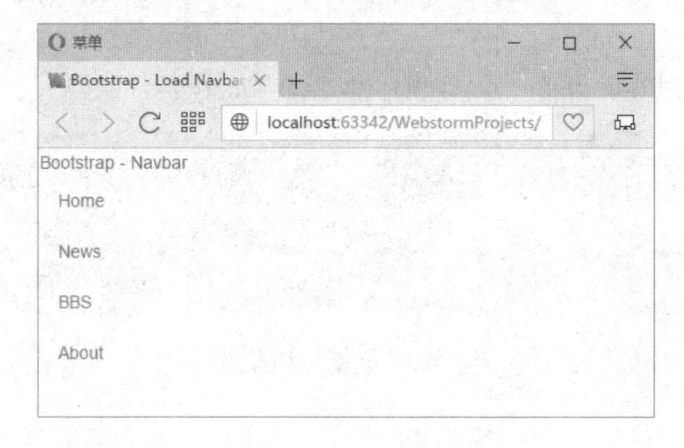

图 2.9　导航条效果

2.4 调用 Bootstrap JS 特效

对于 Bootstrap 中 JavaScript 效果的添加，一方面需要根据文档编写特定的 HTML 结构，另一方面需要调用 JavaScript 插件。下面以标签页切换效果为例来讲解。

【代码 2-5】（详见源代码 ch02 目录中 ch02.loadTabs.html 文件）

（1）首先编写 HTML 文档：

```
01 <ul class="nav nav-tabs" id="myTab">
02     <li class="active"><a href="#home" data-
toggle="tab">Home</a></li>
03     <li><a href="#news" data-toggle="tab">News</a></li>
04     <li><a href="#blog" data-toggle="tab">Blog</a></li>
05     <li><a href="#about" data-toggle="tab">About</a></li>
06 </ul>
07 <!-- href 属性的值要和后面 tab-pane 中的 id 值对应 -->
08 <div class="tab-content">
09     <div class="tab-pane active" id="home">Home Page</div><!--tab
标签对应的内容-->
10     <div class="tab-pane" id="news">News Page</div>
11     <div class="tab-pane" id="blog">Blog Page</div>
12     <div class="tab-pane" id="about">About Page</div>
13 </div>
```

（2）JavaScript 插件的调用一般有两种方式，一种是采用 Bootstrap 自带的触发规则，在标签中添加 data-toggle="tab"这样的属性来实现（上述代码第 2 行），这种方式的好处是无须编写任何 JavaScript 代码就可以实现功能；另一种则类似普通 jQuery 插件的调用方式，例如：

```
$('#myTab a').click(function (e) {
e.preventDefault();
$(this).tab('show');
})
```

本例最终实现的效果如图 2.10，点击标签页就可以切换内容。

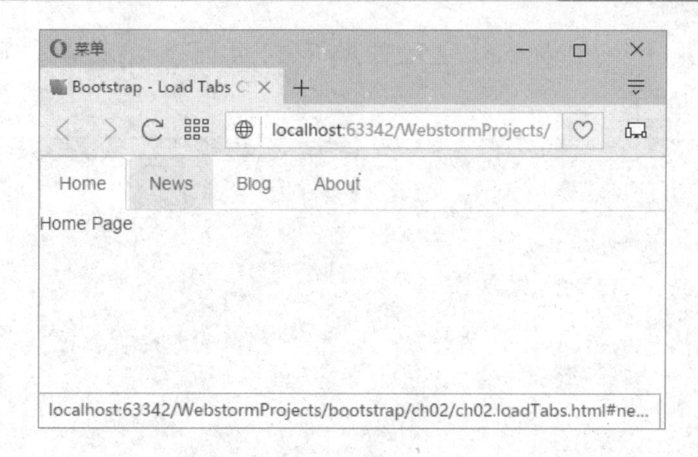

图 2.10　标签页效果

2.5　实战：一个 Bootstrap 实现的响应式页面

Bootstrap 3 默认就引入了响应式设计，相比 2.x 版本，它有两点比较大的变化：

- 拥抱大屏幕，移除了小屏手机和大屏手机（480~768 像素）这个媒介查询区间，768 像素以下的统一归为小屏幕设备。
- 设计了表现不同的栅格类，对栅格类的命名规则也做了很大的修改，更复杂，但使用也更灵活，能适应更多的场景。

在 Bootstrap 2 中，栅格全部采用 span*作为前缀。而在 Bootstrap 3 中采用了 col-type-*这样命名的前缀，其中 type 可以取 xs（超小屏）、sm（小屏）、md（中屏）、lg（大屏）4 个值。

通过表 2.1 可以详细查看 Bootstrap 的栅格系统是如何在多种屏幕设备上工作的。

表 2.1　Bootstrap 3 的响应式布局区间

	超小屏幕设备 手机（<768px）	小屏幕设备 平板（≥768px）	中等屏幕设备 桌面（≥992px）	大屏幕设备 桌面（≥1200px）
栅格系统行为	总是水平排列	开始是堆叠在一起的，超过这些阈值将变为水平排列		
最大 .container 宽度	None (自动)	750px	970px	1170px
class 前缀	.col-xs-	.col-sm-	.col-md-	.col-lg-
列数	12			
最大列宽	自动		60px　78px	95px
槽宽	30px（每列左右均有 15px）			
可嵌套	Yes			
Offsets	N/A		Yes	
列排序	N/A		Yes	

【代码 2-6】一个 Bootstrap 实现的响应式页面（详见源代码 ch02 目录中 ch02.firstBootstap.html 文件）：

```
01 <!DOCTYPE html>
02 <html lang="en">
03 <head>
04     <meta charset="UTF-8">
05     <link href="../bootstrap/css/bootstrap.css" rel="stylesheet">
06     <title>Bootstrap -  first page</title>
07 </head>
08 <body style="margin:20px">
09 <div class="container">
10     <div class="row">
11         <div class="col-xs-12 col-sm-3 col-md-5 col-lg-4"> <!-- 左
侧边栏-->
12             <h1>News</h1>
13             <h1>Blog</h1>
14             <h1>About</h1>
15         </div>
16         <div class="col-xs-12 col-sm-9 col-md-7 col-lg-8"> <!-- 右
侧边栏-->
17         <p>This is a first Bootstrap page.Please tests this page in
various screen size.</p>
18         </div>
19     </div>
20 </div>
21 <script src="../js/jquery.js"></script>     <!--jQuery 应该放在前面优
先加载-->
22 <script src="../bootstrap/js/bootstrap.js"></script>
23 </body>
24 </html>
```

根据表 2.1 中的介绍来看这个示例，可以发现在窗口尺寸大于 1200px 时，左侧边栏占据 4 列宽度，右侧边栏占据 8 列宽度；尺寸在 992px~1200px 时，左侧边栏占据 5 列宽度，右侧边栏占据 7 列宽度；而当尺寸在 768px~992px 时，左侧边栏占据 3 列宽度，右侧边栏占据 9 列宽度。小于 768px 时，则左右侧边栏都占据 100%宽度，堆叠起来。

下面，尝试使用手机的屏幕尺寸来显示该页面（可以通过浏览器插件 Responsive Web Design Test 来实现），图 2.11 是“Portrait”样式。

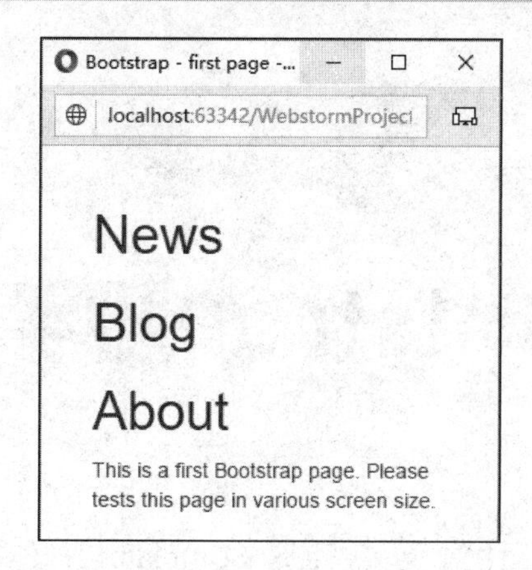

图 2.11 Bootstrap 中的“Portrait”响应式页面

图 2.12 是“Landscape”样式。

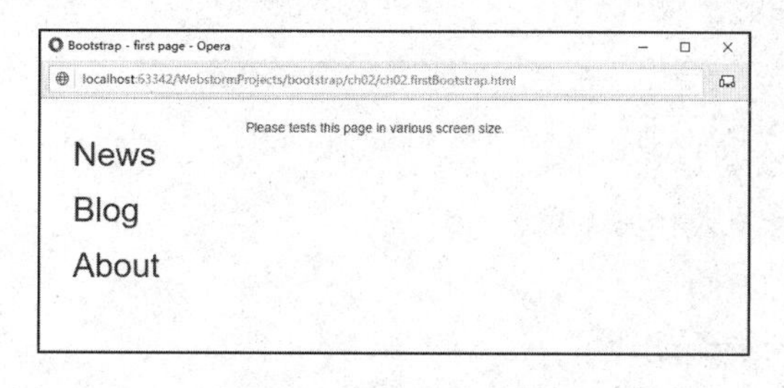

图 2.12 Bootstrap 中的“Landscape”响应式页面

2.6 本章小结

本章主要介绍了应用 Bootstrap 框架开发的入门知识，包括调用样式、组件和 JS 特效等方面的内容，并配合具体代码实例进行讲解，希望对读者有一定的帮助。

第 3 章

◀ Bootstrap脚手架 ▶

脚手架这个词可能读者很陌生，英文原名是 Scaffolding，好多中文翻译为脚手架，也有人翻译为基础架构，实际就是网页的整体模板和构架。这一章我们介绍 Bootstrap 脚手架方面的内容，其实就是介绍网页在设计、布局方面的知识，因为这些内容偏理论概念，所以本章还会配合具体实例帮助读者加深理解。

本章主要内容包括：

- 了解 Bootstrap 全局样式
- 认识栅格系统和流式栅格系统
- 掌握页面的几种布局
- 学习如何进行响应式设计

3.1 Bootstrap 全局样式

本节介绍 Bootstrap 全局样式，主要包括全局样式的基本概念、使用特点方面的内容，是学习 Bootstrap 框架的起步要点。

3.1.1 什么是全局样式

所谓 Bootstrap 全局样式，其实就是通过 Bootstrap 框架为页面设置的全局 CSS 样式表。该全局样式表包括基本的 HTML 元素样式、以及栅格系统，可以增强页面及其元素的 CSS 效果。另外，开发人员深入学习 Bootstrap 全局样式，有助于理解 Bootstrap 框架的底层结构，有助于 Web 开发获得更好、更快、更强的实践效果。

3.1.2 基于 HTML5 文档类型

Bootstrap 框架使用到的某些 HTML 元素和 CSS 属性需要将页面设置为 HTML5 文档类型。在具体 Web 项目中，每个 HTML 页面都要参照下面的格式进行设置。

```
<!DOCTYPE html>
<html lang="zh-CN">
......
</html>
```

注：为了 Bootstrap 框架获得更好的应用效果，我们可以将上面的页面格式理解为是强制执行的。

3.1.3　屏幕、排版与链接

Bootstrap 框架为屏幕、排版和链接设置了基本的全局样式，具体定义在 Bootstrap 源码包中的 scaffolding.less 文件中，读者可以打开该源文件进行参阅。下面列举一些 scaffolding.less 文件中的源码，分析一下 Bootstrap 是如何定义全局样式的。

【代码 3-1】（详见 Bootstrap 源码包中 scaffolding.less 文件）

```
body {
  font-family: @font-family-base;
  font-size: @font-size-base;
  line-height: @line-height-base;
  color: @text-color;
  background-color: @body-bg;
}
```

【代码 3-1】设置了页面 body 的全局样式，具体如下：

- 文字样式为变量@font-family-base
- 文字大小为变量@font-size-base
- 行高度为变量@line-height-base
- 颜色为变量@text-color
- 背景颜色为变量@body-bg

【代码 3-2】（详见 Bootstrap 源码包中 scaffolding.less 文件）

```
a {
  color: @link-color;
  text-decoration: none;
  &:hover,
  &:focus {
    color: @link-hover-color;
    text-decoration: @link-hover-decoration;
  }
```

```
}
```

【代码 3-2】设置了超链接 a 的全局样式，具体如下：

- 颜色为变量@link-color;
- 当超链接处于“:hover”状态时颜色为变量@link-hover-color，并增加了下划线样式。

3.1.4 用 Normalize 重置样式

从 Bootstrap 2 开始，使用 normalize.css 样式表进行重置，虽然设计开发时仍可以使用在 reset.less 文件中的许多重置代码，但 Bootstrap 2 还是去掉了一些不适合 Bootstrap 框架的元素。

3.2 栅格系统

Bootstrap 框架的栅格系统是其一大特色，通过使用栅格系统使得页面布局更简单、更合理、更美观，并更易于维护。

3.2.1 默认栅格系统

1. 栅格系统特性

Bootstrap 框架默认的栅格系统最多为 12 列，形成一个 940px 宽的容器，而且默认没有启用响应式布局特性。如果设计时加入响应式布局的 CSS 文件，栅格系统则会根据可视窗口的宽度从 724px 到 1170px 进行自适应的动态调整。假如在可视窗口低于 767px 宽的情况下，列将不再固定并且会在垂直方向进行自动堆叠。以上这几条描述的就是 Bootstrap 栅格系统的特性。

图 3.1 就是 Bootstrap 栅格系统（9 列栅格）的一个示例。

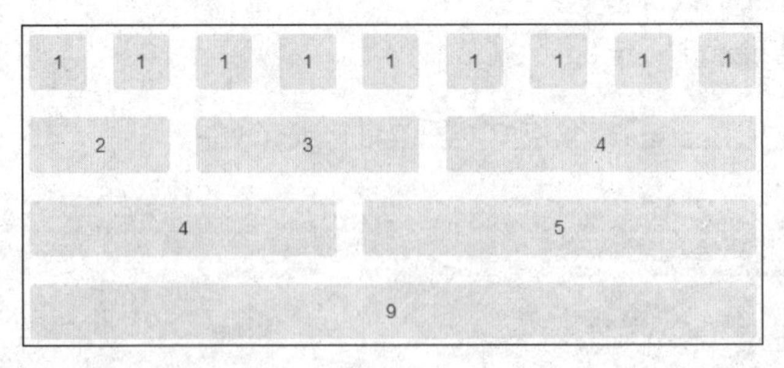

图 3.1 Bootstrap 栅格系统

2. 带有基本栅格的 HTML 代码

假设应用简单的列式布局，设计时创建一个类名为.row 的容器，并在容器中加入合适数量的.spanXX 列即可。由于 Bootstrap 默认是 12 列的栅格，所有.spanXX 列所跨越的栅格数之和最多是 12（或者等于其父容器的栅格数）。

【代码 3-3】是一个基本的栅格布局设计（详见源代码 ch03 目录中 ch03.gridBase.html 文件）：

```
<div class="bs-docs-grid">
    <div class="row show-grid">
        <div class="span1">1</div>
    </div>
    <div class="row show-grid">
        <div class="span2">2</div>
    </div>
    <div class="row show-grid">
        <div class="span4">4</div>
    </div>
    <div class="row show-grid">
        <div class="span8">8</div>
    </div>
    <div class="row show-grid">
        <div class="span12">12</div>
    </div>
</div>
```

上面的代码展示了.span1、.span2、.span4、.span8 和.span12 的栅格布局，页面效果如图 3.2 所示。

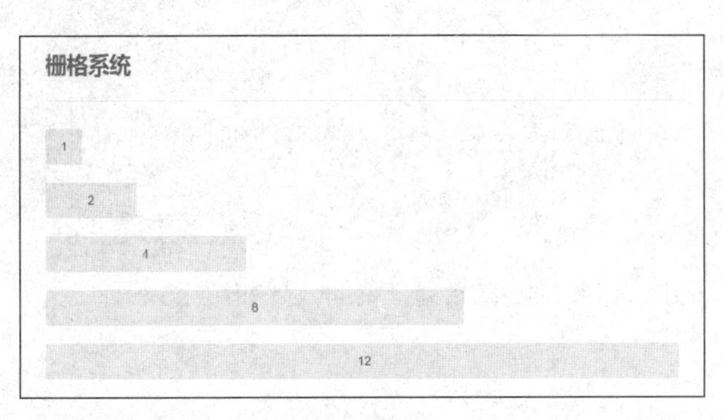

图 3.2　基本栅格系统

3. 偏移列

Bootstrap 栅格系统支持偏移列，可以使用.offsetXX 类将列向右移动，相当于将列的左边距增加了指定单位的宽度。

【代码 3-4】是偏移列的栅格布局设计（详见源代码 ch03 目录中 ch03.gridOffset.html 文件）：

```
<div class="bs-docs-grid">
    <div class="row show-grid">
        <div class="span1">1</div>
        <div class="span1">1</div>
        <div class="span1">1</div>
        <div class="span1">1</div>
        <div class="span1">1</div>
        <div class="span1">1</div>
        <div class="span1">1</div>
        <div class="span1">1</div>
        <div class="span1">1</div>
        <div class="span1">1</div>
        <div class="span1">1</div>
        <div class="span1">1</div>
    </div>
    <div class="row show-grid">
        <div class="span2">span2</div>
        <div class="span3 offset3">3 offset 3</div>
    </div><!-- /row -->
    <div class="row show-grid">
        <div class="span3 offset3">3 offset 3</div>
        <div class="span2 offset2">2 offset 2</div>
    </div><!-- /row -->
    <div class="row show-grid">
        <div class="span6 offset6">6 offset 6</div>
    </div><!-- /row -->
</div>
```

上面的代码展示了.offsetXX 的栅格布局，页面效果如图 3.3 所示。

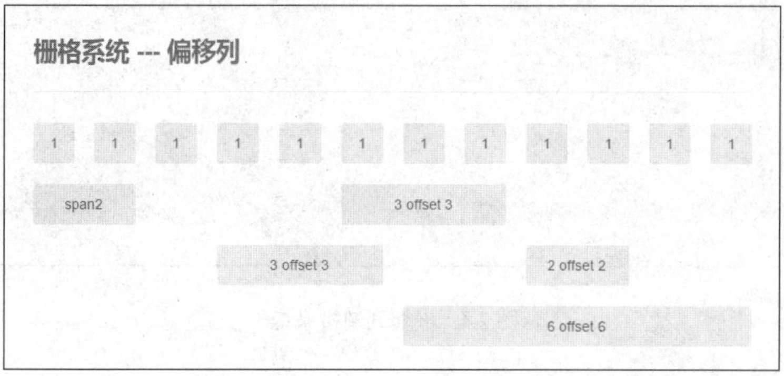

图 3.3　偏移列栅格系统

4. 嵌套列

Bootstrap 栅格系统还支持嵌套列，在默认栅格系统里将已有的.spanXX 列内添加一个新的.row 并加入.spanXX 列，就可实现嵌套。需要注意的是，被嵌套列中的每列列数总和要等于父级列。

【代码 3-5】是嵌套列的栅格布局设计（详见源代码 ch03 目录中 ch03.gridNesting.html 文件）：

```
<div class="row show-grid">
    <div class="span12">
        level 1
        <div class="row show-grid">
            <div class="span3">
                level 2
            </div>
            <div class="span6 offset3">
                level 2
            </div>
        </div>
    </div>
</div>
```

上面的代码展示了嵌套列的栅格布局，页面效果如图 3.4 所示。

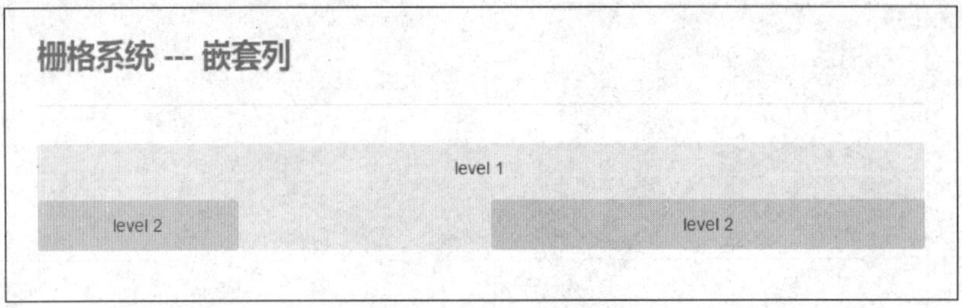

栅格系统 --- 嵌套列

level 1

level 2 level 2

图 3.4　嵌套列栅格系统

3.2.2　流式栅格系统

流式栅格系统的特点是对每一列的宽度使用百分比而不是像素数量，这是其与固定栅格系统的主要区别。流式栅格系统与固定栅格系统一样拥有响应式布局的能力，这就保证其能对不同的分辨率和设备做出适当的调整。

1. 基本的流式栅格的 HTML 代码

流式栅格将固定栅格的.row 类替换为.row-fluid 类，就能让任何一行“流动”起来。应用于每一列的类不用改变，这样能方便地在流式与固定栅格之间切换。

【代码 3-6】是一个基本的流式栅格布局设计（详见源代码 ch03 目录中 ch03.fluidBase.html 文件）：

```
<div class="bs-docs-grid">
    <div class="row-fluid show-grid">
        <div class="span1">1</div>
    </div>
    <div class="row-fluid show-grid">
        <div class="span2">2</div>
    </div>
    <div class="row-fluid show-grid">
        <div class="span4">4</div>
    </div>
</div>
```

上面的代码展示了.span1、.span2 和.span4 的流式栅格布局，页面效果如图 3.5 所示。

图 3.5　基本流式栅格系统

2. 流式栅格的偏移

Bootstrap 流式栅格系统同样支持偏移列，使用.offsetXX 类即可，相当于将列的左边距增加了指定百分比的宽度。

【代码 3-7】是流式栅格布局偏移设计（详见源代码 ch03 目录中 ch03.fluidOffset.html 文件）：

```
<div class="bs-docs-grid">
    <div class="row-fluid show-grid">
        <div class="span1">1</div>
        <div class="span1">1</div>
        <div class="span1">1</div>
        <div class="span1">1</div>
        <div class="span1">1</div>
        <div class="span1">1</div>
        <div class="span1">1</div>
        <div class="span1">1</div>
        <div class="span1">1</div>
        <div class="span1">1</div>
        <div class="span1">1</div>
        <div class="span1">1</div>
    </div>
    <div class="row-fluid show-grid">
        <div class="span2">span2</div>
        <div class="span3 offset3">3 offset 3</div>
    </div><!-- /row -->
    <div class="row-fluid show-grid">
        <div class="span3 offset3">3 offset 3</div>
        <div class="span2 offset2">2 offset 2</div>
    </div><!-- /row -->
```

```
    <div class="row-fluid show-grid">
        <div class="span6 offset6">6 offset 6</div>
    </div><!-- /row -->
</div>
```

上面的代码展示了.offsetXX 的流式栅格布局，页面效果如图 3.6 所示。

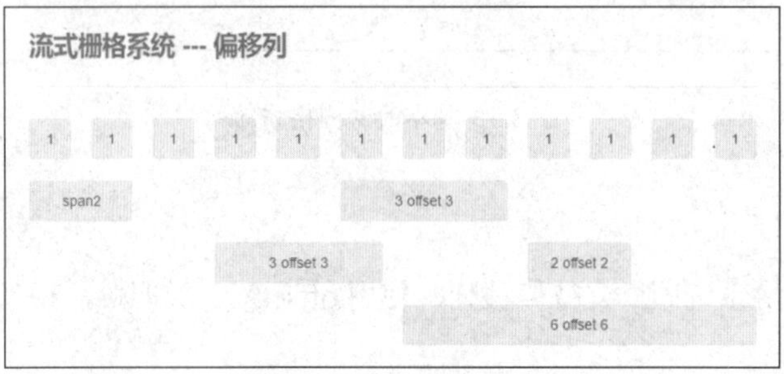

流式栅格系统 --- 偏移列

1	1	1	1	1	1	1	1	1	1	1	1

span2 | 3 offset 3

3 offset 3 | 2 offset 2

6 offset 6

图 3.6　流式栅格系统偏移

3. 流式栅格的嵌套

Bootstrap 流式栅格系统同样支持嵌套列，在默认栅格系统里将已有的.spanXX 列内添加一个新的.row-fluid 并加入.spanXX 列，就可实现嵌套。需要注意的是，被嵌套列中的每列列数总和要等于父级列。

【代码 3-8】是流式栅格布局嵌套设计（详见源代码 ch03 目录中 ch03.fluidNesting.html 文件）：

```
<div class="row-fluid show-grid">
    <div class="span12">
        level 1
        <div class="row-fluid show-grid">
            <div class="span3">
                level 2
            </div>
            <div class="span6 offset3">
                level 2
                <div class="row-fluid">
                    <div class="span6">Fluid 6</div>
                    <div class="span6">Fluid 6</div>
                </div>
            </div>
        </div>
    </div>
</div>
```

上面的代码展示了嵌套列的流式栅格布局，页面效果如图 3.7 所示。

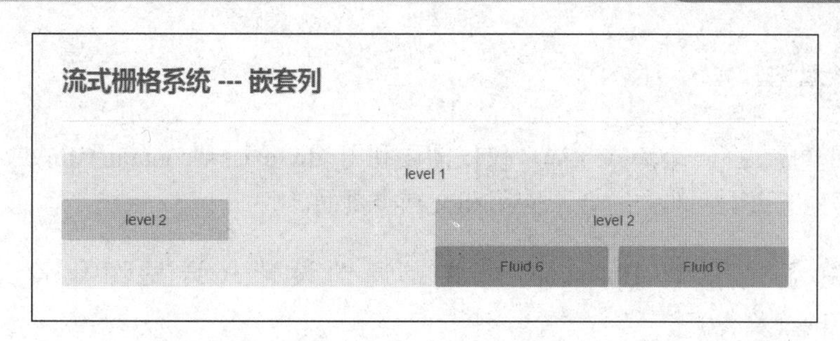

图 3.7　流式栅格系统嵌套

3.3 页面布局

Bootstrap 框架设计了固定布局与流式布局两大类，下面分别针对这两类布局进行介绍。

3.3.1　固定布局

Bootstrap 提供了一个通用的固定宽度，当然也可以变为响应式的布局方式，仅仅需要用<div class="container">即可。

【代码 3-9】是一个 Bootstrap 固定布局的设计（详见源代码 ch03 目录中 ch03.fixedLayout.html 文件）：

```
<div class="mini-layout">
    <div class="mini-layout-body"></div>
</div>
```

上面的代码展示了 Bootstrap 固定布局的设计，页面效果如图 3.8 所示。

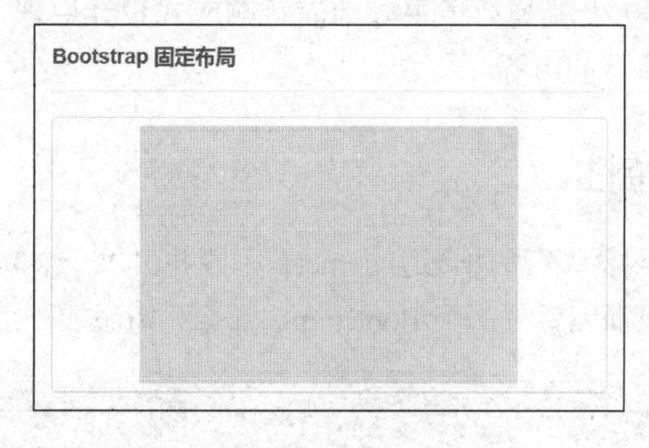

图 3.8　固定布局

3.3.2 流式布局

Bootstrap 同样提供了一个流式布局，仅仅需要利用<div class="container-fluid">代码就可以创建一个流式、两列的页面，非常适合于应用和文档类页面。

【代码 3-10】是一个 Bootstrap 流式布局的设计（详见源代码 ch03 目录中 ch03.fluidLayout.html 文件）：

```
<div class="mini-layout fluid">
    <div class="mini-layout-sidebar"></div>
    <div class="mini-layout-body"></div>
</div>
```

上面的代码展示了 Bootstrap 流式布局的设计，页面效果如图 3.9 所示。

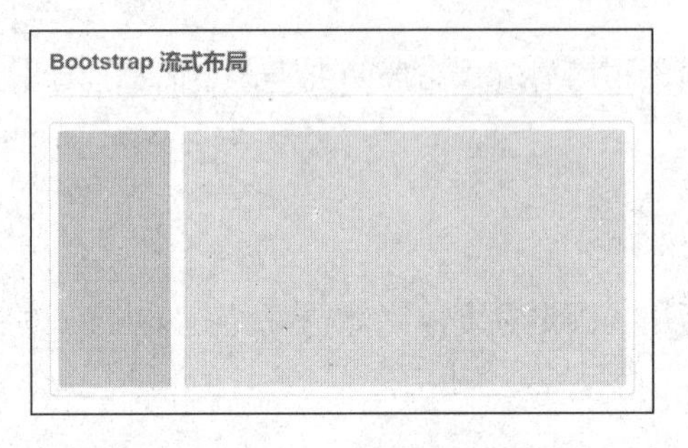

图 3.9　流式布局

3.4 响应式设计

Bootstrap 框架设计的初衷就是为了更好地满足响应式设计原理，本小节就主要介绍针对 Bootstrap 如何应用响应式设计的内容。

3.4.1 启用响应式特性

通过在文档中的<head>标签里添加合适的 meta 标签并引入一个额外的样式表即可启用响应式 CSS。如果已经在定制页面编译好一个 Bootstrap，那么只需添加一个 meta 标签。

```
<meta name="viewport" content="width=device-width, initial-scale=1.0">
<link href="assets/css/bootstrap-responsive.css" rel="stylesheet">
```

Bootstrap 在默认情况下是没有引入响应式特性的，因为不是任何情况都需要使用到。我们并不是鼓励开发者移除此功能，而是在需要使用的时候才启用它。

3.4.2　响应式 Bootstrap 特点

媒体查询允许在一些条件基础上自定义 CSS，例如：ratios、widths、display type 等，但通常都是围绕着 min-width 和 max-width 这两个属性进行。应用响应式 Bootstrap 特点可以概括如下：

- 修改栅格系统中列的宽度。
- 需要的时候，用堆叠元素代替浮动。
- 调整标题和文本的大小以便适合各种设备。

谨慎地使用媒体查询，先从手机屏幕开始吧。对于大型的项目，应该考虑使用专门的代码库，而不是构筑在媒体查询之上。

3.4.3　Bootstrap 支持的设备

Bootstrap 所支持的几个媒体查询都放在了一个文件中，可以让项目更灵活地适应不同设备和屏幕分辨率，具体如表 3.1 所示。

表 3.1　媒体设备

类型	布局宽度	列宽	间隙宽度
大屏幕	大于等于 1200px	70px	30px
默认	大于等于 980px	60px	20px
平板	大于等于 768px	42px	20px
手机到平板	小于等于 767px	流式列，无固定宽度	
手机	小于等于 480px	流式列，无固定宽度	

【代码 3-11】是媒体查询的代码示例：

```
/* 大屏幕 */
@media (min-width: 1200px) { ... }
/* 平板电脑和小屏电脑之间的分辨率 */
@media (min-width: 768px) and (max-width: 979px) { ... }
/* 横向放置的手机和竖向放置的平板之间的分辨率 */
@media (max-width: 767px) { ... }
/* 横向放置的手机及分辨率更小的设备 */
@media (max-width: 480px) { ... }
```

3.4.4 响应式布局辅助类

为了更快地开发移动设备，下面列出的辅助类用于针对不同设备显示和隐藏内容。表 3.2 是可用的类列表，以及它们在媒体查询布局下的效果。

表 3.2 辅助类

Class	手机（767px 及以下）	平板（979px～768px）	电脑
.visible-phone	显示	隐藏	隐藏
.visible-tablet	隐藏	显示	隐藏
.visible-desktop	隐藏	隐藏	显示
.hidden-phone	隐藏	显示	显示
.hidden-tablet	显示	隐藏	显示
.hidden-desktop	显示	显示	隐藏

3.4.5 如何应用响应式布局

Bootstrap 响应式布局需要在适当的情况下进行使用，使用时避免创建同一个站点的不同版本，当上述介绍的类能对每种设备的展示做有益补充的时候才使用。

注意：响应式工具不能用于 table 元素中，而且本就不支持。

3.5 本章小结

本章主要介绍了应用 Bootstrap 框架开发的全局样式表、栅格系统和页面布局等方面的内容，并配合具体代码实例进行讲解。希望对读者有一定的帮助。

第 4 章

Bootstrap样式设计

这一章我们介绍 Bootstrap 基本样式设计方面的内容，主要包括对 HTML 基本元素进行样式定义，并利用可扩展的类来增强其展示效果方面的内容，并配合具体实例帮助读者加深理解。

本章主要内容包括：

- Bootstrap 中页面各组成元素的排版
- Bootstrap 中表格的设计
- Bootstrap 中按钮的设计
- Bootstrap 中图片的设计

4.1 Bootstrap 排版

本节我们先介绍 Bootstrap 排版样式方面的内容，主要包括标题、强调、缩略语、地址、引用和列表等元素，是 Bootstrap 样式设计的基础内容。

4.1.1 标题

HTML 中的所有标题标签，从<h1>到<h6>均可以使用标题样式。另外，从 Bootstrap 3 还提供了.h1 到.h6 类，为的是给内联（inline）属性的文本赋予标题的样式。

【代码 4-1】是一个页面标题的布局设计（详见源代码 ch04 目录中 ch04.cssHx.html 文件）：

```
01 <div class="bs-example bs-example-type">
02    <table class="table">
03       <tbody>
04       <tr>
05          <td><h1>h1. Bootstrap heading</h1></td>
06       </tr>
07       <tr>
08          <td><h2>h2. Bootstrap heading</h2></td>
```

```
09          </tr>
10          <tr>
11              <td><h3>h3. Bootstrap heading</h3></td>
12          </tr>
13          <tr>
14              <td><h4>h4. Bootstrap heading</h4></td>
15          </tr>
16          <tr>
17              <td><h5>h5. Bootstrap heading</h5></td>
18          </tr>
19          <tr>
20              <td><h6>h6. Bootstrap heading</h6></td>
21          </tr>
22        </tbody>
23      </table>
24  </div>
```

上面的代码展示了标题样式，页面效果如图 4.1 所示。

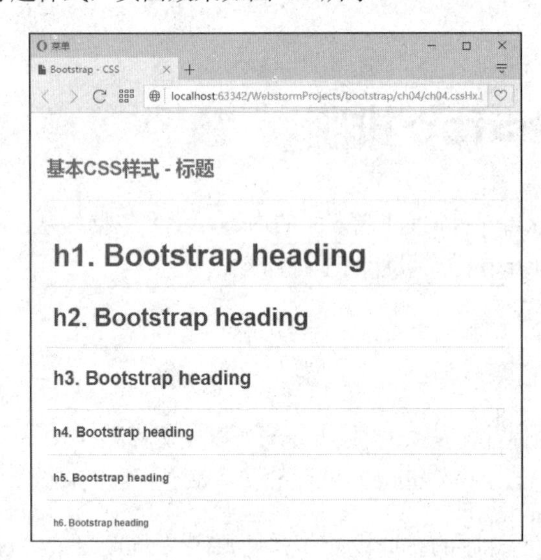

图 4.1　标题样式

在标题内还可以包含<small>标签或赋予.small 类的元素，可以用来标记副标题。

【代码 4-2】是一个页面副标题的布局设计（详见源代码 ch04 目录中 ch04.cssHxSmall.html 文件）：

```
01  <div class="bs-example bs-example-type">
02      <table class="table">
03          <tbody>
```

```
    04          <tr>
    05              <td><h1>h1. Bootstrap heading  <small>Secondary
text</small></h1></td>
    06          </tr>
    07          <tr>
    08              <td><h2>h2. Bootstrap heading  <small>Secondary
text</small></h2></td>
    09          </tr>
    10          <tr>
    11              <td><h3>h3. Bootstrap heading  <small>Secondary
text</small></h3></td>
    12          </tr>
    13          <tr>
    14              <td><h4>h4. Bootstrap heading  <small>Secondary
text</small></h4></td>
    15          </tr>
    16          <tr>
    17              <td><h5>h5. Bootstrap heading  <small>Secondary
text</small></h5></td>
    18          </tr>
    19          <tr>
    20              <td><h6>h6. Bootstrap heading  <small>Secondary
text</small></h6></td>
    21          </tr>
    22        </tbody>
    23      </table>
    24  </div>
```

上面的代码展示了副标题样式，页面效果如图 4.2 所示。

图 4.2　副标题样式

4.1.2 页面主体

Bootstrap 框架默认将全局的字体大小设置为 14px，行高度设置为 20px，并且这些属性会直接赋予<body>中的元素和所有段落元素。

此外，段落（<p>）元素还被设置了等于 0.5 倍行高（即 10px）的底部外边距（margin）；同时，通过添加.lead 类可以让段落突出显示。

【代码 4-3】是一个页面主体样式的设计（详见源代码 ch04 目录中 ch04.bodyCopy.html 文件）：

```
01  <div class="bs-docs-example">
02      <p>Bootstrap 框架默认将全局的字体大小设置为14px，行高度设置为20px，并且这些属性会直接赋予<body>中的元素和所有段落元素。</p>
03      <p>此外，段落元素还被设置了等于0.5倍行高（即10px）的底部外边距（margin）；同时，通过添加.lead 类可以让段落突出显示。</p>
04  </div>
05  <div class="bs-docs-example">
06      <p class="lead">通过添加 <code>.lead</code> 让段落突出显示</p>
07  </div>
```

上面的代码展示了页面主体的段落样式，其中第 07 行代码通过增加.lead 类实现了突出显示，页面效果如图 4.3 所示。

图 4.3　页面主体样式

4.1.3　强调

Bootstrap 框架针对页面需要强调的元素，优化设计了加粗、斜体、对齐和颜色强调等样式，使用时直接使用 HTML 元素标签并辅助一些样式即可。

【代码 4-4】是一个使用强调样式的设计（详见源代码 ch04 目录中 ch04.emphasizeTag.html 文件）：

```
01  <div class="bs-docs-example">
02      <p><strong>用增加 font-weight 值的方式加粗强调一段文本</strong>.</p>
03  </div>
04  <div class="bs-docs-example">
05      <p><em>还可以用斜体字强调一段文本</em>.</p>
06  </div>
07  <div class="bs-docs-example">
08      <p><small>对于不需要强调的 inline 或 block 类型的文本使用 small 标签
</small>.</p>
09  </div>
```

在上面的代码中，第 02 行代码通过<strong>标签实现了文本加粗显示，第 05 行代码通过<em>标签实现了文本斜体显示，08 行代码通过<small>标签针对不需要强调的文本实现了缩小显示，页面效果如图 4.4 所示。

图 4.4　强调样式（一）

【代码 4-5】是一个通过文本对齐方式实现强调样式的设计（详见源代码 ch04 目录中 ch04.emphasizeTag.html 文件）：

```
01  <div class="bs-docs-example">
```

```
02       <p><strong>通过对齐方式也可以强调一段文本</strong>.</p>
03       <p class="text-left">左对齐文字</p>
04       <p class="text-center">中间对齐文字</p>
05       <p class="text-right">右侧对齐文字</p>
06  </div>
```

在上面的代码中，第 03～05 行代码分别通过“.text-left”“.text-center”和“.text-right”样式类实现了文本的三种对齐方式，页面效果如图 4.5 所示。

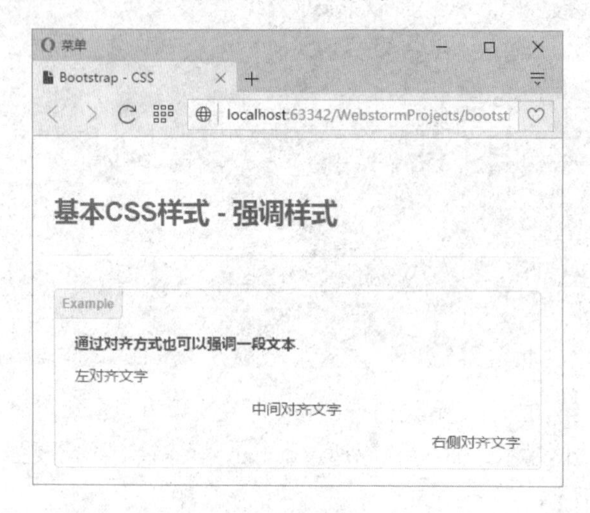

图 4.5　强调样式（二）

【代码 4-6】是一个通过颜色样式强调文本的设计（详见源代码 ch04 目录中 ch04.emphasizeTag.html 文件）：

```
01  <div class="bs-docs-example">
02       <p><strong>通过工具类使用颜色来强调不同类别文本</strong>.</p>
03       <p class="muted">This is muted text by '.muted' class.</p>
04       <p class="text-warning">This is warning text by '.text-
warning' class.</p>
05       <p class="text-error">This is error text by '.text-error'
class.</p>
06       <p class="text-info">This is info text by '.text-info'
class.</p>
07       <p class="text-success">This is success text by '.text-
success' class.</p>
08  </div>
```

在上面的代码中，第 03～07 行代码分别通过“.muted”“.text-warning”“.text-error”“.text-info”和“.text-success”样式类实现了通过颜色强调文本的方式，页面效果如图 4.6 所示。

图 4.6　强调样式（三）

4.1.4　缩略语

Bootstrap 框架实现了对缩略语<abbr>元素的增强样式，当鼠标悬停在缩写或缩写词上时就会显示出完整文本内容。缩略语元素带有 title 属性，外观展现为带有浅色的虚线框，当鼠标移至上面时会变成带有“问号”的指针。

【代码 4-7】是一个使用缩略语样式的设计（详见源代码 ch04 目录中 ch04.abbr.html 文件）：

```
01  <div class="bs-docs-example">
02      <p>当把鼠标悬停在缩略语<abbr title="abbreviation">abbr</abbr>标签上需要看到完整文本内容就要使用 title 属性.</p>
03  </div>
```

在上面的代码中，第 02 行代码通过<abbr>标签实现了缩略语样式，同时通过 title 属性实现了完整文本的显示，页面效果如图 4.7 所示。

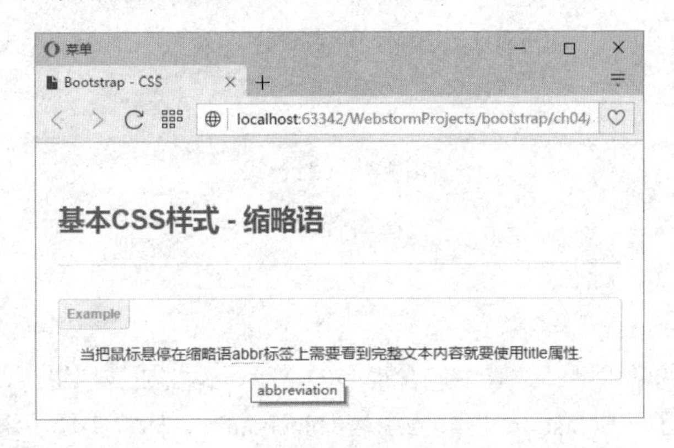

图 4.7　缩略语样式

4.1.5 地址

Bootstrap 框架为地址<address>标签设置了增强样式，相关地址信息会以常规的形式呈现在页面上。

【代码 4-8】是一个使用地址标签的样式设计（详见源代码 ch04 目录中 ch04.address.html 文件）：

```
01      <div class="bs-docs-example">
02      <address>
03          <strong>Bootstrap, Inc.</strong><br>
04          ABC Street 688号, 北京, 中国<br>
05          <abbr title="Telphone Number">tel:</abbr> (12)3456-7890
06      </address>
07      <address>
08          <strong>姓名</strong><br>
09          <a href="mailto:#">email@bootstrap.com</a>
10      </address>
11      </div>
```

在上面的代码中，通过<address>标签实现了增强型的地址样式，页面效果如图 4.8 所示。

图 4.8 地址样式

4.1.6 引用

目前有很多专业的学术网站，其中包含很多的文献、论文或文档资源，因此页面中实现引用功能就是必不可少的了。Bootstrap 框架为引用<blockquotes>标签实现了增强样式，下面看一段示例代码。

【代码 4-9】是一个应用引用的样式设计（详见源代码 ch04 目录中 ch04.blockquotes.html 文件）：

```
    01      <div class="bs-docs-example">
    02          <blockquote>
    03              <p>在标准的引用里,可以很简单地改变风格和内容.</p>
    04              <p>添加 small 标签来注明引用来源,来源名称可以放在 cite 标签里
面.</p>
    05              <small>Cite in <cite title="Bootstrap
Inc.">bootstrap.com</cite></small>
    06          </blockquote>
    07      </div>
    08      <div>
    09          <blockquote class="pull-right">
    10              <p>在标准的引用里,可以很简单地改变风格和内容.</p>
    11              <p>添加 small 标签来注明引用来源,来源名称可以放在 cite 标签里
面.</p>
    12              <small>Cite in <cite title="Bootstrap
Inc.">bootstrap.com</cite></small>
    13          </blockquote>
    14      </div>
```

在上面的代码中，通过<blockquotes >标签实现了增强型的引用样式，并在第 09 行代码中通过使用.pull-right 类实现了另一种风格的引用样式。【代码 4-9】的页面效果如图 4.9 所示。

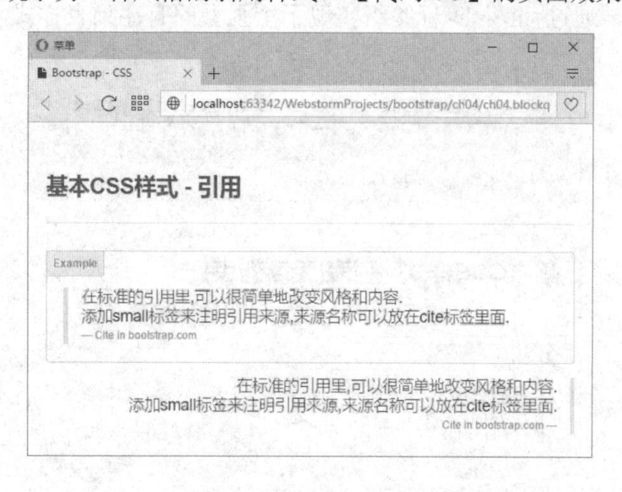

图 4.9　引用样式

4.1.7 列表

Bootstrap 框架针对列表同样实现了增强样式，包括无序列表、有序列表、无样式列表和内联式列表等，下面分别进行介绍。

【代码 4-10】是一个应用无序列表的样式设计（详见源代码 ch04 目录中 ch04.unorderedList.html 文件）：

```
01    <div class="bs-docs-example">
02        <ul>
03            <li>Tom</li>
04            <li>Jack</li>
05            <li>Sub List
06                <ul>
07                    <li>Football</li>
08                    <li>NBA</li>
09                    <li>Baseball</li>
10                </ul>
11            </li>
12            <li>123.com</li>
13            <li>abc.com</li>
14        </ul>
15    </div>
```

在上面的代码中，通过<ul>-<li>标签组实现了增强型的有序列表样式，页面效果如图 4.10 所示。

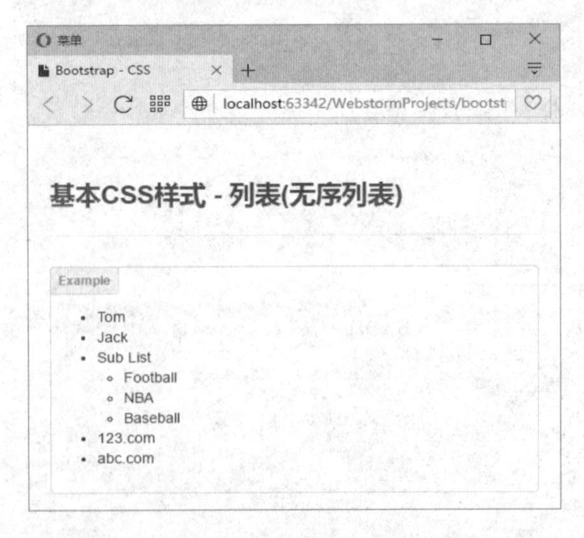

图 4.10 无序列表样式

【代码 4-11】是一个应用有序列表的样式设计（详见源代码 ch04 目录中 ch04.orderedList.html 文件）：

```
01     <div class="bs-docs-example">
02         <ol>
03             <li>Tom</li>
04             <li>Jack</li>
05             <li>Sub List
06                 <ul>
07                     <li>Football</li>
08                     <li>NBA</li>
09                     <li>Baseball</li>
10                 </ul>
11             </li>
12             <li>123.com</li>
13             <li>abc.com</li>
14         </ol>
15     </div>
```

在上面的代码中，通过<ol>-<li>标签组实现了增强型的有序列表样式，页面效果如图 4.11 所示。

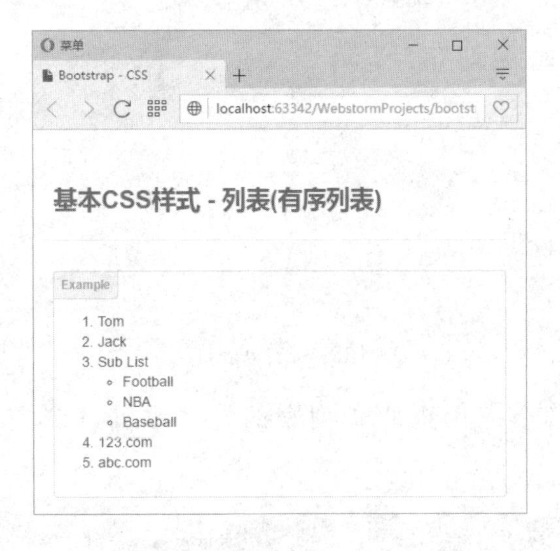

图 4.11　有序列表样式

【代码 4-12】是一个应用无样式列表的样式设计（详见源代码 ch04 目录中 ch04.unstyled.html 文件）：

```
01     <div class="bs-docs-example">
```

```
02        <ul class="unstyled">
03            <li>Tom</li>
04            <li>Jack</li>
05            <li>Sub List
06                <ul>
07                    <li>Football</li>
08                    <li>NBA</li>
09                    <li>Baseball</li>
10                </ul>
11            </li>
12            <li>123.com</li>
13            <li>abc.com</li>
14        </ul>
15    </div>
```

在上面的代码中，第 02 行通过.unstyled 类实现了无样式列表样式，页面效果如图 4.12 所示。

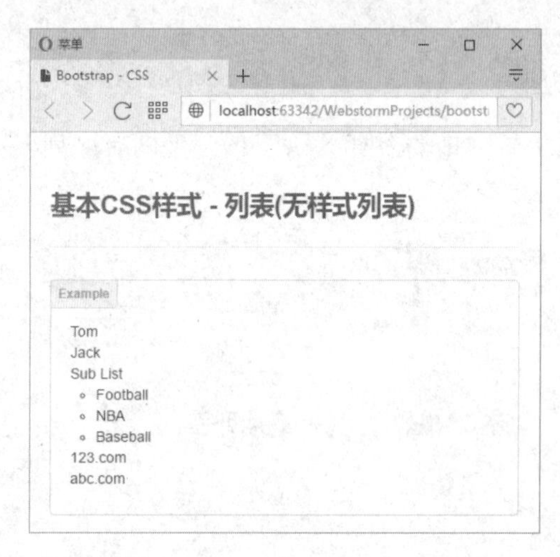

图 4.12　无样式表样式

【代码 4-13】是一个应用内联式列表的样式设计（详见源代码 ch04 目录中 ch04.inlineList.html 文件）：

```
01    <div class="bs-docs-example">
02        <ul class="inline">
03            <li>Tom</li>
04            <li>Jack</li>
05            <li>Football</li>
06            <li>NBA</li>
07            <li>Baseball</li>
```

```
08              <li>123.com</li>
09              <li>abc.com</li>
10          </ul>
11      </div>
```

在上面的代码中，第 02 行代码.inline 类实现了内联式列表样式，页面效果如图 4.13 所示。

图 4.13　内联式列表样式

4.1.8　描述

描述是 HTML5 新增的功能标签，是对列表标签的功能延伸。Bootstrap 框架对描述标签同样进行了功能增强，主要包括默认描述样式和水平描述样式两类，下面分别进行介绍。

【代码 4-14】是一个应用默认描述样式的设计（详见源代码 ch04 目录中 ch04.description.html 文件）：

```
01      <div class="bs-docs-example">
02          <dl>
03              <dt>Bootstrap</dt>
04              <dd>Bootstrap is a CSS framework.</dd>
05              <dt>CSS</dt>
06              <dd>CSS is Cascading Style Sheet.</dd>
07              <dd>CSS 3 is the updated version.</dd>
08              <dt>HTML 5</dt>
09              <dd>HTML 5, CSS & Bootstrap is powerful web tools.</dd>
10          </dl>
11      </div>
```

在上面的代码中，通过<dl>-<dt>-<dd>标签组实现了默认描述样式列表，页面效果如图 4.14 所示。

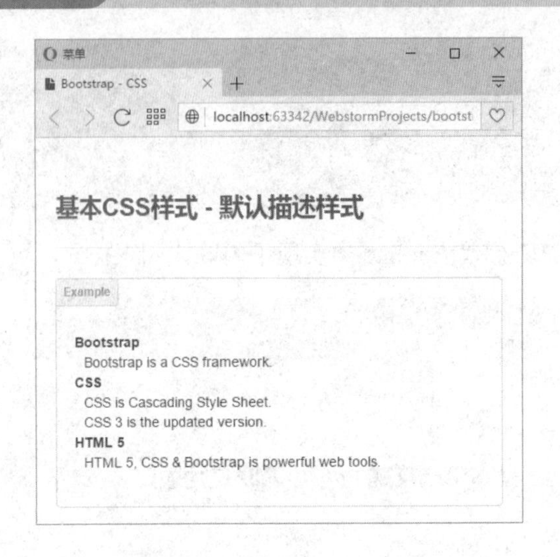

图 4.14　默认描述列表样式

【代码 4-15】是一个应用水平描述样式的设计（详见源代码 ch04 目录中 ch04.horidescription.html 文件）：

```
01      <div class="bs-docs-example">
02          <dl class="dl-horizontal">
03              <dt>Bootstrap</dt>
04              <dd>Bootstrap is a CSS framework.</dd>
05              <dt>CSS</dt>
06              <dd>CSS is Cascading Style Sheet.</dd>
07              <dd>CSS 3 is the updated version.</dd>
08              <dt>HTML 5</dt>
09              <dd>HTML 5, CSS & Bootstrap....</dd>
10          </dl>
11      </div>
```

在上面的代码中，第 02 行代码通过.dl-horizontal 类实现了水平描述样式列表，页面效果如图 4.15 所示。

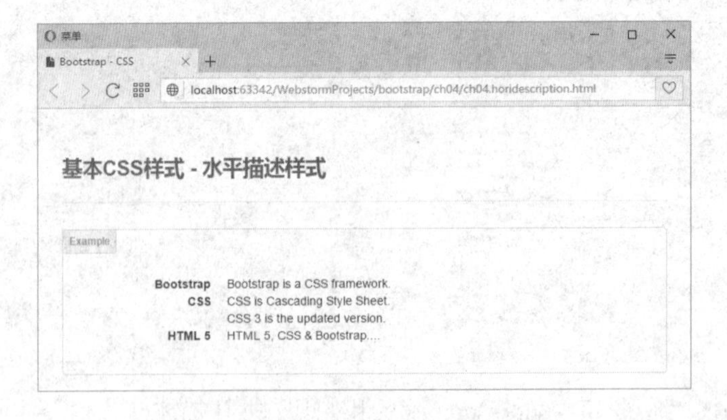

图 4.15　水平描述列表样式

4.1.9 代码

代码是 HTML5 新增的功能标签，可以在文本中显示代码样式的内容。Bootstrap 框架对代码标签进行了功能增强，主要包括内联式代码（<code>标签）和基本代码块（<pre>标签）两类，下面分别进行介绍。

【代码 4-16】是一个应用内联式代码的设计（详见源代码 ch04 目录中 ch04.inlineCode.html 文件）：

```
01      <div class="bs-docs-example">
02          inline code: <code>alert('this is inline code.')</code>.
03      </div>
```

在上面的代码中，通过<code>标签实现了内联式代码样式的文本，页面效果如图 4.16 所示。

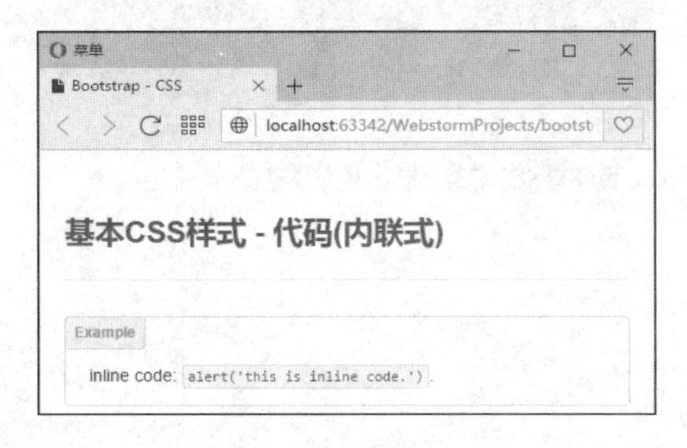

图 4.16 内联式代码样式

【代码 4-17】是一个应用基本代码块的设计（详见源代码 ch04 目录中 ch04.precode.html 文件）：

```
01      <div class="bs-docs-example">
02          pre code: <pre>var i=1;<br>var j=2;<br>alert(i+j);</pre>
03      </div>
```

在上面的代码中，通过<pre>标签实现了基本代码段样式的文本，页面效果如图 4.17 所示。

图 4.17 基本代码段样式

【代码 4-18】也是一个应用基本代码块的设计，与【代码 4-17】的区别是左侧增加了行号（详见源代码 ch04 目录中 ch04.precode.html 文件）：

```
01      <div class="bs-docs-example">
02          <pre class="prettyprint linenums" style="margin-bottom:
4px;">
03              var i=1;<br>var j=2;<br>alert(i+j);
04          </pre>
05      </div>
```

在上面的代码中，通过在<pre>标签添加.prettyprint 类和.linenums 类实现了带行号的基本代码段样式的文本，页面效果如图 4.18 所示。

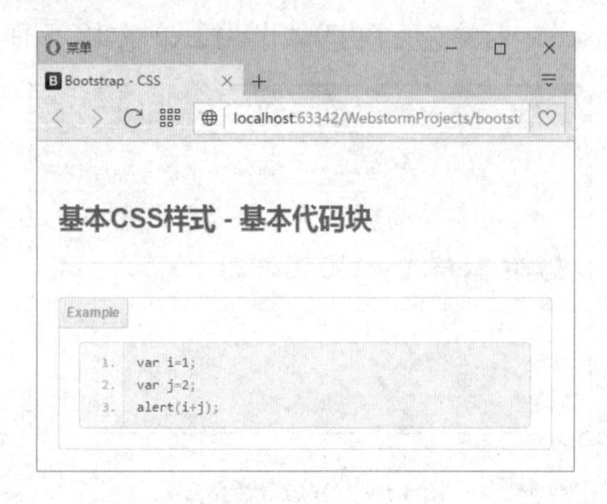

图 4.18　带行号的基本代码段样式

【代码 4-19】同样是一个应用基本代码块，其特点是专为多行代码设计的，呈现了一个最大高度为 350px 的带滚动条的区域来显示多行代码（详见源代码 ch04 目录中 ch04.precode.html 文件）：

```
01      <div class="bs-docs-example">
02          <pre class="pre-scrollable">
03          var i=1;<br>var j=2;<br>alert(i+j);<br>
04          var i=1;<br>var j=2;<br>alert(i+j);<br>
05          var i=1;<br>var j=2;<br>alert(i+j);<br>
06      .    .....
07       </pre>
08      </div>
```

在上面的代码中，通过在<pre>标签添加.pre-scrollable 类实现了带滚动条的基本代码段样式的文本，页面效果如图 4.19 所示。

图 4.19　带滚动条的基本代码段样式

4.2 Bootstrap 表格

Bootstrap 框架为表格（table）增强了多种表现样式，使得表格在页面中呈现出简洁、美观和多样的特性，本节详细介绍表格的应用。

4.2.1　默认样式表格

使用 Bootstrap 框架中默认样式的表格非常简单，仅需要在 table 标签内添加一个.table 类即可，下面看一段代码示例。

【代码 4-20】是一个默认样式表格的设计（详见源代码 ch04 目录中 ch04.table.html 文件）：

```
01      <div class="bs-docs-example">
02          <table class="table">
03              <thead>
04              <tr>
05                  <th>No.</th>
06                  <th>姓名</th>
07                  <th>性别</th>
```

```
08                <th>年龄</th>
09            </tr>
10            </thead>
11            <tbody>
12            <tr>
13                <td>1</td>
14                <td>张三</td>
15                <td>男</td>
16                <td>20</td>
17            </tr>
18            <tr>
19                <td>2</td>
20                <td>李四</td>
21                <td>女</td>
22                <td>18</td>
23            </tr>
24            <tr>
25                <td>3</td>
26                <td>王五</td>
27                <td>男</td>
28                <td>22</td>
29            </tr>
30            </tbody>
31        </table>
32    </div>
```

上面的代码展示了一个 Bootstrap 默认样式表格，页面效果如图 4.20 所示。

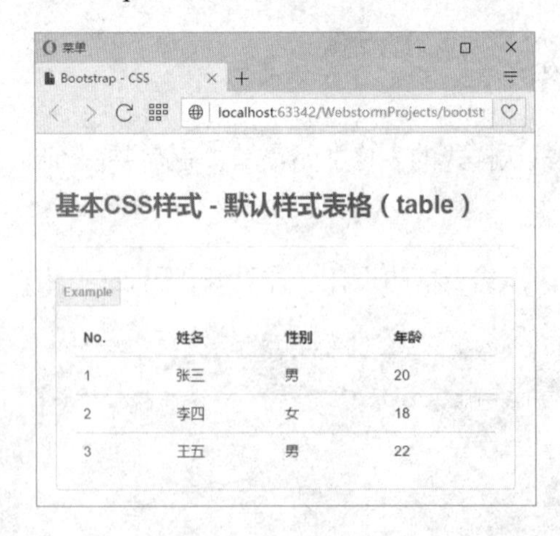

图 4.20　默认样式表格

4.2.2　斑马纹样式表格

使用 Bootstrap 框架中斑马纹样式的表格也非常简单，仅需要在 table 标签内再添加一个.table-striped 类即可，下面看一段代码示例。

【代码 4-21】是一个斑马纹样式表格的设计（详见源代码 ch04 目录中 ch04.stripedTable.html 文件）：

```
01      <div class="bs-docs-example">
02          <table class="table table-striped">
03              <thead>
04              <tr>
05                  <th>No.</th>
06                  <th>姓名</th>
07                  <th>性别</th>
08                  <th>年龄</th>
09              </tr>
10              </thead>
11              <tbody>
12              <tr>
13                  <td>1</td>
14                  <td>张三</td>
15                  <td>男</td>
16                  <td>20</td>
17              </tr>
18              <tr>
19                  <td>2</td>
20                  <td>李四</td>
21                  <td>女</td>
22                  <td>18</td>
23              </tr>
24              <tr>
25                  <td>3</td>
26                  <td>王五</td>
27                  <td>男</td>
28                  <td>22</td>
29              </tr>
30              </tbody>
31          </table>
```

```
32      </div>
```

上面的代码展示了一个 Bootstrap 斑马纹样式表格，页面效果如图 4.21 所示。

图 4.21 斑马纹样式表格

4.2.3 圆角边框样式表格

使用 Bootstrap 框架中圆角边框样式的表格同样非常简单，仅需要在 table 标签内再添加一个.table-bordered 类即可，下面看一段代码示例。

【代码 4-22】是一个圆角边框样式表格的设计（详见源代码 ch04 目录中 ch04.borderedTable.html 文件）：

```
01      <div class="bs-docs-example">
02          <table class="table table-bordered">
03              <thead>
04              <tr>
05                  <th>No.</th>
06                  <th>姓名</th>
07                  <th>性别</th>
08                  <th>年龄</th>
09              </tr>
10              </thead>
11              <tbody>
12              <tr>
13                  <td>1</td>
14                  <td>张三</td>
15                  <td>男</td>
16                  <td>20</td>
17              </tr>
18              <tr>
19                  <td>2</td>
20                  <td>李四</td>
```

```
21                  <td>女</td>
22                  <td>18</td>
23              </tr>
24              <tr>
25                  <td>3</td>
26                  <td>王五</td>
27                  <td>男</td>
28                  <td>22</td>
29              </tr>
30              </tbody>
31          </table>
32      </div>
```

上面的代码展示了一个 Bootstrap 带圆角边框样式的表格，页面效果如图 4.22 所示。

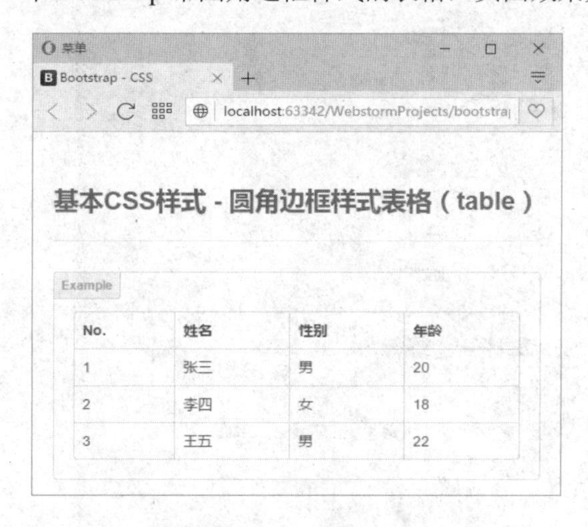

图 4.22　圆角边框样式表格

4.2.4　鼠标悬停样式表格

对于表格行列数较多的表格浏览起来通常比较困难，Bootstrap 框架提供了一种鼠标悬停样式的表格来提高用户体验，即当鼠标停留在表格某一行时该行会高亮显示。应用 Bootstrap 框架实现该功能仅需要在 table 标签内再添加一个.table-hover 类即可，下面看一段代码示例。

【代码 4-23】是一个鼠标悬停样式表格的设计（详见源代码 ch04 目录中 ch04.hoverTable.html 文件）：

```
01      <div class="bs-docs-example">
02          <table class="table table-hover">
03              <thead>
04              <tr>
05                  <th>No.</th>
```

```
06                  <th>姓名</th>
07                  <th>性别</th>
08                  <th>年龄</th>
09              </tr>
10              </thead>
11              <tbody>
12              <tr>
13                  <td>1</td>
14                  <td>张三</td>
15                  <td>男</td>
16                  <td>20</td>
17              </tr>
18              <tr>
19                  <td>2</td>
20                  <td>李四</td>
21                  <td>女</td>
22                  <td>18</td>
23              </tr>
24              <tr>
25                  <td>3</td>
26                  <td>王五</td>
27                  <td>男</td>
28                  <td>22</td>
29              </tr>
30              </tbody>
31          </table>
32      </div>
```

上面的代码展示了一个 Bootstrap 带鼠标悬停样式的表格，页面效果如图 4.23 所示。

图 4.23　鼠标悬停样式表格

4.2.5　带行属性样式表格

Bootstrap 框架还可以满足为每行单独设定属性样式的表格，应用该功能仅需要在需要增加行属性的<tr>标签内添加情景(contextual)类即可。这些情景类包括：.success、.error、.warning 和.info 共 4 种，每一种分别使用不同的背景颜色来定义。下面看一段代码示例。

【代码 4-24】是一个带行属性样式表格的设计（详见源代码 ch04 目录中 ch04.contextualTable.html 文件）：

```
01    <div class="bs-docs-example">
02       <table class="table table-bordered">
03          <thead>
04          <tr>
05             <th>No.</th>
06             <th>姓名</th>
07             <th>性别</th>
08             <th>年龄</th>
09          </tr>
10          </thead>
11          <tbody>
12          <tr class="error">
13             <td>1</td>
14             <td>张三</td>
15             <td>男</td>
16             <td>20</td>
17          </tr>
18          <tr class="warning">
19             <td>2</td>
20             <td>李四</td>
21             <td>女</td>
22             <td>18</td>
23          </tr>
24          <tr class="success">
25             <td>3</td>
26             <td>王五</td>
27             <td>男</td>
28             <td>22</td>
29          </tr>
30          <tr class="info">
31             <td>4</td>
32             <td>姓名</td>
33             <td>性别</td>
34             <td>年龄</td>
```

```
35                </tr>
36                </tbody>
37            </table>
38        </div>
```

上面的代码展示了一个 Bootstrap 带行属性样式的表格，页面效果如图 4.24 所示。

图 4.24　带行属性样式表格

4.3 Bootstrap 按钮

Bootstrap 框架为按钮增强了多种表现样式，任何为<a>或<button>标签添加的.btn 系列类均可在页面中呈现出风格多样的按钮，本节我们详细介绍各种样式的按钮。

4.3.1 默认样式按钮

使用 Bootstrap 框架中默认按钮样式非常简单，仅需要在按钮<button>标签内添加一系列.btn 相关类即可，下面看一段代码示例。

【代码 4-25】是一个默认按钮样式的设计（详见源代码 ch04 目录中 ch04.defaultButton.html 文件）：

```
01        <div class="bs-docs-example">
02            <table class="table table-bordered table-striped">
03                <thead>
04                <tr>
05                    <th>按钮外形</th>
06                    <th>样式（class）</th>
07                </tr>
08                </thead>
```

```
09              <tbody>
10              <tr>
11                  <td><button type="button" class="btn">默认
</button></td>
12                  <td><code>btn</code></td>
13              </tr>
14              <tr>
15                  <td><button type="button" class="btn btn-primary">主
要</button></td>
16                  <td><code>btn btn-primary</code></td>
17              </tr>
18              <tr>
19                  <td><button type="button" class="btn btn-info">信息
</button></td>
20                  <td><code>btn btn-info</code></td>
21              </tr>
22              <tr>
23                  <td><button type="button" class="btn btn-success">成
功</button></td>
24                  <td><code>btn btn-success</code></td>
25              </tr>
26              <tr>
27                  <td><button type="button" class="btn btn-warning">警
告</button></td>
28                  <td><code>btn btn-warning</code></td>
29              </tr>
30              <tr>
31                  <td><button type="button" class="btn btn-danger">危险
</button></td>
32                  <td><code>btn btn-danger</code></td>
33              </tr>
34              <tr>
35                  <td><button type="button" class="btn btn-inverse">反
向</button></td>
36                  <td><code>btn btn-inverse</code></td>
37              </tr>
38              <tr>
39                  <td><button type="button" class="btn btn-link">链接
</button></td>
40                  <td><code>btn btn-link</code></td>
41              </tr>
42              </tbody>
43          </table>
44      </div>
```

上面的代码展示了一个 Bootstrap 默认按钮样式的表格，左侧一列为按钮外观，右侧一列为按钮所使用的样式类，页面效果如图 4.25 所示。

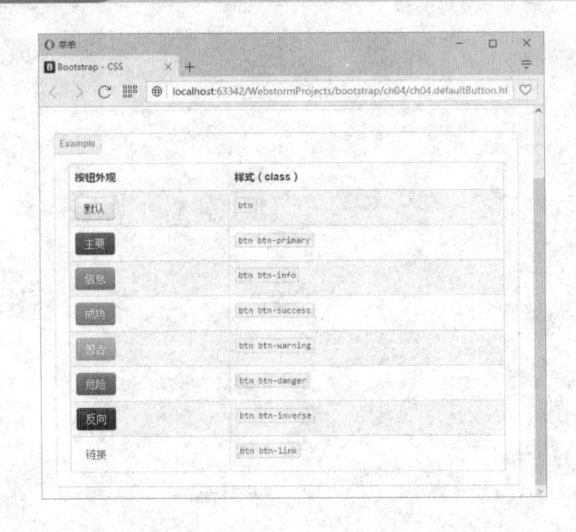

图 4.25　默认按钮样式

4.3.2　按钮大小样式

如果想定义按钮的尺寸大小也非常简单，仅需要在按钮<button>标签内添加.btn-large、.btn-small 和.btn-mini 三个类即可，下面看一段代码示例。

【代码 4-26】是一个应用按钮大小样式的设计（详见源代码 ch04 目录中 ch04.sizeButton.html 文件）：

```
01      <div class="bs-docs-example">
02          <table class="table table-bordered table-striped">
03              <thead>
04              <tr>
05              <th>按钮外观</th>
06              <th>样式（class）</th>
07              </tr>
08              </thead>
09              <tbody>
10              <tr>
11              <td><button class="btn btn-mini" type="button">Mini
button</button></td>
12              <td><code>btn btn-mini</code></td>
13              </tr>
14              <tr>
15              <td><button type="button" class="btn btn-small">Small
button</button></td>
16              <td><code>btn btn-small</code></td>
17              </tr>
18              <tr>
```

```
    19              <td><button type="button" class="btn btn-
primary">Default button</button></td>
    20              <td><code>btn btn-primary</code></td>
    21              </tr>
    22              <tr>
    23              <td><button type="button" class="btn btn-large">Large
button</button></td>
    24              <td><code>btn btn-large</code></td>
    25              </tr>
    26              </tbody>
    27          </table>
    28      </div>
```

上面的代码显示了一个 Bootstrap 按钮大小样式的表格，左侧一列为按钮外观，右侧一列为按钮所使用的样式类，页面效果如图 4.26 所示。

图 4.26　按钮大小样式

4.3.3　特殊样式按钮

本小节介绍两个特殊样式的按钮，一个是块级（.btn-blobk）按钮，另一个是禁用样式按钮（disabled）按钮，下面看一段代码示例。

【代码 4-27】是两个特殊样式按钮的设计（详见源代码 ch04 目录中 ch04.specButton.html 文件）：

```
    01      <div class="bs-docs-example">
```

```
02          <table class="table table-bordered table-striped">
03              <thead>
04              <tr>
05                  <th>按钮外观</th>
06                  <th>样式（class）</th>
07              </tr>
08              </thead>
09              <tbody>
10              <tr>
11             <td><button type="button" class="btn btn-block">Block
level button</button></td>
12              <td><code>btn btn-block</code></td>
13              </tr>
14              <tr>
15              <td><button type="button" class="btn disabled">disabled
button</button></td>
16              <td><code>btn disabled</code></td>
17              </tr>
18              </tbody>
19          </table>
20      </div>
```

【代码 4-27】中第 11 行代码使用.btn-block 样式的按钮将会填充整个父级元素，而第 15 行代码中使用 disabled 样式的按钮将处于禁用状态，以上页面效果如图 4.27 所示。

图 4.27　特殊样式按钮

4.4 Bootstrap 图片

本节我们简单介绍一下 Bootstrap 框架中关于图片样式的内容，Bootstrap 框架定义了三种图片样式，分别为.img-rounded 类、.img-circle 类和.img-polaroid 类，下面看一段代码示例。

【代码 4-28】是一个应用图片样式的设计（详见源代码 ch04 目录中 ch04.image.html 文件）：

```
01  <div class="bs-docs-example bs-docs-example-images">
02      <img data-src="../assets/js/holder/holder.js/90x90"
class="img-rounded">
03      <img data-src="../assets/js/holder/holder.js/90x90"
class="img-circle">
04      <img data-src="../assets/js/holder/holder.js/90x90"
class="img-polaroid">
05  </div>
```

其页面效果如图 4.28 所示。

图 4.28　图片样式

4.5 本章小结

本章主要介绍了应用 Bootstrap 框架开发的排版、表格、按钮和图片等方面的内容，并配合具体代码实例进行讲解，希望对读者有一定的帮助。

第 5 章

Bootstrap组件设计

本章介绍 Bootstrap 组件设计方面的内容，所谓组件就是基于 HTML 基本元素而设计的、可重复利用的对象，在页面中应用 Bootstrap 组件可以极大地提升用户体验。本章中介绍的每一个组件均会配以实际样例来帮助读者学习掌握。

本章主要内容包括：

- Bootstrap 中下拉菜单的设计
- Bootstrap 中按钮组的设计
- Bootstrap 中按钮式下拉菜单的设计
- Bootstrap 中导航的设计
- Bootstrap 中分页的设计
- Bootstrap 中进度条的设计

5.1 Bootstrap 下拉菜单

本节我们先介绍 Bootstrap 下拉菜单组件，主要包括标签、对齐方式、禁用和子菜单等方面的内容。

5.1.1 标签

顾名思义，下拉菜单是可用于展示可切换、有关联的菜单链接。创建下拉菜单需要使用上一章介绍过的 HTML 的列表标签（<ul>-<li>），且下拉菜单的触发器和整个下拉菜单都需要包裹在.dropdown 类中，又或者声明为“position: relative;”的其他页面元素中。

【代码 5-1】是一个基本的下拉菜单组件设计（详见源代码 ch05 目录中 ch05.dropdownMenu.html 文件）：

```
01  <div class="bs-docs-example">
```

```
02      <div class="dropdown clearfix">
03          <ul class="dropdown-menu" role="menu" aria-
labelledby="dropdownMenu">
04              <li><a tabindex="-1" href="#">下拉菜单 A</a></li>
05              <li><a tabindex="-1" href="#">下拉菜单 B</a></li>
06              <li><a tabindex="-1" href="#">下拉菜单 C</a></li>
07              <li class="divider"></li>
08              <li><a tabindex="-1" href="#">下拉菜单分割线 D</a></li>
09              <li><a tabindex="-1" href="#">下拉菜单分割线 E</a></li>
10          </ul>
11      </div>
12  </div>
```

【代码 5-1】展示了一个基本下拉菜单组件，其中第 03～10 行代码通过<ul><li>列表标签创建了下拉菜单的基本元素，在第 03 行代码中通过为<ul>标签增加.dropdown-menu 类将其定义为下拉菜单，页面效果如图 5.1 所示。

图 5.1　基本下拉菜单

5.1.2　对齐方式

Bootstrap 框架可以为下拉菜单选择不同的对齐方式，默认下拉菜单是左对齐的，如果使用.pull-right 类则可以实现右对齐。

【代码 5-2】是一个下拉菜单对齐方式的设计（详见源代码 ch05 目录中 ch05.dropdownAlignMenu.html 文件）：

```
01 <div class="dropdown clearfix">
02     <ul class="dropdown-menu pull-left " role="menu" aria-labelledby="dropdownMenu">
03         <li><a tabindex="-1" href="#">左对齐下拉菜单 A</a></li>
04         <li><a tabindex="-1" href="#">左对齐下拉菜单 B</a></li>
05         <li class="divider"></li>
06         <li><a tabindex="-1" href="#">左对齐下拉菜单分割线 C</a></li>
07     </ul>
08 </div>
09 <div class="dropdown clearfix">
10     <ul class="dropdown-menu pull-right" role="menu" aria-labelledby="dropdownMenu">
11         <li><a tabindex="-1" href="#">右对齐下拉菜单 A</a></li>
12         <li><a tabindex="-1" href="#">右对齐下拉菜单 B</a></li>
13         <li class="divider"></li>
14         <li><a tabindex="-1" href="#">右对齐下拉菜单分割线 C</a></li>
15     </ul>
16 </div>
```

上面的代码展示了页面主体的段落样式，其中第 01～08 行代码定义的是左对齐下拉菜单，其中第 09～16 行代码定义的是右对齐下拉菜单，页面效果如图 5.2 所示。

图 5.2　下拉菜单对齐方式

5.1.3 禁用

如果需要禁用下拉菜单的某一项，可以在<li>标签内增加.disabled 类来实现。

【代码 5-3】是一个禁用下拉菜单项的设计（详见源代码 ch05 目录中 ch05.disabledDropdownMenu.html 文件）：

```
01 <div class="bs-docs-example">
02     <div class="dropdown clearfix">
03         <ul class="dropdown-menu" role="menu" aria-
labelledby="dropdownMenu">
04             <li><a tabindex="-1" href="#">下拉菜单 A</a></li>
05             <li class="disabled"><a tabindex="-1" href="#">下拉菜单
B</a></li>
06             <li><a tabindex="-1" href="#">下拉菜单 C</a></li>
07             <li class="divider"></li>
08             <li class="disabled"><a tabindex="-1" href="#">下拉菜单分
割线 D</a></li>
09             <li><a tabindex="-1" href="#">下拉菜单分割线 E</a></li>
10         </ul>
11     </div>
12 </div>
```

上面的代码演示了禁用下拉菜单项的设计，其中在第 05 行与第 08 行代码为<li>标签元素增加了.disabled 类，页面效果如图 5.3 所示。

图 5.3　禁用下拉菜单项

5.1.4　子下拉菜单

Bootstrap 框架还支持为下拉菜单定义子下拉菜单，通过一些简单的定义就可以实现。另外，默认子菜单是向右下方弹出的，还可以通过定义样式实现向上弹出或者向左弹出子菜单。下面看示例代码。

【代码 5-4】是一个增加默认子下拉菜单项的设计（详见源代码 ch05 目录中 ch05.defaultSubDropdownMenu.html 文件）：

```
01 <div class="bs-docs-example">
02     <div class="dropdown clearfix">
03         <ul class="dropdown-menu" role="menu" aria-
labelledby="dropdownMenu">
04             <li><a tabindex="-1" href="#">下拉菜单 A</a></li>
05             <li><a tabindex="-1" href="#">下拉菜单 B</a></li>
06             <li class="divider"></li>
07             <li class="dropdown-submenu">
08                 <a tabindex="-1" href="#">弹出子下拉菜单</a>
09                 <ul class="dropdown-menu">
10                     <li><a tabindex="-1" href="#">子下拉菜单 A</a></li>
11                     <li><a tabindex="-1" href="#">子下拉菜单 B</a></li>
12                     <li><a tabindex="-1" href="#">子下拉菜单 C</a></li>
13                 </ul>
14             </li>
15         </ul>
16     </div>
17 </div>
```

【代码 5-4】演示了定义子下拉菜单项的设计，其中在第 07～14 行代码通过增加<ul><li>标签组实现了一个子下拉菜单，页面效果如图 5.4 所示。

图 5.4　默认子下拉菜单

【代码 5-5】是一个向上弹出子下拉菜单项的设计（详见源代码 ch05 目录中 ch05.subDropupMenu.html 文件）：

```
01 <div class="bs-docs-example">
02     <div class="dropup clearfix">
03         <ul class="dropdown-menu" role="menu" aria-
labelledby="dropdownMenu">
04             <li><a tabindex="-1" href="#">下拉菜单 A</a></li>
05             <li><a tabindex="-1" href="#">下拉菜单 B</a></li>
06             <li class="divider"></li>
07             <li class="dropdown-submenu">
08                 <a tabindex="-1" href="#">向上弹出子下拉菜单</a>
09                 <ul class="dropdown-menu">
10                     <li><a tabindex="-1" href="#">子下拉菜单 A</a></li>
11                     <li><a tabindex="-1" href="#">子下拉菜单 B</a></li>
12                     <li><a tabindex="-1" href="#">子下拉菜单 C</a></li>
13                 </ul>
14             </li>
15         </ul>
16     </div>
17 </div>
```

【代码 5-5】演示了定义向上弹出子下拉菜单项的设计，其中在第 02 行代码中通过定义.dropup 类实现了向上弹出子下拉菜单的样式，页面效果如图 5.5 所示。

图 5.5　向上弹出子下拉菜单

【代码 5-6】是一个向左弹出子下拉菜单项的设计（详见源代码 ch05 目录中 ch05.subDropleftMenu.html 文件）：

```
01 <div class="bs-docs-example">
02     <div class="dropdown clearfix">
03        <ul class="dropdown-menu pull-right" role="menu" aria-
labelledby="dropdownMenu">
04            <li><a tabindex="-1" href="#">下拉菜单 A</a></li>
05            <li><a tabindex="-1" href="#">下拉菜单 B</a></li>
06            <li class="divider"></li>
07            <li class="dropdown-submenu pull-left">
08                <a tabindex="-1" href="#">向左弹出子下拉菜单</a>
09                <ul class="dropdown-menu">
10                    <li><a tabindex="-1" href="#">子下拉菜单 A</a></li>
11                    <li><a tabindex="-1" href="#">子下拉菜单 B</a></li>
12                    <li><a tabindex="-1" href="#">子下拉菜单 C</a></li>
13                </ul>
14            </li>
15        </ul>
16     </div>
17 </div>
```

【代码 5-6】演示了定义向左弹出子下拉菜单项的设计，为了演示效果先在第 03 行代码中通过定义.pull-right 类将整个下拉菜单右对齐，然后在第 07 行代码通过定义.pull-left 类实现了向左弹出子下拉菜单的样式，页面效果如图 5.6 所示。

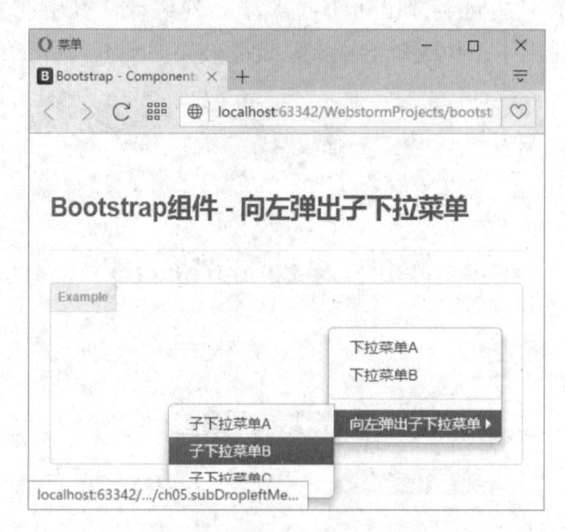

图 5.6　向左弹出子下拉菜单

5.2 Bootstrap 按钮组

本节介绍 Bootstrap 按钮组，主要包括基本按钮组、工具栏按钮组和垂直按钮组等方面的内容。

5.2.1　基本按钮组

基本按钮组设计最简单，就是把一组按钮放在同一个.btn-group 类按钮组容器中，下面看一段代码示例。

【代码 5-7】是一个基本按钮组样式的设计（详见源代码 ch05 目录中 ch05.basicBtnGroup.html 文件）：

```
01  <div class="bs-docs-example">
02      <div class="btn-group">
03          <button class="btn">Left</button>
04          <button class="btn">Middle</button>
05          <button class="btn">Right</button>
06      </div>
07  </div>
```

【代码 5-7】中第 02 行代码通过.btn-group 类展示了一个基本按钮组，页面效果如图 5.7 所示。

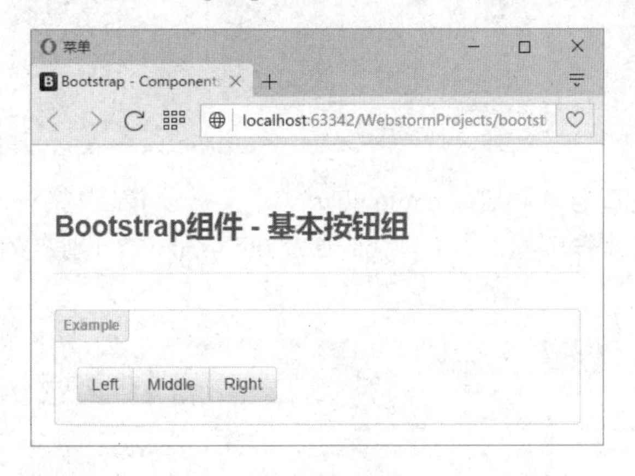

图 5.7　基本按钮组

5.2.2　工具栏按钮组

工具栏按钮组是在基本按钮组的基础上，将多个基本按钮组组合成类似工具栏的样式设计，具体是通过.btn-toolbar 类来实现的，下面看一段代码示例。

【代码 5-8】是一个工具栏按钮组样式的设计（详见源代码 ch05 目录中 ch05.toolbarBtnGroup.html 文件）：

```
01  <div class="bs-docs-example">
02      <div class="btn-toolbar" role="toolbar">
03          <div class="btn-group">
04              <button type="button" class="btn btn-default">TB1-
1</button>
05              <button type="button" class="btn btn-default">TB1-
2</button>
06              <button type="button" class="btn btn-default">TB1-
3</button>
07          </div>
08          <div class="btn-group">
09              <button type="button" class="btn btn-default">TB2-
1</button>
10              <button type="button" class="btn btn-default">TB2-
2</button>
11          </div>
12          <div class="btn-group">
13              <button type="button" class="btn btn-default">TB3-
1</button>
14          </div>
15      </div>
16  </div>
```

【代码 5-8】中第 02 行代码通过.btn-toolbar 类定义了一个工具栏按钮组；其中，第 03～07 行代码、第 08～11 行代码和第 12～14 行代码通过.btn-group 类分别定义了三组基本按钮组；页面效果如图 5.8 所示。

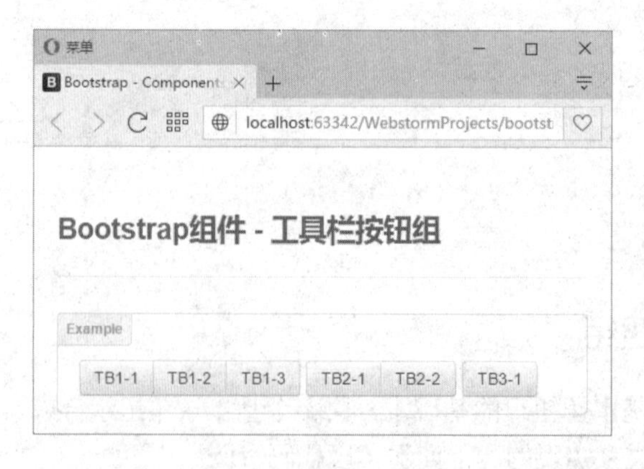

图 5.8　工具栏按钮组

5.2.3　垂直按钮组

顾名思义，垂直按钮组是将按钮垂直排列成组的设计样式，具体是通过.btn-group-vertical 类来实现的，下面看一段代码示例。

【代码 5-9】是一个垂直按钮组样式的设计（详见源代码 ch05 目录中 ch05.verticalBtnGroup.html 文件）：

```
    01  <div class="bs-docs-example">
    02      <div class="btn-group btn-group-vertical">
    03          <button type="button" class="btn btn-default">button
top</button>
    04          <button type="button" class="btn btn-default">button
middle</button>
    05          <button type="button" class="btn btn-default">button
bottom</button>
    06      </div>
    07  </div>
```

【代码 5-9】中第 02 行代码通过.btn-group-vertical 类定义了一个垂直按钮组，页面效果如图 5.9 所示。

图 5.9　垂直按钮组

5.3 Bootstrap 按钮式下拉菜单

本节介绍 Bootstrap 框架的按钮式下拉菜单，其实按钮式下拉菜单是在前面下拉菜单和按钮组内容基础上组合而成的，设计人员可以将下拉菜单与按钮组的样式通过组合的方式加入到按钮式下拉菜单中。下面看一段按钮式下拉菜单的代码示例。

【代码 5-10】是一个按钮式下拉菜单的设计（详见源代码 ch05 目录中 ch05.btnGroupDropdownMenu.html 文件）：

```
01 <div class="bs-docs-example">
02     <div class="btn-toolbar" style="margin: 0;">
03         <div class="btn-group">
04             <button class="btn dropdown-toggle" data-
toggle="dropdown">按钮式下拉菜单
05                 <span class="caret"></span>
06             </button>
07             <ul class="dropdown-menu">
08                 <li><a href="#">Button Menu A</a></li>
09                 <li><a href="#">Button Menu B</a></li>
10                 <li class="divider"></li>
11                 <li><a href="#">Button Menu C</a></li>
12             </ul>
13         </div><!-- /btn-group -->
14         <div class="btn-group">
15         <button class="btn btn-primary dropdown-toggle" data-
toggle="dropdown">Action
16                 <span class="caret"></span>
17             </button>
18             <ul class="dropdown-menu">
19                 <li><a href="#">Button Menu A</a></li>
20                 <li><a href="#">Button Menu B</a></li>
21                 <li class="divider"></li>
22                 <li><a href="#">Button Menu C</a></li>
23             </ul>
24         </div><!-- /btn-group -->
25         <div class="btn-group">
26         <button class="btn btn-danger dropdown-toggle" data-
toggle="dropdown">Danger
27                 <span class="caret"></span>
28             </button>
29             <ul class="dropdown-menu">
30                 <li><a href="#">Button Menu A</a></li>
31                 <li><a href="#">Button Menu B</a></li>
```

```
32                <li class="divider"></li>
33                <li><a href="#">Button Menu C</a></li>
34            </ul>
35        </div><!-- /btn-group -->
36        <div class="btn-group">
37        <button class="btn btn-warning dropdown-toggle" data-
toggle="dropdown">Warning
38                <span class="caret"></span>
39            </button>
40            <ul class="dropdown-menu">
41                <li><a href="#">Button Menu A</a></li>
42                <li><a href="#">Button Menu B</a></li>
43                <li class="divider"></li>
44                <li><a href="#">Button Menu C</a></li>
45            </ul>
46        </div><!-- /btn-group -->
47        <div class="btn-group">
48        <button class="btn btn-success dropdown-toggle" data-
toggle="dropdown">Success
49                <span class="caret"></span>
50            </button>
51            <ul class="dropdown-menu">
52                <li><a href="#">Button Menu A</a></li>
53                <li><a href="#">Button Menu B</a></li>
54                <li class="divider"></li>
55                <li><a href="#">Button Menu C</a></li>
56            </ul>
57        </div><!-- /btn-group -->
58        <div class="btn-group">
59            <button class="btn btn-info dropdown-toggle" data-
toggle="dropdown">Info
60                <span class="caret"></span>
61            </button>
62            <ul class="dropdown-menu">
63                <li><a href="#">Button Menu A</a></li>
64                <li><a href="#">Button Menu B</a></li>
65                <li class="divider"></li>
66                <li><a href="#">Button Menu C</a></li>
67            </ul>
```

```
68          </div><!-- /btn-group -->
69          <div class="btn-group">
70          <button class="btn btn-inverse dropdown-toggle" data-
toggle="dropdown">Inverse
71                  <span class="caret"></span>
72              </button>
73              <ul class="dropdown-menu">
74                  <li><a href="#">Button Menu A</a></li>
75                  <li><a href="#">Button Menu B</a></li>
76                  <li class="divider"></li>
77                  <li><a href="#">Button Menu C</a></li>
78              </ul>
79          </div><!-- /btn-group -->
80      </div><!-- /btn-toolbar -->
81  </div>
```

关于【代码 5-10】的分析如下：

第 02～80 行代码通过.btn-toolbar 类定义了一个工具条按钮组。

第 03～13 行代码通过.btn-group 类定义了一个按钮组。

第 04～06 行代码通过.dropdown-toggle 类定义了一个按钮，其中第 05 行代码通过.caret 类定义了按钮的下拉箭头。

第 07～12 行代码通过.dropdown-menu 类定义了一个下拉菜单。

这样，第 03～13 行代码就组成了一个基本样式的按钮式下拉菜单；而第 14～24 行代码、第 25～35 行代码、第 36～46 行代码、第 47～57 行代码、第 58～68 行代码和第 69～79 行代码与第 03～13 行代码类似，组成了仅仅是样式不同的按钮式下拉菜单。

【代码 5-10】页面效果如图 5.10 所示。

图 5.10　按钮式下拉菜单

5.4 Bootstrap 导航

本节介绍 Bootstrap 框架的导航组件，在 Bootstrap 框架中所有导航组件均使用.nav 类来实现，针对不同类型的导航再增加相应的样式即可。

5.4.1　默认标签导航

默认标签导航就是基于<ul><li>标签组并应用.nav-tabs 类设计而成的，下面看一段代码示例。

【代码 5-11】是一个默认样式标签导航的设计（详见源代码 ch05 目录中 ch05.defaultNav.html 文件）：

```
01 <div class="bs-docs-example">
02     <ul class="nav nav-tabs">
03         <li class="active"><a href="#">首页</a></li>
04         <li><a href="#">新闻</a></li>
05         <li><a href="#">财经</a></li>
06         <li><a href="#">体育</a></li>
07         <li><a href="#">论坛</a></li>
08     </ul>
09 </div>
```

【代码 5-11】中第 02 行代码通过.nav 类和.nav-tabs 类设计了一个默认标签导航，页面效果如图 5.11 所示。

图 5.11　默认标签导航

5.4.2 pills 标签导航

pills 标签导航就是基于<ul><li>标签组并应用.nav-pills 类设计而成的，下面看一段代码示例。

【代码 5-12】是一个 pills 标签导航的设计（详见源代码 ch05 目录中 ch05.defaultNav.html 文件）：

```
01 <div class="bs-docs-example">
02     <ul class="nav nav-pills">
03         <li class="active"><a href="#">首页</a></li>
04         <li><a href="#">新闻</a></li>
05         <li><a href="#">财经</a></li>
06         <li><a href="#">体育</a></li>
07         <li><a href="#">论坛</a></li>
08     </ul>
09 </div>
```

【代码 5-12】中第 02 行代码通过.nav 类和.nav-pills 类设计了一个默认标签导航，页面效果如图 5.12 所示。

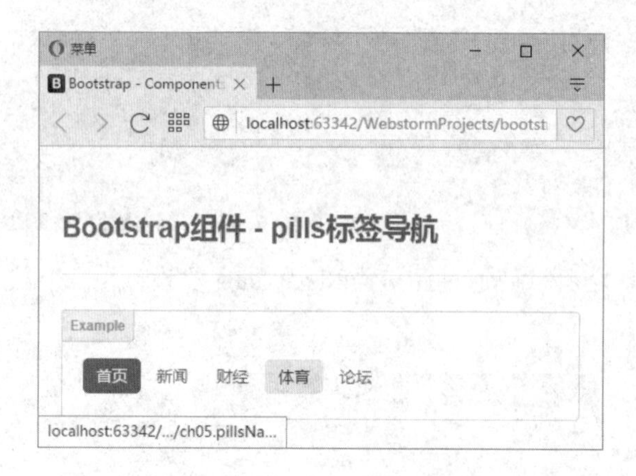

图 5.12 pills 标签导航

5.4.3 堆叠式标签导航

堆叠式标签导航是区别于水平排列标签导航的设计，是通过.nav-stacked 类设计而成的，下面看一段代码示例。

【代码 5-13】是一个堆叠式标签导航的设计（详见源代码 ch05 目录中 ch05.stackedNav.html 文件）：

```
01 <div class="bs-docs-example">
```

```
02     <ul class="nav nav-tabs nav-stacked">
03         <li class="active"><a href="#">首页</a></li>
04         <li><a href="#">新闻</a></li>
05         <li><a href="#">财经</a></li>
06         <li><a href="#">体育</a></li>
07         <li><a href="#">论坛</a></li>
08     </ul>
09 </div>
```

【代码 5-13】中第 02 行代码通过.nav 类、.nav-tabs 和.nav-stacked 类设计了一个堆叠式标签导航，页面效果如图 5.13 所示。

图 5.13　堆叠式标签导航

5.4.4　下拉菜单式标签导航

如果想在标签导航中添加下拉菜单，可以通过添加.dropdown-menu 类设计而成，下面看一段代码示例。

【代码 5-14】是一个下拉菜单式标签导航的设计（详见源代码 ch05 目录中 ch05.dropdownMenuNav.html 文件）：

```
01 <div class="bs-docs-example">
02     <ul class="nav nav-tabs">
03         <li class="active"><a href="#">首页</a></li>
04         <li><a href="#">新闻</a></li>
```

```
05          <li><a href="#">财经</a></li>
06          <li class="dropdown">
07              <a class="dropdown-toggle" href="#">体育 <b
class="caret"></b></a>
08              <ul class="dropdown-menu">
09                  <li><a href="#">足球</a></li>
10                  <li><a href="#">篮球</a></li>
11                  <li><a href="#">排球</a></li>
12                  <li class="divider"></li>
13                  <li><a href="#">游泳</a></li>
14              </ul>
15          </li>
16          <li><a href="#">论坛</a></li>
17      </ul>
18  </div>
```

【代码 5-14】中第 06～15 行代码通过将一个下拉菜单加入标签导航，实现了一个下拉菜单式标签导航，页面效果如图 5.14 所示。

图 5.14　下拉菜单式标签导航

5.4.5　导航列表

导航列表也是一款比较常用的页面元素，在 Bootstrap 框架中可以通过添加.nav-list 类设计实现，下面看一段代码示例。

【代码 5-15】是一个导航列表的样式设计（详见源代码 ch05 目录中 ch05.listNav.html 文件）：

```
01 <div class="bs-docs-example">
02     <div class="well">
03         <ul class="nav nav-list">
04             <li class="nav-header">新闻</li>
05             <li class="active"><a href="#">财经</a></li>
06             <li><a href="#">军事</a></li>
07             <li><a href="#">娱乐</a></li>
08             <li class="nav-header">体育</li>
09             <li><a href="#">足球</a></li>
10             <li><a href="#">篮球</a></li>
11             <li class="divider"></li>
12             <li><a href="#">排球</a></li>
13         </ul>
14     </div> <!-- /well -->
15 </div>
```

【代码 5-15】中第 03～13 行代码通过为<ul>标签增加.nav-list 类定义了一个导航列表；同时，第 04 行代码和第 08 行代码通过为<li>标签增加.nav-header 类定义了导航列表分类标题；页面效果如图 5.15 所示。

图 5.15　导航列表

5.4.6 标签页式导航

标签页式导航类似于桌面系统中的 Tab 界面，只不过其是在网页中实现的，而且在网页中还可以将导航固定在上下左右 4 个位置方向，设计起来非常灵活方便。在 Bootstrap 框架中，可以通过在导航组件中添加.tabbable 类、.nav-tabs 类、.tab-content 类和.tab-pane 类而设计实现。下面看一段代码示例。

【代码 5-16】是一个标签页式导航的设计（详见源代码 ch05 目录中 ch05.tabsNav.html 文件）：

```
01 <div class="bs-docs-example">
02     <div class="tabbable" style="margin-bottom: 8px;">
03         <ul class="nav nav-tabs">
04             <li class="active"><a href="#tab1" data-toggle="tab">新
闻</a></li>
05             <li><a href="#tab2" data-toggle="tab">财经</a></li>
06             <li><a href="#tab3" data-toggle="tab">体育</a></li>
07             <li><a href="#tab4" data-toggle="tab">娱乐</a></li>
08             <li><a href="#tab5" data-toggle="tab">论坛</a></li>
09         </ul>
10         <div class="tab-content">
11             <div class="tab-pane active" id="tab1">
12                 <p>新闻标签页.</p>
13             </div>
14             <div class="tab-pane" id="tab2">
15                 <p>财经标签页.</p>
16             </div>
17             <div class="tab-pane" id="tab3">
18                 <p>体育标签页.</p>
19             </div>
20             <div class="tab-pane" id="tab4">
21                 <p>娱乐标签页.</p>
22             </div>
23             <div class="tab-pane" id="tab5">
24                 <p>论坛标签页.</p>
25             </div>
26         </div>
27     </div> <!-- /tabbable -->
28 </div>
```

关于【代码 5-16】的分析如下：

第 02～27 行代码通过.tabbable 类定义了一个标签页式导航。

第 03～09 行代码通过为<ul>标签增加.nav-tabs 类定义了标签页式导航；其中，第 03～08 行代码定义的一组<li>标签内，通过 href 属性的定义值与后面<div>标签的 id 值一一进行对应。

第 10～26 行代码通过为<div>标签增加.tab-content 类定义了一组标签页；第 11～25 行代码在每一个<div>标签内定义了.tab-pane 类，同时定义的每个 id 值与第 03～08 行代码<li>标签内定义的 href 属性值一一进行对应。

页面效果如图 5.16 所示。

图 5.16　标签页式导航

5.5 Bootstrap 导航条

本节介绍 Bootstrap 框架的导航条组件，在 Bootstrap 框架中所有导航条组件均使用.navbar 类来实现，针对不同类型的导航条再增加相应的样式即可。

5.5.1 默认样式导航条

导航条的默认样式是静态（stalic）形式的，通常包含一个标题（title）名称和一组导航项，下面看一段代码示例。

【代码 5-17】是一个默认样式标签导航的设计（详见源代码 ch05 目录中 ch05.basicNavbar.html 文件）：

```
01  <div class="bs-docs-example">
```

```
02      <div class="navbar">
03          <div class="navbar-inner">
04              <a class="brand" href="#">导航条</a>
05              <ul class="nav">
06                  <li class="active"><a href="#">首页</a></li>
07                  <li><a href="#">新闻</a></li>
08                  <li><a href="#">财经</a></li>
09                  <li><a href="#">体育</a></li>
10                  <li><a href="#">论坛</a></li>
11              </ul>
12          </div>
13      </div>
14  </div>
```

【代码 5-17】中第 02～13 行代码通过.navbar 类定义了一个导航条；第 04 行代码通过.brand 类定义导航条标题，页面效果如图 5.17 所示。

图 5.17　默认样式导航条

5.5.2　导航条表单

可以在导航条中通过<form>标签添加表单，该表单中可以包括输入框、按钮、搜索等元素，下面看一段代码示例。

【代码 5-18】是一个导航条表单的设计（详见源代码 ch05 目录中 ch05.formNavbar.html 文件）：

```
01  <div class="bs-docs-example">
02      <div class="navbar">
```

```
03          <div class="navbar-inner">
04              <a class="brand" href="#">提交</a>
05              <form class="navbar-form pull-left">
06                  <input type="text" class="span2">
07                  <button type="submit" class="btn">Submit</button>
08              </form>
09          </div>
10      </div>
11  </div>
12  <div class="bs-docs-example">
13      <div class="navbar">
14          <div class="navbar-inner">
15              <a class="brand" href="#">搜索</a>
16              <form class="navbar-search pull-left">
17                  <input type="text" class="search-query"
placeholder="Search">
18              </form>
19          </div>
20      </div>
21  </div>
```

【代码 5-18】中通过<form>标签定义两个表单条，一个是提交表单条，另一个搜索表单条，页面效果如图 5.18 所示。

图 5.18　导航条表单

5.5.3 响应式导航条

响应式导航条可以实现交互功能，要实现一个响应式导航条，需要把导航条包含在.nav-collapse 类和.collapse 类中，并向其中添加一个.btn-navbar 类的触发按钮。下面看一段代码示例。

【代码 5-19】是一个响应式导航条的设计（详见源代码 ch05 目录中 ch05.responsiveNavbar.html 文件）：

```
01 <div class="bs-docs-example">
02     <div class="navbar">
03         <div class="navbar-inner">
04             <div class="container">
05 <a class="btn btn-navbar" data-toggle="collapse" data-
target=".navbar-responsive-collapse">
06                     <span class="icon-bar"></span>
07                     <span class="icon-bar"></span>
08                     <span class="icon-bar"></span>
09                 </a>
10                 <a class="brand" href="#">响应式导航条</a>
11                 <div class="nav-collapse collapse navbar-responsive-
collapse">
12                     <ul class="nav">
13                         <li class="active"><a href="#">首页</a></li>
14                         <li><a href="#">导航条</a></li>
15                         <li class="dropdown">
16                             <a href="#" class="dropdown-toggle" data-
toggle="dropdown">下拉导航条<b class="caret"></b></a>
17                             <ul class="dropdown-menu">
18                                 <li><a href="#">导航条</a></li>
19                                 <li><a href="#">导航条</a></li>
20                                 <li class="divider"></li>
21                                 <li class="nav-header">导航条</li>
22                                 <li><a href="#">导航条</a></li>
23                             </ul>
24                         </li>
25                     </ul>
26                     <form class="navbar-search pull-left" action="">
27                     <input type="text" class="search-query span2"
placeholder="Search">
```

```
28                  </form>
29              </div><!-- /.nav-collapse -->
30          </div>
31      </div><!-- /navbar-inner -->
32  </div><!-- /navbar -->
33 </div>
```

关于【代码 5-19】的分析如下：

第 05～09 行代码通过为<a>标签添加.btn-navbar 类定义了一个触发按钮。
第 11～29 行代码通过.nav-collapse 类和.collapse 类定义了一个导航条。

【代码 5-19】页面的初始效果如图 5.19 所示。

图 5.19　响应式导航条（一）

我们点击一下导航条右侧的触发按钮，页面的效果如图 5.20 所示。

图 5.20　响应式导航条（二）

5.6 Bootstrap 分页

本节介绍 Bootstrap 框架的分页组件，在 Bootstrap 框架中使用.pagination 类来实现分页，大体上分为标准分页方式和翻页分页方式两种。

5.6.1 标准分页方式

Bootstrap 框架中标准分页方式比较适合 App 应用搜索结果的展示，分页中点击区域比较大，方便用户操作，且易于扩展。下面看一段代码示例。

【代码 5-20】是一个标准分页方式的设计（详见源代码 ch05 目录中 ch05.standardPagination.html 文件）：

```
01  <div class="bs-docs-example">
02      <div class="pagination">
03          <ul>
04              <li><a href="#">&laquo;</a></li>
05              <li><a href="#">1</a></li>
06              <li><a href="#">2</a></li>
07              <li><a href="#">3</a></li>
08              <li><a href="#">4</a></li>
09              <li><a href="#">5</a></li>
10              <li><a href="#">6</a></li>
11              <li><a href="#">7</a></li>
12              <li><a href="#">8</a></li>
13              <li><a href="#">9</a></li>
14              <li><a href="#">&raquo;</a></li>
15          </ul>
16      </div>
17  </div>
```

【代码 5-20】中第 02～16 行代码通过.pagination 类定义了一个标准分页组件，页面效果如图 5.21 所示。

图 5.21　默认分页样式

5.6.2　翻页分页方式

Bootstrap 框架中还包括一种翻页分页方式，该方式用更少的标签和样式来创建简单的“前一页”和“后一页”代码。下面看一段代码示例。

【代码 5-21】是一个翻页分页方式的设计（详见源代码 ch05 目录中 ch05.pagePagination.html 文件）：

```
01  <div class="bs-docs-example">
02      <ul class="pager">
03      <li><a href="#">前一页</a></li>
04      <li><a href="#">后一页</a></li>
05      </ul>
06  </div>
```

【代码 5-21】中第 02～05 行代码通过.pager 类定义了一个翻页分页组件，页面效果如图 5.22 所示。

图 5.22　翻页分页样式

5.7 Bootstrap 标签与徽章

本节介绍 Bootstrap 框架的标签与徽章，标签与徽章在页面设计中很有用，且应用起来也很简单。下面看一段标签与徽章的代码示例。

【代码 5-22】是一个使用标签与徽章的设计（详见源代码 ch05 目录中 ch05.labelNbadge.html 文件）：

```
01 <div class="bs-docs-example">
02     <span>标签:</span>
03     <span class="label">默认样式</span>
04     <span class="label label-success">成功</span>
05     <span class="label label-warning">警告</span>
06     <span class="label label-important">重要</span>
07     <span class="label label-info">信息</span>
08     <span class="label label-inverse">反色</span>
09     <br><br><br>
10     <span>徽章:</span>
11     <span class="badge">1</span>
12     <span class="badge badge-success">2</span>
13     <span class="badge badge-warning">4</span>
14     <span class="badge badge-important">6</span>
15     <span class="badge badge-info">8</span>
16     <span class="badge badge-inverse">10</span>
17 </div>
```

关于【代码 5-22】的分析如下：

第 02～08 行代码通过.label 系列类定义了一组标签。
第 10～16 行代码通过.badge 系列类定义了一组徽章。

【代码 5-22】页面效果如图 5.23 所示。

图 5.23　标签与徽章

5.8 Bootstrap 进度条

本节介绍 Bootstrap 框架的进度条，进度条用于展示加载、跳转或动作正在执行中的状态，也是比较常用的组件。

5.8.1　基本样式进度条

Bootstrap 框架的基本样式进度条默认是带垂直颜色渐变效果的，下面看一段基本样式进度条的示例代码。

【代码 5-23】是一个使用基本样式进度条的设计（详见源代码 ch05 目录中 ch05.basicProgress.html 文件）：

```
01  <div class="bs-docs-example">
02      <div class="progress">
03          <div class="bar" style="width: 80%;"></div>
04      </div>
05  </div>
```

关于【代码 5-23】的分析如下：

第 02～04 行代码通过.progress 类定义了一个进度条组件。

第 03 行代码通过.bar 类定义了进度条，并设定了初始值为 80%。

【代码 5-23】页面效果如图 5.24 所示。

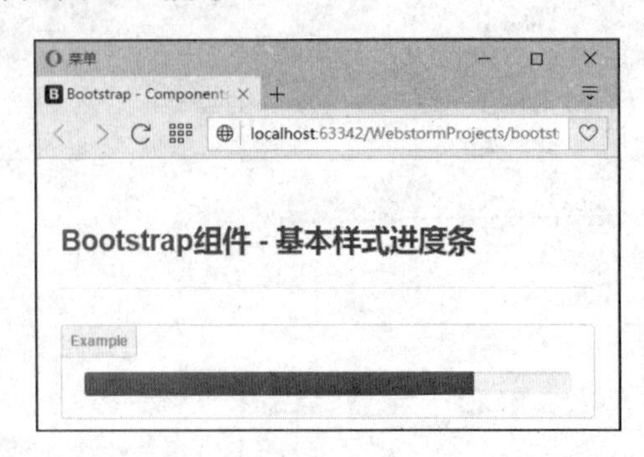

图 5.24　基本样式进度条

5.8.2　斜条纹样式进度条

Bootstrap 框架的斜条纹样式进度条是带 45 度斜条纹效果的，下面看一段斜条纹样式进度条的示例代码。

【代码 5-24】是一个使用斜条纹样式进度条的设计（详见源代码 ch05 目录中 ch05.stripedProgress.html 文件）：

```
01  <div class="bs-docs-example">
02      <div class="progress progress-striped">
03          <div class="bar" style="width: 50%;"></div>
04      </div>
05  </div>
```

关于【代码 5-24】的分析如下：

第 02～04 行代码通过.progress 类和.progress-striped 类定义了一个斜条纹样式进度条组件。

第 03 行代码通过.bar 类定义了进度条，并设定了初始值为 50%。

【代码 5-24】页面效果如图 5.25 所示。

图 5.25　斜条纹样式进度条

另外，通过在【代码 5-24】中第 02 行代码的基础上，再添加一个.active 类，可以实现动画样式进度条。由于在书中无法演示动画效果，此处就不给出代码了，读者可以自行测试一下。

5.8.3　堆叠样式进度条

Bootstrap 框架的堆叠样式进度条是具有进度叠加效果的，下面看一段堆叠样式进度条的示例代码。

【代码 5-25】是一个使用堆叠样式进度条的设计（详见源代码 ch05 目录中 ch05.pileProgress.html 文件）：

```
01 <div class="bs-docs-example">
02     <div class="progress">
03         <div class="bar bar-success" style="width: 50%"></div>
04         <div class="bar bar-warning" style="width: 25%"></div>
05         <div class="bar bar-danger" style="width: 15%"></div>
06     </div>
07 </div>
```

关于【代码 5-25】的分析如下：

第 02～06 行代码通过.progress 类定义了一个堆叠样式进度条组件。

第 03～05 行代码通过.bar 类定义了三个进度条，分别使用了.bar-success 类、.bar-warning 类和.bar-danger 类，并分别设定了初始值为 50%、25%和 15%。

【代码 5-25】页面效果如图 5.26 所示。

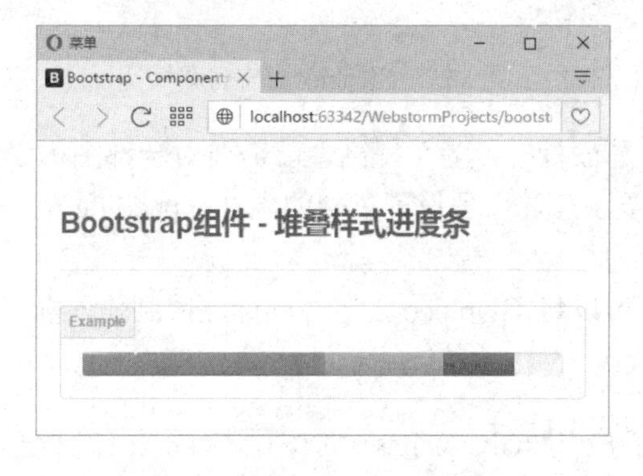

图 5.26　堆叠样式进度条

5.9 Glyphicons 字体图标

本小节单独介绍一下 Bootstrap 框架中的 Glyphicons 字体图标组件。所谓 Glyphicons 字体图标指的就是 Glyphicon Halflings 的字体图标，我们在使用 Glyphicons Halflings 字体图标时一般是需要付费的，不过 Glyphicons Halflings 字体图标拥有者对 Bootstrap 授权可以免费使用。

Bootstrap 框架中的 Glyphicons 字体图标一共包含 200 个，每一个字体图标都代表独立的含义，由于篇幅限制不可能将全部字体图标展示给读者，只截取一小部分字体图标让读者浏览一下，如图 5.27 所示。

glyphicon glyphicon-asterisk	glyphicon glyphicon-plus	glyphicon glyphicon-euro	glyphicon glyphicon-minus	glyphicon glyphicon-cloud	glyphicon glyphicon-envelope	glyphicon glyphicon-pencil	glyphicon glyphicon-glass
glyphicon glyphicon-music	glyphicon glyphicon-search	glyphicon glyphicon-heart	glyphicon glyphicon-star	glyphicon glyphicon-star-empty	glyphicon glyphicon-user	glyphicon glyphicon-film	glyphicon glyphicon-th-large
glyphicon glyphicon-th	glyphicon glyphicon-th-list	glyphicon glyphicon-ok	glyphicon glyphicon-remove	glyphicon glyphicon-zoom-in	glyphicon glyphicon-zoom-out	glyphicon glyphicon-off	glyphicon glyphicon-signal
glyphicon glyphicon-cog	glyphicon glyphicon-trash	glyphicon glyphicon-home	glyphicon glyphicon-file	glyphicon glyphicon-time	glyphicon glyphicon-road	glyphicon glyphicon-download-alt	glyphicon glyphicon-download
glyphicon glyphicon-upload	glyphicon glyphicon-inbox	glyphicon glyphicon-play-circle	glyphicon glyphicon-repeat	glyphicon glyphicon-refresh	glyphicon glyphicon-list-alt	glyphicon glyphicon-lock	glyphicon glyphicon-flag

图 5.27　Glyphicons 字体图标

在使用 Glyphicons 字体图标时，为了提高性能需要对全部图标设定一个基类及对应每个图标设定单独的类。同时需要注意，为了设置正确的内补（padding），务必在图标和文本之间添加一个空格。

在 Bootstrap 框架中，可以将 Glyphicons 字体图标应用到输入框、按钮、按钮组、工具条及导航等地方，下面看一段代码示例。

【代码 5-26】是一个应用 Glyphicons 字体图标的设计（详见源代码 ch05 目录中 ch05.glyphicons.html 文件）：

```
01 <div class="bs-example">
02     <div class="btn-toolbar" role="toolbar">
03         <div class="btn-group">
04             <button type="button" class="btn btn-default"><span
class="glyphicon glyphicon-align-left"></span> <span class="sr-only">左对
齐</span></button>
```

```
    05            <button type="button" class="btn btn-default"><span
class="glyphicon glyphicon-align-center"></span> <span class="sr-only">中
间对齐</span></button>
    06            <button type="button" class="btn btn-default"><span
class="glyphicon glyphicon-align-right"></span> <span class="sr-only">右
对齐</span></button>
    07            <button type="button" class="btn btn-default"><span
class="glyphicon glyphicon-align-justify"></span> <span class="sr-only">
两端对齐</span></button>
    08          </div>
    09        </div>
    10        <div class="btn-toolbar" role="toolbar">
    11          <button type="button" class="btn btn-default btn-lg"><span
class="glyphicon glyphicon-star"></span> Star</button>
    12          <button type="button" class="btn btn-default"><span
class="glyphicon glyphicon-star"></span> Star</button>
    13          <button type="button" class="btn btn-default btn-sm"><span
class="glyphicon glyphicon-star"></span> Star</button>
    14          <button type="button" class="btn btn-default btn-xs"><span
class="glyphicon glyphicon-star"></span> Star</button>
    15        </div>
    16    </div>
```

其页面效果如图 5.28 所示。

图 5.28　应用 Glyphicons 字体图标

5.10 本章小结

本章主要介绍了应用 Bootstrap 框架组件开发的内容，包括下拉菜单、按钮组、按钮式下拉菜单、导航、导航条、分页、标签与徽章、进度条和 Glyphicons 字体图标等，并配合具体代码实例进行讲解，希望对读者有一定的帮助。

第 6 章

◂Bootstrap插件设计▸

本章介绍 Bootstrap JavaScript 插件方面的内容，所谓插件就是通过 JS 脚本为 Bootstrap 组件赋予的“生命”。设计页面时，可以简单地一次性引入全部插件，也可以逐个单一地引入到页面中。在本章介绍的每一个 JS 插件，均会配以实例来帮助读者学习掌握。

本章主要内容包括：

- 掌握插件使用的注意事项
- 了解 Bootstrap 中的模态对话框
- 了解 Bootstrap 中各种提示框的使用
- 掌握 Bootstrap 折叠和幻灯的插件使用方法

6.1 Bootstrap 插件概述

本节先介绍 Bootstrap JavaScript 插件相关的基本内容，包括引入方式、data 属性及事件等方面的内容。

6.1.1 单个或全部引入

对于有过 JavaScript 语言编程基础的读者而言，使用 JS 插件的方法很简单，只需要将 JS 文件正确引入页面文件即可。在 Bootstrap 框架下，JS 插件可以单个引入（使用 Bootstrap 框架提供的单个功能模块的 JS 文件），也可以一次性全部引入（使用 bootstrap.js 或压缩版的 bootstrap.min.js）。

另外，在引入 Bootstrap 插件时需要注意以下几点：

- 建议使用压缩版的 JavaScript 文件（bootstrap.js 和 bootstrap.min.js 都包含了所有插件，你在使用时，只需选择一个引入页面就可以了）。
- 避免组件的 data 属性冲突（不要在同一个元素上同时使用多个插件的 data 属性，例如按钮组件不能同时支持工具提示和模态框等）。
- 注意插件之间的依赖关系（例如某些插件和 CSS 组件依赖于其他插件，假设单个引入插件时要确保在文档中检查插件之间的依赖关系）。

6.1.2 data 属性

Bootstrap 框架提供了非常有用的 data 属性用于扩展功能，设计时仅仅通过 data 属性 API 就可以使用所有的 Bootstrap 插件，此时不需要编写任何的 JavaScript 脚本代码，且这种方式是 Bootstrap 框架推荐的首选设计方式。

Bootstrap 框架默认是开启 data 属性方式的，但有些特殊情景下需要关闭这项功能，Bootstrap 框架提供了相应的 API 方法，即解除以 data-api 为命名空间并绑定在文档上的事件，具体代码如下：

```
$(document).off('.data-api');
```

另外，如果是针对某个特定的插件，只需在 data-api 前面添加具体插件的名称作为命名空间，例如：

```
$(document).off('.alert.data-api');
```

6.1.3 事件

Bootstrap 框架为大部分插件所具有的动作提供了自定义事件。一般来说，这些事件都有不定式和过去式两种动词的命名形式。例如：不定式形式的动词（例如 show）表示其在事件开始时被触发；而过去式动词（例如 shown）表示在动作执行完毕之后被触发。

这里需要注意的是，从 Bootstrap 3.0.0 版本开始，所有 Bootstrap 事件的名称都采用命名空间方式，所有以不定式形式的动词命名的事件都提供 preventDefault 功能。因此，Bootstrap 3 框架提供了在动作开始执行前将其停止的功能，具体如下代码：

```
$('#modalDialog').on('show.bs.modal', function(e) {
  if (!data) return e.preventDefault() // 阻止模态框显示
});
```

另外，Bootstrap 框架官方不提供对第三方 JavaScript 工具库的支持（例如：Prototype 框架和 jQuery UI 框架等）。原因是第三方 JavaScript 工具库可能会有兼容性方面的问题，这就会为设计带来烦琐的额外工作。

6.2 Bootstrap 模态对话框

本节介绍 Bootstrap 模态对话框，所谓模态对话框是一类简洁、灵活的弹出框，其具有最小和最实用的功能，以及友好的默认行为。

6.2.1 模态对话框说明

- 不支持模态对话框重叠

Bootstrap 框架默认不支持模态对话框重叠方式，换句话讲就是不要在一个模态对话框上同时放置另一个模态对话框；如果要想同时使用多个模态对话框，则需要自行编写额外的代码来实现。

- HTML 代码放置的位置

务必将模态对话框的 HTML 代码放在文档的最高层级内（相当于页面 body 标签的直接子元素），以避免其他组件影响模态框的显示和使用。

6.2.2 静态模态对话框

Bootstrap 框架静态模态对话框是带有标题、正文、页脚按钮的对话框，下面看一段代码示例。

【代码 6-1】是一个静态模态对话框的设计（详见源代码 ch06 目录中 ch06.staticModelDlg.html 文件）：

```
   01 <div class="bs-example bs-example-modal">
   02     <div class="modal">
   03         <div class="modal-dialog">
   04             <div class="modal-content">
   05                 <div class="modal-header">
   06                     <button type="button" class="close" data-
dismiss="modal"><span aria-hidden="true">&times;</span><span class="sr-
only">Close</span></button>
   07                     <h4 class="modal-title">静态模态对话框</h4>
   08                 </div>
   09                 <div class="modal-body">
   10                     <p>静态模态对话框&hellip;</p>
   11                 </div>
   12                 <div class="modal-footer">
   13                     <button type="button" class="btn btn-default"
data-dismiss="modal">关闭</button>
   14                     <button type="button" class="btn btn-primary">保存
</button>
```

```
15                </div>
16             </div><!-- /.modal-content -->
17          </div><!-- /.modal-dialog -->
18       </div><!-- /.modal -->
19 </div><!-- /example -->
```

关于【代码 6-1】的分析如下：

第 03～17 行代码通过.modal-dialog 类定义了一个模态对话框。

第 04～16 行代码通过.modal-content 类定义了一个模态内容层。

第 05～08 行代码通过.modal-header 类定义了模态对话框的头部。

第 09～11 行代码通过.modal-body 类定义了模态对话框的主体。

第 12～15 行代码通过.modal-footer 类定义了模态对话框的底部，其中第 13 行与第 14 行代码分别定义了两个功能按钮。

页面效果如图 6.1 所示。

图 6.1　静态模态对话框

6.2.3　动态模态对话框

Bootstrap 框架动态模态对话框是通过 JavaScript 触发一个模态对话框，显示过程中可以定制不同的过渡效果。下面看一段代码示例。

【代码 6-2】是一个动态模态对话框的设计（详见源代码 ch06 目录中 ch06.dynamicModelDlg.html 文件）：

```
01  <div id="dynModal" class="modal fade" role="dialog" aria-
hidden="true">
```

```
02      <div class="modal-dialog">
03          <div class="modal-content">
04              <div class="modal-header">
05                  <button type="button" class="close" data-
dismiss="modal">
06                      <span aria-hidden="true">&times;</span>
07                      <span class="sr-only">Close</span>
08                  </button>
09                  <h4 class="modal-title" id="dynModalLabel">动态模态对话
框</h4>
10              </div>
11              <div class="modal-body">
12                  <h4>文本内容</h4>
13                  <p>动态模态对话框</p>
14                  <h4>工具提示</h4>
15                  <p><a href="#" class="tooltip-test" title="Tooltip">
动态模态对话框</a>
16                  工具提示</a></p>
17                  <hr>
18              </div>
19              <div class="modal-footer">
20            <button type="button" class="btn btn-default" data-
dismiss="modal">关闭</button>
21              <button type="button" class="btn btn-primary">保存
</button>
22              </div>
23          </div><!-- /.modal-content -->
24      </div><!-- /.modal-dialog -->
25  </div><!-- /.modal -->
26  <div class="bs-example" style="padding-bottom: 24px;">
27  <button type="button" class="btn btn-primary" data-toggle="modal"
data-target="#dynModal">
28          打开动态模态对话框
29  </button>
30  </div><!-- /button -->
```

关于【代码 6-2】的分析如下：

第 01～25 行代码定义了一个模态对话框；其中，第 01 行代码定义了 id 值为“dynModal”，该 id 是调用动态模态对话框的关键。

第 02～24 行代码通过.modal-dialog 类定义了一个模态对话框。

第 03～23 行代码通过.modal-content 类定义了一个模态内容层。

第 04～10 行代码通过.modal-header 类定义了模态对话框的头部。

第 11～18 行代码通过.modal-body 类定义了模态对话框的主体。

第 19～22 行代码通过.modal-footer 类定义了模态对话框的底部，其中第 20 行与第 21 行代码分别定义了两个功能按钮。

第 27～29 行代码定义了一个<button>按钮元素，注意 data-target 属性值“#dynModal”与第 01 行代码定义的 id 值“dynModal”是相对应的；在 Bootstrap 框架中，该方式就是通过 data 属性动态调用模态对话框的途径。

【代码 6-2】页面运行初始效果如图 6.2 所示。

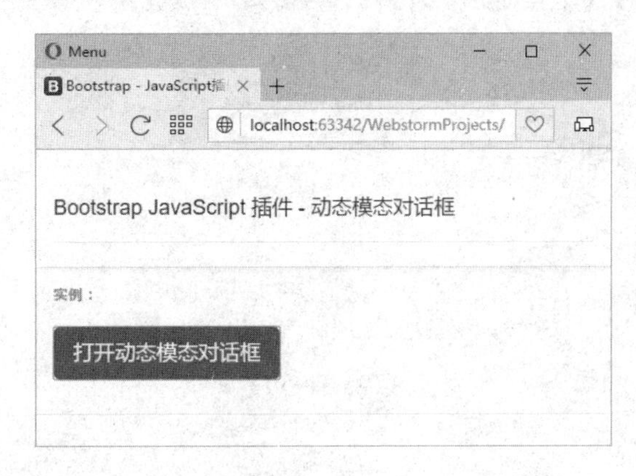

图 6.2　动态模态对话框（一）

点击页面中的“打开动态模态对话框”，效果如图 6.3 所示。

图 6.3　动态模态对话框（二）

6.3 Bootstrap 下拉菜单（高级版）

本节介绍 Bootstrap 框架的下拉菜单。根据 Bootstrap 框架的定义，设计人员可以将下拉菜单通过组合的方式加入到任何组件之中，譬如：导航条、标签页等。下面看一段下拉菜单的代码示例。

【代码 6-3】是一个下拉菜单的设计（详见源代码 ch06 目录中 ch06.dropdownMenu.html 文件）：

```
01 <div class="bs-example">
02     <nav id="navbar-example" class="navbar navbar-default navbar-static" role="navigation">
03         <div class="container-fluid">
04             <div class="navbar-header">
05             <button class="navbar-toggle collapsed" type="button" data-toggle="collapse" data-target=".bs-example-js-navbar-collapse">
06                     <span class="sr-only">Toggle Nav</span>
07                     <span class="icon-bar"></span>
08                     <span class="icon-bar"></span>
09                     <span class="icon-bar"></span>
10                 </button>
11                 <a class="navbar-brand" href="#">下拉菜单</a>
12             </div>
13             <div class="collapse navbar-collapse bs-example-js-navbar-collapse">
14                 <ul class="nav navbar-nav">
15                     <li class="dropdown">
16                     <a id="drop1" class="dropdown-toggle" data-toggle="dropdown">
17                         下拉菜单 A
18                         <span class="caret"></span>
19                     </a>
20                     <ul class="dropdown-menu" role="menu" aria-labelledby="drop1">
21                         <li role="presentation"><a role="menuitem">下拉菜单1</a></li>
22                         <li role="presentation"><a role="menuitem">下拉菜单2</a></li>
```

```
23                                   <li role="presentation" class="divider"></li>
24                                   <li role="presentation"><a role="menuitem">下拉
菜单3</a></li>
25                              </ul>
26                              </li>
27                              <li class="dropdown">
28                              <a id="drop2" class="dropdown-toggle" data-
toggle="dropdown">
29                                   下拉菜单 B
30                                   <span class="caret"></span>
31                              </a>
32                              <ul class="dropdown-menu" role="menu" aria-
labelledby="drop2">
33                                   <li role="presentation"><a role="menuitem">下拉
菜单1</a></li>
34                                   <li role="presentation"><a role="menuitem">下拉
菜单2</a></li>
35                                   <li role="presentation" class="divider"></li>
36                                   <li role="presentation"><a role="menuitem">下拉
菜单3</a></li>
37                                   </ul>
38                              </li>
39                         </ul>
40                         <ul class="nav navbar-nav navbar-right">
41                              <li id="fat-menu" class="dropdown">
42                              <a id="drop3" class="dropdown-toggle" data-
toggle="dropdown">
43                                   下拉菜单 Z
44                                   <span class="caret"></span>
45                              </a>
46                              <ul class="dropdown-menu" role="menu" aria-
labelledby="drop3">
47                                   <li role="presentation"><a role="menuitem">下拉
菜单1</a></li>
48                                   <li role="presentation"><a role="menuitem">下拉
菜单2</a></li>
49                                   <li role="presentation" class="divider"></li>
50                                   <li role="presentation"><a role="menuitem">下拉
菜单3</a></li>
```

```
51                     </ul>
52                     </li>
53                 </ul>
54             </div><!-- /.nav-collapse -->
55         </div><!-- /.container-fluid -->
56     </nav> <!-- /navbar-example -->
57 </div> <!-- /example -->
```

关于【代码 6-3】的分析如下：

第 02～56 行代码通过 nav 标签定义了一个导航条。

第 03～55 行代码通过.container-fluid 类定义了导航条内的流式容器。

第 04～12 行代码通过.navbar-header 类定义了导航条的头部，其中第 05～10 行代码通过一个 button 标签定义了可伸缩显示导航条内容的功能键。

第 13～54 行代码通过.collapse 类和.navbar-collapse 类定义了一组下拉菜单，其中第 14～39 行代码通过<ul>-<li>标签组定义了两个靠左定位的下拉菜单，第 40～53 行代码通过<ul>-<li>标签组定义了一个靠右定位的下拉菜单。

【代码 6-3】页面效果如图 6.4 和 6.5 所示。

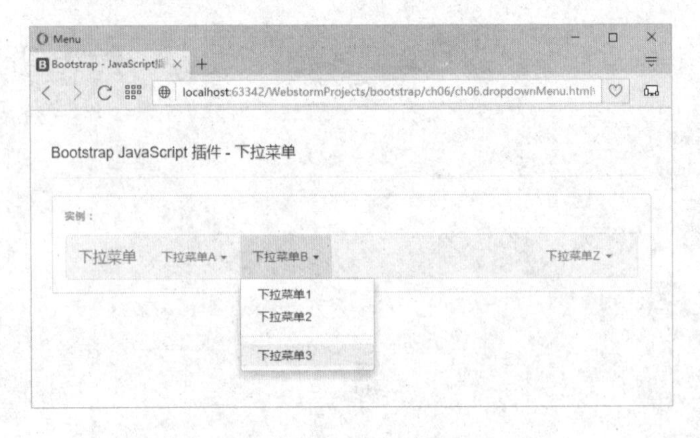

图 6.4　下拉菜单（一）

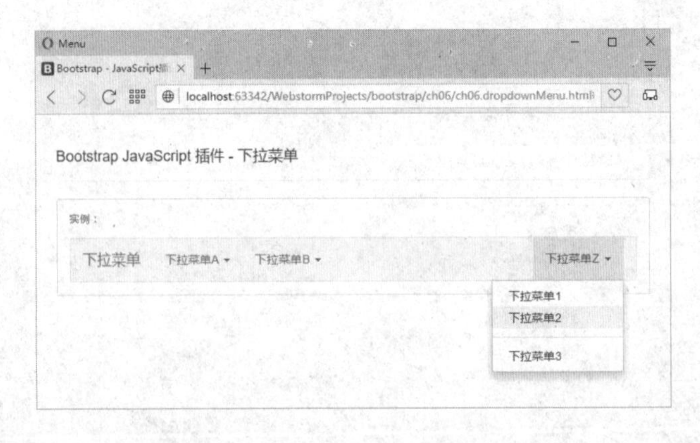

图 6.5　下拉菜单（二）

6.4 Bootstrap 滚动监听

本节介绍 Bootstrap 框架的滚动监听插件 ScrollSpy，该插件主要应用于导航条上。ScrollSpy 插件会根据滚动条的滚动位置自动更新导航条中相应的导航项。下面看一段滚动监听的代码示例。

【代码 6-4】是一个页面滚动监听的设计（详见源代码 ch06 目录中 ch06.scrollspy.html 文件）：

```
01 <div class="bs-example">
02     <nav id="navbar-example" class="navbar navbar-default navbar-
static" role="navigation">
03         <div class="container-fluid">
04             <div class="navbar-header">
05             <button class="navbar-toggle collapsed" type="button"
data-toggle="collapse" data-target=".bs-example-js-navbar-scrollspy">
06                     <span class="sr-only">Toggle Nav</span>
07                     <span class="icon-bar"></span>
08                     <span class="icon-bar"></span>
09                     <span class="icon-bar"></span>
10                 </button>
11                 <a class="navbar-brand" href="#">滚动监听</a>
12             </div>
13             <div class="collapse navbar-collapse bs-example-js-
navbar-scrollspy">
14                 <ul class="nav navbar-nav">
15                     <li><a href="#header">@顶部</a></li>
16                     <li><a href="#mid">@主体</a></li>
17                     <li class="dropdown">
18                     <a href="#" id="navbarDrop" data-
toggle="dropdown">
19                     下拉菜单<span class="caret"></span></a>
20                     <ul class="dropdown-menu" role="menu">
21                         <li><a href="#setting" tabindex="-1">设置
</a></li>
22                         <li><a href="#bbs" tabindex="-1">讨论</a></li>
23                         <li class="divider"></li>
24                         <li><a href="#about" tabindex="-1">关于
```

```
</a></li>
 25                     </ul>
 26                     </li>
 27                 </ul>
 28             </div>
 29         </div>
 30     </nav>
 31     <div data-spy="scroll" data-target="#navbar-example"
class="scrollspy-example">
 32         <h4 id="header">@顶部</h4>
 33         <p>滚动监听 - 顶部</p>
 34         <p>滚动监听 - 顶部</p>
 35         <p>滚动监听 - 顶部</p>
 36         <h4 id="mid">@主体</h4>
 37         <p>滚动监听 - 主体</p>
 38         <p>滚动监听 - 主体</p>
 39         <p>滚动监听 - 主体</p>
 40         <h4 id="setting">设置</h4>
 41         <p>滚动监听 - 设置</p>
 42         <p>滚动监听 - 设置</p>
 43         <p>滚动监听 - 设置</p>
 44         <h4 id="bbs">讨论</h4>
 45         <p>滚动监听 - 讨论</p>
 46         <p>滚动监听 - 讨论</p>
 47         <p>滚动监听 - 讨论</p>
 48         <h4 id="about">关于</h4>
 49         <p>滚动监听 - 关于</p>
 50         <p>滚动监听 - 关于</p>
 51         <p>滚动监听 - 关于</p>
 52     </div>
 53 </div><!-- /example -->
```

关于【代码 6-4】的分析如下：

第 02～30 行代码通过 nav 标签定义了一个导航条。

第 03～29 行代码通过.container-fluid 类定义了导航条内的流式容器。

第 04～12 行代码通过.navbar-header 类定义了导航条的头部，其中第 05～10 行代码通过一个 button 标签定义了可伸缩显示导航条内容的功能键。

第 13～28 行代码通过.collapse 类和.navbar-collapse 类定义了一个导航条；其中，第 17～26 行代码通过为<ul>-<li>标签组添加.dropdown-menu 类定义了一个下拉菜单。

第 31～52 行代码通过 div 标签定义了一个滚动页面。

经过上面代码的定义，构建了一个滚动监听的导航页面。那么滚动监听是如何实现的呢？我们注意到，第 31 行代码通过将 data-spy="scroll"属性添加到被监听的 div 元素上，同时添加了 data-target="#navbar-example"属性，而"#navbar-example"属性值与第 02 行代码定义的 nav 标签的 id 值相对应，这样就将顶部导航条与滚动页面的滚动监听功能进行了关联。另外，具体到滚动定位功能时，第 15 行、第 16 行、第 21 行、第 22 行和第 24 行定义的 href 属性值与第 32 行、第 36 行、第 40 行、第 44 行和第 48 行定义的锚值是一一对应的。当页面滚动时，随着滚动条位置的移动，导航条的高亮状态也会随之移动。

【代码 6-4】页面初始效果如图 6.6 所示，注意到导航条高亮位置在“@顶部”按钮上。

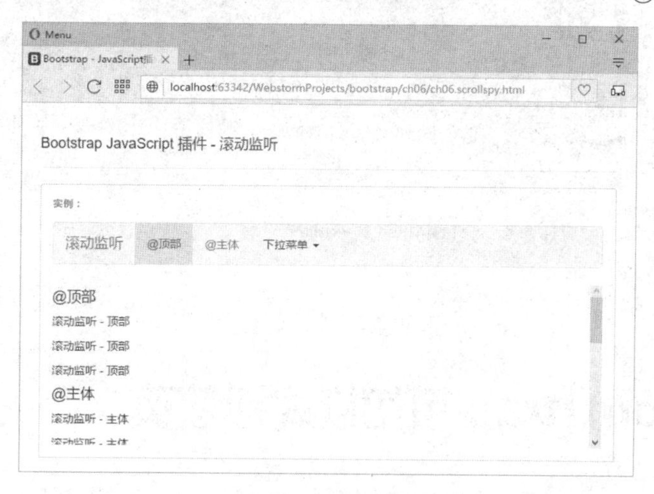

图 6.6　滚动监听（一）

然后，尝试向下滚动页面，导航条高亮位置会移动到“@主体”按钮上，页面效果如图 6.7 所示。

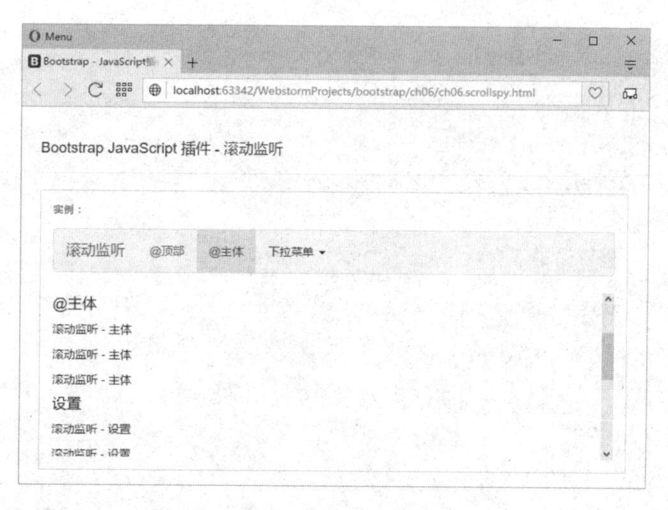

图 6.7　滚动监听（二）

然后，点击弹出下拉菜单，继续向下滚动页面，注意到导航条高亮位置会移动到下拉菜单的相应按钮上，页面效果如图 6.8 所示。

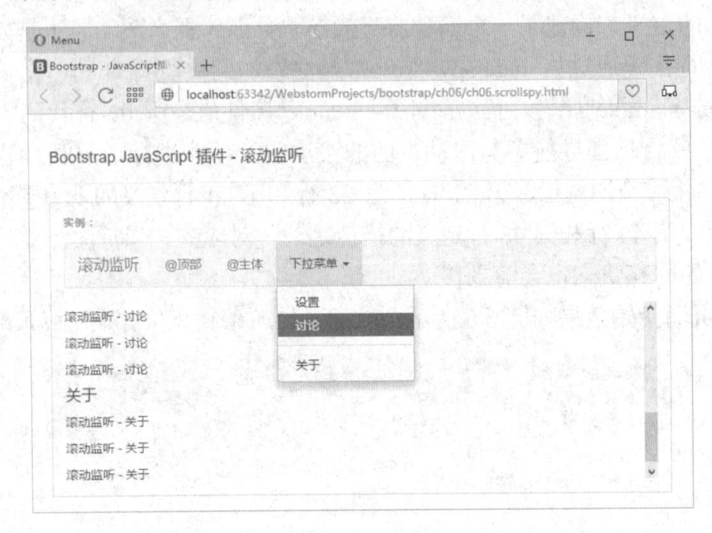

图 6.8　滚动监听（三）

6.5 Bootstrap 可切换式标签页

本节介绍 Bootstrap 框架的可切换式标签页，在 Bootstrap 框架中可切换式标签页使用.nav-tabs 类来实现，针对不同类型的标签页再增加相应的样式即可。

【代码 6-5】是一个可切换标签页的设计（详见源代码 ch06 目录中 ch06.navTabs.html 文件）：

```
01  <div class="bs-example bs-example-tabs">
02      <ul id="navTab" class="nav nav-tabs" role="tablist">
03          <li role="presentation" class="active">
04      <a href="#home" id="home-tab" role="tab" data-toggle="tab">主页
</a>
05  </li>
06          <li role="presentation">
07      <a href="#news" role="tab" id="news-tab" data-toggle="tab">新闻
</a>
08  </li>
09          <li role="presentation" class="dropdown">
10              <a href="#" id="myTabDrop1" class="dropdown-toggle"
data-toggle="dropdown">下拉菜单
11      <span class="caret"></span></a>
```

```
  12            <ul class="dropdown-menu" role="menu" id="myTabDrop1-
contents">
  13               <li><a href="#dropdown1" role="tab" id="dropdown1-
tab" data-toggle="tab">@设置</a></li>
  14               <li><a href="#dropdown2" role="tab" id="dropdown2-
tab" data-toggle="tab">@定制</a></li>
  15               <li class="divider"></li>
  16               <li><a href="#dropdown3" role="tab" id="dropdown3-
tab" data-toggle="tab">@关于</a></li>
  17            </ul>
  18         </li>
  19      </ul>
  20      <div class="tab-content">
  21         <div role="tabpanel" class="tab-pane fade in active"
id="home">
  22            <p>主页标签页</p>
  23            <p>主页标签页</p>
  24            <p>主页标签页</p>
  25         </div>
  26         <div role="tabpanel" class="tab-pane fade" id="news">
  27            <p>新闻标签页</p>
  28            <p>新闻标签页</p>
  29            <p>新闻标签页</p>
  30         </div>
  31         <div role="tabpanel" class="tab-pane fade" id="dropdown1">
  32            <p>设置标签页</p>
  33            <p>设置标签页</p>
  34            <p>设置标签页</p>
  35         </div>
  36         <div role="tabpanel" class="tab-pane fade" id="dropdown2">
  37            <p>定制标签页</p>
  38            <p>定制标签页</p>
  39            <p>定制标签页</p>
  40         </div>
  41         <div role="tabpanel" class="tab-pane fade" id="dropdown3">
  42            <p>关于</p>
  43            <p>关于</p>
  44            <p>关于</p>
  45         </div>
```

```
46      </div>
47  </div><!-- /example -->
```

关于【代码 6-5】的分析如下：

第 02～19 行代码通过<ul>-<li>标签组定义了一个标签页的导航菜单；其中，第 03～05 行代码定义了第一个导航菜单按钮，并通过 active 属性定义为当前活动标签页；第 06～08 行代码定义了第二个导航菜单按钮；第 09～18 行代码定义了第三个下拉菜单按钮，包括三个子菜单项。

第 20～46 行代码通过.tab-content 类定义了一组标签页，每个标签页均定义了 id 属性值，与导航菜单项中 a 标签的 href 属性值相对应；当用户点击导航菜单按钮时，标签页也会根据关联的 id 属性值进行切换，这就是可切换标签页的定义机制。

【代码 6-5】页面初始效果如图 6.9 所示，注意到标签页初始页面为 active 属性定义的“主页”页面。

图 6.9　可切换标签页（一）

可以继续点击“新闻”菜单按钮，标签页切换的效果如图 6.10 所示。

图 6.10　可切换标签页（二）

然后，可以继续点击下拉菜单，选择“定制”子菜单项，标签页切换的效果如图 6.11 所示。

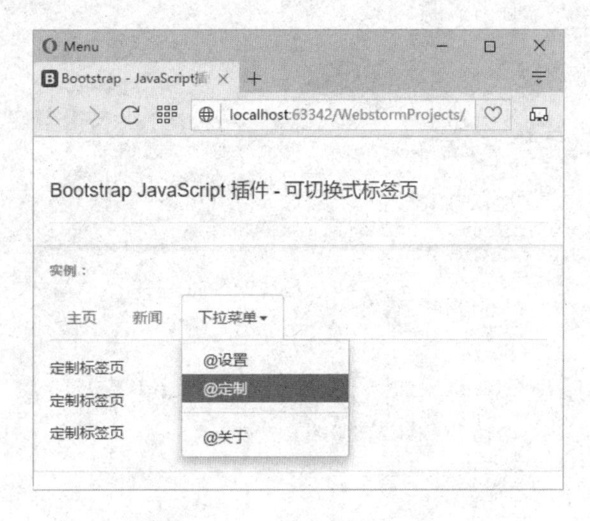

图 6.11　可切换标签页（三）

6.6 Bootstrap 提示框

本节介绍 Bootstrap 框架的提示框，在 Bootstrap 框架中大致包括工具提示框、警告框和弹出框共三大类提示框，下面分别进行详细介绍。

6.6.1 工具提示框

Bootstrap 框架中工具提示框使用起来很简单，同时还可以定制多种弹出效果，功能十分强大。下面先看一段静态工具提示框的代码示例。

【代码 6-6】是一个静态工具提示框的设计（详见源代码 ch06 目录中 ch06.staticTooltip.html 文件）：

```
01 <div class="bs-example bs-example-tooltip">
02     <div class="tooltip left" role="tooltip">
03         <div class="tooltip-arrow"></div>
04         <div class="tooltip-inner">
05             左侧工具提示框
06         </div>
07     </div>
08     <div class="tooltip top" role="tooltip">
```

```
09          <div class="tooltip-arrow"></div>
10          <div class="tooltip-inner">
11              上侧工具提示框
12          </div>
13      </div>
14      <div class="tooltip right" role="tooltip">
15          <div class="tooltip-arrow"></div>
16          <div class="tooltip-inner">
17              右侧工具提示框
18          </div>
19      </div>
20      <div class="tooltip bottom" role="tooltip">
21          <div class="tooltip-arrow"></div>
22          <div class="tooltip-inner">
23              下侧工具提示框
24          </div>
25      </div>
26  </div>
```

关于【代码 6-6】的分析如下：

第 02～07 行代码定义了第一个静态工具提示框，其中第 02 行代码通过.tooltip left 类定义了该工具提示框为左侧弹出形式（通过箭头方向来区别）；第 03 行代码通过.tooltip-arrow 类定义了工具提示的箭头；第 04～06 行代码通过.tooltip-inner 类定义了工具提示框的本体；以上这些代码组成了一个工具提示框。

同样，第 08～13 行代码、第 14～19 行代码和第 20～25 行代码分别使用.tooltip top 类、.tooltip right 类和.tooltip bottom 类定义了上侧弹出工具提示框、右侧弹出工具提示框和下侧弹出工具提示框；当然，这些工具提示框都是静态形式的。

【代码 6-6】页面的效果如图 6.12 所示。

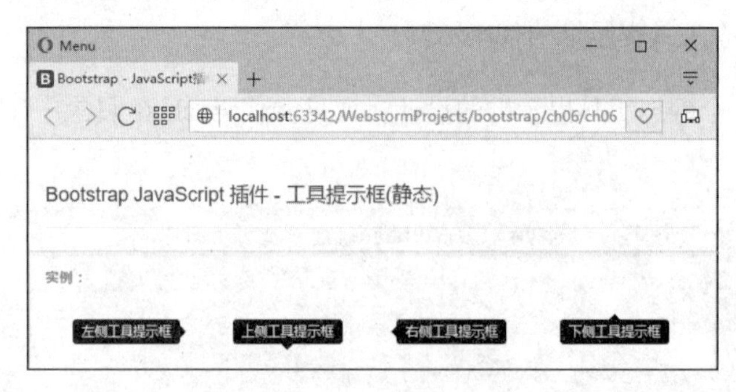

图 6.12　静态工具提示框

下面再看一段动态工具提示框的代码示例。

【代码 6-7】是一个为按钮标签添加动态工具提示框的设计（详见源代码 ch06 目录中

ch06.dynamicTooltip.html 文件）：

```
01 <div class="bs-example tooltip-demo">
02     <div class="bs-example-tooltips">
03         <button type="button" class="btn btn-default"
04             data-toggle="tooltip" data-placement="left"
05             title="左侧工具提示框">
06             左侧工具提示框</button>
07         <button type="button" class="btn btn-default"
08             data-toggle="tooltip" data-placement="top"
09             title="上侧工具提示框">
10             上侧工具提示框</button>
11         <button type="button" class="btn btn-default"
12             data-toggle="tooltip" data-placement="right"
13             title="右侧工具提示框">
14             右侧工具提示框</button>
15         <button type="button" class="btn btn-default"
16             data-toggle="tooltip" data-placement="bottom"
17             title="下侧工具提示框">
18             下侧工具提示框</button>
19     </div>
20 </div><!-- /example -->
```

关于【代码 6-7】的分析如下：

第 03～06 行代码定义了第一个按钮标签；其中第 04 行代码通过定义 data-toggle="tooltip"属性为该按钮标签添加了工具提示框，同时通过定义 data-placement="left"属性表示该工具提示框为左侧弹出形式（通过箭头方向来区别）；第 05 行代码通过 title 属性值定义了提示文本信息。

同样，第 07～10 行代码、第 11～14 行代码和第 15～18 行代码分别定义了上侧弹出工具提示框、右侧弹出工具提示框和下侧弹出工具提示框；当然，这些工具提示框都是动态弹出形式的。

【代码 6-7】页面的效果如图 6.13 和 6.14 所示。

图 6.13　动态工具提示框（一）

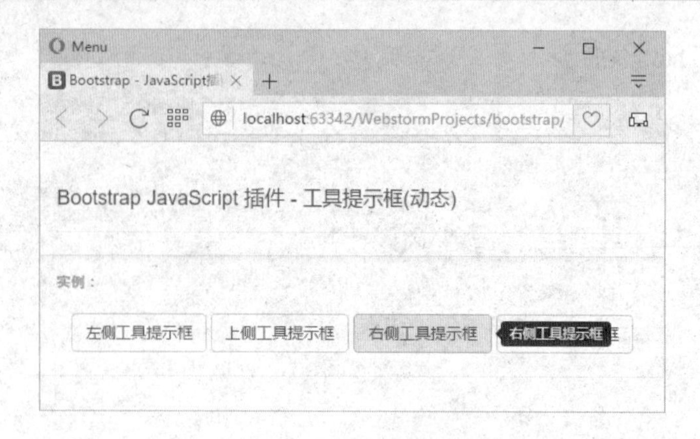

图 6.14　动态工具提示框（二）

6.6.2　弹出框

除了前一小节介绍的工具提示框，Bootstrap 框架中还提供了一种弹出框，主要通过.popover类来实现，同时可添加不同的样式类实现多种样式风格。下面先看一段静态弹出的代码示例。

【代码 6-8】是一个静态弹出框的设计（详见源代码 ch06 目录中 ch06.staticPopover.html 文件）：

```
01 <div class="bs-example bs-example-popover">
02     <div class="popover left">
03         <div class="arrow"></div>
04         <h3 class="popover-title">向左弹出框(静态)</h3>
05         <div class="popover-content">
06             <p>这是一个向左弹出框(静态).</p>
07         </div>
08     </div>
09     <div class="popover top">
10         <div class="arrow"></div>
11         <h3 class="popover-title">向上弹出框(静态)</h3>
12         <div class="popover-content">
13             <p>这是一个向上弹出框(静态).</p>
14         </div>
15     </div>
16     <div class="popover right">
17         <div class="arrow"></div>
18         <h3 class="popover-title">向右弹出框(静态)</h3>
19         <div class="popover-content">
```

```
20              <p>这是一个向右弹出框(静态).</p>
21          </div>
22      </div>
23      <div class="popover bottom">
24          <div class="arrow"></div>
25          <h3 class="popover-title">向下弹出框(静态)</h3>
26          <div class="popover-content">
27              <p>这是一个向下弹出框(静态).</p>
28          </div>
29      </div>
30      <div class="clearfix"></div>
31  </div>
```

关于【代码 6-8】的分析如下：

第 02～08 行代码定义了第一个静态弹出框，其中第 02 行代码通过.popover left 类定义了该弹出框为左侧弹出形式（通过箭头方向来区别）；第 03 行代码通过.arrow 类定义了弹出框的箭头；第 04 行代码通过在<h3>标签中添加.popover-title 类定义了弹出框的标题；第 05～07 行代码通过.popover-content 类定义了弹出框的内容部分；以上这些代码组成了一个弹出框。

同样，第 09～15 行代码、第 16～22 行代码和第 23～29 行代码分别使用.popover top 类、.popover right 类和.popover bottom 类定义了上侧弹出框、右侧弹出框和下侧弹出框；当然，这些弹出框都是静态形式的。

【代码 6-8】页面的效果如图 6.15 所示。

图 6.15　静态弹出框

下面再看一段动态弹出框的代码示例。

【代码 6-9】是一个为按钮标签添加动态弹出框的设计（详见源代码 ch06 目录中 ch06.dynamicPopover.html 文件）：

```
01  <div class="bs-example popover-demo">
02      <div class="bs-example-popovers">
03          <button type="button"
04          class="btn btn-default"
05          data-container="body"
06          data-toggle="popover"
07          data-placement="right"
08          data-content="这是一个向右弹出框(动态)。">
09              向右弹出框(动态)
10          </button>
11          <button type="button"
12          class="btn btn-default"
13          data-container="body"
14          data-toggle="popover"
15          data-placement="top"
16          data-content="这是一个向上弹出框(动态)。">
17              向上弹出框(动态)
18          </button>
19          <button type="button"
20          class="btn btn-default"
21          data-container="body"
22          data-toggle="popover"
23          data-placement="bottom"
24          data-content="这是一个向下弹出框(动态)。">
25              向下弹出框(动态)
26          </button>
27          <button type="button"
28          class="btn btn-default"
29          data-container="body"
30          data-toggle="popover"
31          data-placement="left"
32          data-content="这是一个向左弹出框(动态)。">
33              向左弹出框(动态)
34          </button>
35      </div>
36  </div><!-- /example -->
```

关于【代码 6-9】的分析如下：

第 03～10 行代码定义了第一个按钮标签；其中第 06 行代码通过定义 data-toggle="popover"

属性为该按钮标签添加了弹出框，第 07 通过定义 data-placement="right"属性表示该弹出框为右侧弹出形式（通过箭头方向来区别），第 08 行代码通过 data-content 属性值定义了弹出框的文本提示信息。

同样，第 11～18 行代码、第 19～26 行代码和第 27～34 行代码分别定义了向上弹出框、向下弹出框和向左弹出框；当然，这些弹出框都是动态弹出形式的。

【代码 6-9】页面的效果如图 6.16~图 6.19 所示。

图 6.16　动态向右弹出框

图 6.17　动态向上弹出框

图 6.18　动态向下弹出框

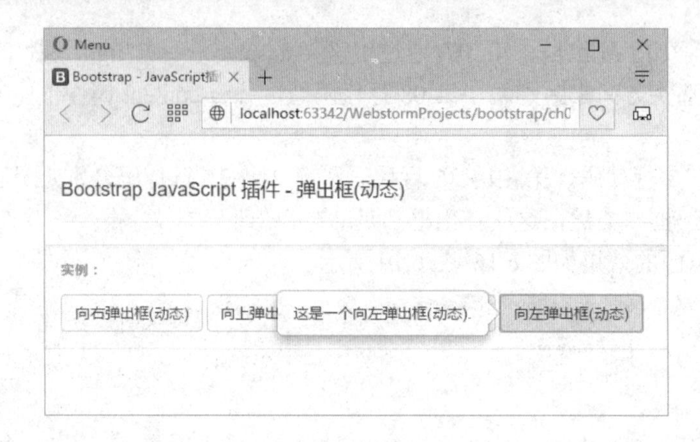

图 6.19　动态向左弹出框

6.6.3 警告框

最后，介绍一下 Bootstrap 框架中的警告框，警告框在页面设计中还是非常实用的。下面先看一段警告框的代码示例。

【代码 6-10】是一个警告框的设计（详见源代码 ch06 目录中 ch06.alert.html 文件）：

```
01  <div class="bs-example bs-example-standalone">
02      <div class="alert alert-warning alert-dismissible fade in"
role="alert">
03          <button type="button" class="close" data-dismiss="alert">
04              <span aria-hidden="true">&times;</span><span class="sr-
only">Close</span>
05          </button>
06          <strong>Alert!</strong> 这是一个警告框.
07      </div>
08      <div class="alert alert-danger alert-dismissible fade in"
role="alert">
09          <button type="button" class="close" data-dismiss="alert">
10              <span aria-hidden="true">&times;</span><span class="sr-
only">Close</span>
11          </button>
12          <h4>Danger!</h4>
13          <p>系统提示该操作具有危险性.</p>
14          <p>
15              <button type="button" class="btn btn-danger">确定
</button>
```

```
16              <button type="button" class="btn btn-default">取消
</button>
17          </p>
18      </div>
19  </div><!-- /example -->
```

关于【代码 6-10】的分析如下：

第 02～07 行代码定义了第一个警告框，其中第 02 行代码通过.alert 类和.alert-warning 类定义了该警告框为“warning”形式（与第 08 行代码的“danger”相区别）；第 03～05 行代码通过<button>和<span>标签定义了警告框右上角的“关闭”图标；第 06 行代码定义了警告框的文本提示信息；以上这些代码组成了一个“warning”警告框。

第 08～18 行代码定义了第二个警告框，其中第 08 行代码通过.alert 类和.alert-danger 类定义了该警告框为“danger”形式（与第 02 行代码的“warning”相区别）；第 09～11 行代码通过<button>和<span>标签定义了警告框右上角的“关闭”图标；第 12 行代码定义了警告框的文本标题；第 13 行代码定义了警告框的文本提示信息；第 14～17 行代码定义了一组功能按钮；以上这些代码组成了一个“warning”警告框。

【代码 6-10】页面的效果如图 6.20 所示。

图 6.20　警告框

6.7 Bootstrap 按钮

本节介绍 Bootstrap 框架按钮，包括状态按钮、复选按钮和单选按钮等，是页面设计中比较常用的插件。

6.7.1 状态按钮

Bootstrap 框架中提供的一款状态按钮很有特色，用户在点击后按钮状态将会自动改变，通过 JavaScript 代码还可以实现按钮状态的重置，功能十分强大。下面先看一段状态按钮的代码示例。

【代码 6-11】是一个状态按钮的设计（详见源代码 ch06 目录中 ch06.statefulBtn.html 文件）：

```
01 <div class="bs-example">
02     <button type="button"
03         id="loading-example-btn"
04         data-loading-text="加载中..."
05         class="btn btn-primary"
06         autocomplete="off">
07         测试状态按钮
08     </button>
09     <span id="id-span-info"></span>
10 </div><!-- /example -->
11 <script type="text/javascript">
12     $('#loading-example-btn').on('click', function () {
13         var $btn = $(this).button('loading');
14         // business logic...
15         $btn.button('reset');
16         $('#id-span-info').html('already reset.');
17     });
18 </script>
```

关于【代码 6-11】的分析如下：

第 01～10 行代码定义了一个状态按钮；其中第 02～08 行代码通过<button>标签定义了该按钮的全部属性；第 03 行代码定义了按钮的 id 属性值；第 04 行代码通过 data-loading-text 属性定义了按钮在点击状态后的文本；第 05 行代码为按钮添加了.btn 类和.btn-primary 类；第 06 行代码添加了 autocomplete="off"属性。

第 11～18 行为 JavaScript 脚本代码；其中第 12～17 行代码为上面定义的按钮添加了“click”点击事件；第 13 行代码定义了按钮的“loading”状态；当按钮被点击后会自动将第 04 行定义的 data-loading-text 属性值加载到按钮文本中；第 15 行代码定义了按钮的“reset”状态，按钮被点击后经过一定时间，将会被重置到初始状态。

【代码 6-11】页面的初始效果如图 6.21 所示。

图 6.21　按钮初始状态

点击“重置状态按钮”后的页面效果如图 6.22 所示。

图 6.22　按钮点击后状态

加载状态完毕后按钮将被重置，重置后的页面效果如图 6.23 所示。

图 6.23　按钮重置后状态

6.7.2　复选按钮

Bootstrap 框架中提供了自定义风格的复选按钮，主要通过将<input>标签定义为 checkbox 类型来实现。下面先看一段复选按钮的代码示例。

【代码 6-12】是一个复选按钮的设计（详见源代码 ch06 目录中 ch06.checkBox.html 文件）：

```
01 <div class="bs-example">
02     <div class="btn-group" data-toggle="buttons">
03         <label class="btn btn-primary active">
04             <input type="checkbox" checked autocomplete="off">复选按
钮1 (checked)
05         </label>
06         <label class="btn btn-primary">
07             <input type="checkbox" autocomplete="off">复选按钮2
08         </label>
09         <label class="btn btn-primary">
10             <input type="checkbox" autocomplete="off">复选按钮3
11         </label>
12     </div>
13 </div><!-- /example -->
```

关于【代码 6-12】的分析如下：

第 02～12 行代码定义了一个复选按钮组，其中第 02 行代码通过.btn-group 类定义了一个按钮组。

第 03～05 行代码通过<label>标签绑定了第 04 行代码定义的<input>标签，其中在<input>标签内定义了 type="checkbox"属性，并通过添加“checked”属性表示该复选按钮为选中状态；以上这些代码组成了第一个复选按钮。

同样，第 06～08 行代码和第 09～11 行代码定义了第二个和第三个复选按钮。

【代码 6-12】页面的效果如图 6.24 所示，该效果图中同时选中了“复选按钮 1”和“复选按钮 2”。

图 6.24　复选按钮

6.7.3　单选按钮

Bootstrap 框架中同样也提供了自定义风格的单选按钮，主要通过将<input>标签定义为 radio

类型来实现。下面先看一段单选按钮的代码示例。

【代码 6-13】是一个单选按钮的设计（详见源代码 ch06 目录中 ch06.radioGroup.html 文件）：

```
01 <div class="bs-example">
02     <div class="btn-group" data-toggle="buttons">
03         <label class="btn btn-primary active">
04             <input type="radio" name="options" id="option1"
autocomplete="off" checked>单选按钮1 (checked)
05         </label>
06         <label class="btn btn-primary">
07           <input type="radio" name="options" id="option2"
autocomplete="off">单选按钮2
08         </label>
09         <label class="btn btn-primary">
10           <input type="radio" name="options" id="option3"
autocomplete="off">单选按钮3
11         </label>
12     </div>
13 </div><!-- /example -->
```

关于【代码 6-13】的分析如下：

第 02～12 行代码定义了一个单选按钮组，其中第 02 行代码通过.btn-group 类定义了一个按钮组。

第 03～05 行代码通过<label>标签绑定了第 04 行代码定义的<input>标签，其中在<input>标签内定义了 type="radio"属性，并通过添加“checked”属性表示该单选按钮为选中状态；以上这些代码组成了第一个单选按钮。

同样，第 06～08 行代码和第 09～11 行代码定义了第二个和第三个单选按钮。

【代码 6-13】页面的效果如图 6.25 所示，注意在单选按钮组中，一次只能选中一个按钮。

图 6.25　单选按钮

6.8 Bootstrap 折叠

本节介绍 Bootstrap 框架的折叠插件，在 Bootstrap 框架中折叠插件使用.accordion 类来实现，针对不同类型的折叠效果再增加相应的样式即可。

【代码 6-14】是一个 Bootstrap 框架折叠插件的设计（详见源代码 ch06 目录中 ch06.collapse.html 文件）：

```
01 <div class="bs-example">
02     <div class="panel-group" id="accordion" role="tablist" aria-multiselectable="true">
03         <div class="panel panel-default">
04             <div class="panel-heading" role="tab" id="headingOne">
05                 <h4 class="panel-title">
06                     <a data-toggle="collapse" data-parent="#accordion" href="#collapseOne" aria-expanded="true" aria-controls="collapseOne">
07                         可折叠分组 #1
08                     </a>
09                 </h4>
10             </div>
11         <div id="collapseOne" class="panel-collapse collapse in" role="tabpanel" aria-labelledby="headingOne">
12                 <div class="panel-body">
13                     可折叠分组 #1 内容区域
14                     可折叠分组 #1 内容区域
15                     可折叠分组 #1 内容区域
16                 </div>
17             </div>
18         </div>
19         <div class="panel panel-default">
20             <div class="panel-heading" role="tab" id="headingTwo">
21                 <h4 class="panel-title">
22                     <a class="collapsed" data-toggle="collapse" data-parent="#accordion" href="#collapseTwo" aria-expanded="false" aria-controls="collapseTwo">
23                         可折叠分组 #2
24                     </a>
25                 </h4>
```

```
26            </div>
27    <div id="collapseTwo" class="panel-collapse collapse"
role="tabpanel" aria-labelledby="headingTwo">
28                <div class="panel-body">
29                    可折叠分组 #2 内容区域
30                    可折叠分组 #2 内容区域
31                    可折叠分组 #2 内容区域
32                </div>
33            </div>
34        </div>
35        <div class="panel panel-default">
36            <div class="panel-heading" role="tab" id="headingThree">
37                <h4 class="panel-title">
38                    <a class="collapsed" data-toggle="collapse" data-
parent="#accordion" href="#collapseThree" aria-expanded="false" aria-
controls="collapseThree">
39                        可折叠分组 #3
40                    </a>
41                </h4>
42            </div>
43     <div id="collapseThree" class="panel-collapse collapse"
role="tabpanel" aria-labelledby="headingThree">
44                <div class="panel-body">
45                    可折叠分组 #3 内容区域
46                    可折叠分组 #3 内容区域
47                    可折叠分组 #3 内容区域
48                </div>
49            </div>
50        </div>
51    </div>
52 </div><!-- /example -->
```

关于【代码 6-14】的分析如下：

第 03～18 行代码、第 19～34 行代码和第 35～50 行代码定义了一组折叠面板页面；其中，第 04～10 行代码、第 20～26 行代码和第 36～42 行代码分别定义了折叠面板的头部，用户可以通过点击头部实现“展开/收起”面板主体的操作；第 11～17 行代码、第 27～33 行代码和第 43～49 行代码分别定义了折叠面板的主体。

【代码 6-14】页面初始效果如图 6.26 所示，我们注意到页面一共包括一组共三个折叠面板。

图 6.26　折叠面板插件（一）

可以继续点击折叠面板头部，面板“展开/收起”的效果如图 6.27 所示。

图 6.27　折叠面板插件（二）

6.9 Bootstrap 幻灯

本节介绍 Bootstrap 框架的幻灯插件，在 Bootstrap 框架中幻灯插件使用.carousel 类来实现，针对不同类型的幻灯效果再增加相应的样式即可。

【代码 6-15】是一个 Bootstrap 框架幻灯插件的设计（详见源代码 ch06 目录中 ch06.carousel.html 文件）：

```
01 <div class="bs-docs-example">
02     <div id="id-carousel" class="carousel slide">
03         <ol class="carousel-indicators">
04             <li data-target="#id-carousel " data-slide-to="0"
class="active"></li>
05             <li data-target="#id-carousel " data-slide-to="1"></li>
06             <li data-target="#id-carousel " data-slide-to="2"></li>
07         </ol>
08         <div class="carousel-inner">
09             <div class="item active">
10                 <img src="xxx-01.jpg" alt="">
11                 <div class="carousel-caption">
12                     <h4>幻灯信息 #1</h4>
13                     <p>幻灯（Carousel）插件 #1</p>
14                 </div>
15             </div>
16             <div class="item">
17                 <img src="xxx-02.jpg" alt="">
18                 <div class="carousel-caption">
19                     <h4>幻灯信息 #2</h4>
20                     <p>幻灯（Carousel）插件 #2</p>
21                 </div>
22             </div>
23             <div class="item">
24                 <img src="xxx-03.jpg" alt="">
25                 <div class="carousel-caption">
26                     <h4>幻灯信息 #3</h4>
27                     <p>幻灯（Carousel）插件 #3</p>
28                 </div>
29             </div>
30         </div>
```

```
   31        <a class="left carousel-control" href="#id-carousel " data-
slide="prev">&lsaquo;</a>
   32        <a class="right carousel-control" href="#id-carousel " data-
slide="next">&rsaquo;</a>
   33     </div>
   34  </div><!-- /example -->
```

关于【代码 6-15】的分析如下：

第 02～33 行代码通过 class="carousel slide"类定义了幻灯插件页面。

第 03～07 行代码通过在<ol><li>标签组中使用 class="carousel-indicators"类定义了幻灯插件的指示器，并通过使用“data-slide-to”属性定义具体的帧下标，帧下标是从 0 开始计数的。

第 08～30 行代码通过在<div>标签中使用 class="carousel-inner"类定义幻灯插件的主体部分；其中在第 10 行、第 17 行和第 24 行代码中定义了幻灯所引用的具体图片地址；在第 11～14 行代码、第 18～21 行代码和第 25～28 行代码通过 class="carousel-caption"类定义了幻灯插件的标题信息。

第 31～32 行代码通过为<a>标签元素增加"left carousel-control"类和"right carousel-control"类定义了控制按钮，并通过使用“data-slide”属性定义幻灯切换方向。

【代码 6-15】页面效果如图 6.28、6.29 和 6.30 所示，我们注意到页面一共包括一组共三个幻灯页面，用户可以通过控制按钮切换幻灯图片。

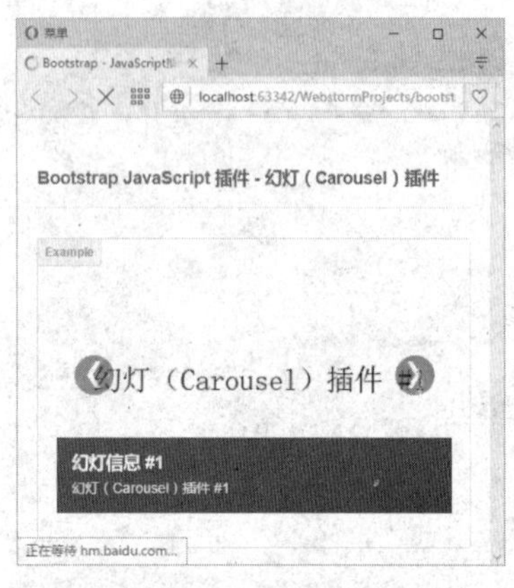

图 6.28　幻灯插件（一）

图 6.29　幻灯插件（二）

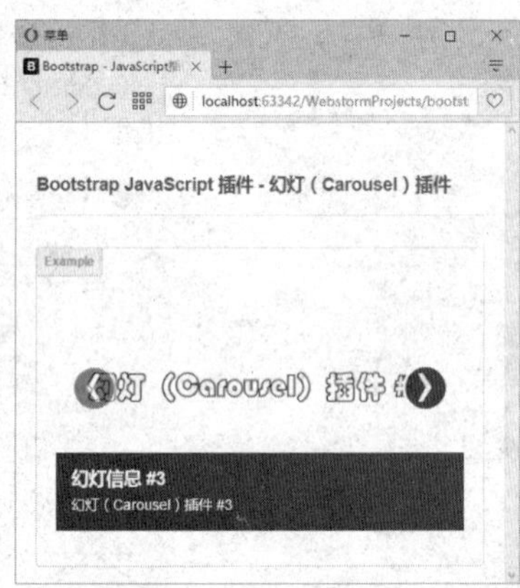

图 6.30　幻灯插件（三）

6.10 本章小结

本章主要介绍了应用 Bootstrap 框架插件开发的内容，包括模态对话框、下拉菜单、滚动监听、可切换标签页、提示框、按钮、折叠面板和幻灯等，并配合具体代码实例进行讲解，希望对读者有一定的帮助。

第 7 章

◀ Bootstrap响应式多媒体 ▶

这一章我们介绍 Bootstrap 响应式多媒体的内容，主要阐述如何在 Bootstrap 响应式网页中安置和处理多媒体元素，例如图片和视频，最终的目的是能让这些元素无缝地在各种设备上加载运行，保证体验一致性，提升用户体验。

本章主要内容包括：

- Bootstrap 中图标的响应式设计
- Bootstrap 中图像的响应式设计
- Bootstrap 中视频的响应式设计

7.1 Bootstrap 图标的响应式

随着技术的不断演进与革新，如今 Web 中的图标（Icons）不再仅仅是局限于<img>元素。除了<img>元素直接调用 Icons 文件之外，还有 Sprites（俗称雪碧图）、Icon Font（字体图标）、SVG Icon 等图标的形式。不论是哪一种图标形式，在技术实现时，均需考虑页面的可访问性（Accessability）、重构的灵活性、可复用性、可维护性等方面。

然而随着设备多样化、显示分辨率层出不穷，前端开发工程师还需要考虑不同设备上体验的一致性，这使得碰到的难题越来越多：

- 需要为高 PPI 显示设备（如 Retina 显示屏）准备 1.5x、2x 和 3x 的图标素材。
- 需要针对不同分辨率来调整优化排版。
- 需要考虑不同平台下图标加载的性能问题。
- 需要考虑可访问性、可维护性问题。

下面介绍几种常见的图标实现方式，包括使用<img>标签、使用 CSS Sprites、使用字体图标（icon font）、使用 SVG 图标、使用 DataURI 等方法。

<img>标签是用来给 Web 页面添加图片的。而图标（Icons）其实也是属于图片，因而在页面中可以直接使用<img>标签来加载图标，并且可以加载任何适用于 Web 页面的图标格式，比如：.jpg(或.jpeg)、.png、.gif。对于今天的 Web，除了这几种图片格式之外，还可以直接引

用.webp 和.svg 图像（图标）。使用<img>标签更换图片简单方便，只需要修改图标路径或覆盖图标文件名，易于掌握图标大小。但是如果页面使用的图标过多，直接增加了 HTTP 的请求数，直接影响页面的加载性能，并且不易于修改维护图标样式。

虽然<img>标签可以帮助前端工程师在 Web 页面中添加所需要的图标，但其不足之处也是显而易见的。由于<img>标签的局限性与不足，出现了一种全新的技术 CSS Sprites（CSS 雪碧，又称 CSS 精灵）。在大部分网站上都可以见到这种技术的使用。CSS Sprites 可以极大限度地减小 HTTP 请求数，而且有很好的兼容性。但是，制作 CSS Sprites 增加大量开发时间，增加了维护的成本，图片尺寸固定，不易于修改图片的大小和定位。

虽然 CSS Sprites 有其足够的优势，而且众多开发者都在使用这种技术，但是随着 Retina 屏幕的出现，大家都发现自己在 Web 中使用的图标变得模糊不清，直接降低了产品的品质。对于 Web 前端人员也必须面对考虑各种高清屏幕的显示效果，由此也造成同样的前端在代码实现的时候需要根据屏幕的不同来输出不同分辨率的图片。为了解决屏幕分辨率对图标影响的问题，字体图标（Icon Font）应运而生。字体图标是一种全新的设计方式，更为重要的是相比位图而言，使用字体图标可以不受限于屏幕分辨率，而且字体图标还具有一个优势是，只要适合字体相关的 CSS 属性都适合字体图标。但是字体图标只能被渲染成单色或 CSS3 的渐变色，并且文件体积往往过大，直接影响页面加载性能。

为了适配各种分辨率，让图标显示更完美，除了字体图标之外，还可以使用 SVG 图标。SVG 图标是一种矢量图标。SVG 图标实际上是一个服务于浏览器的 XML 文件，而不是一个字体或像素的位图。它是由浏览器直接渲染 XML，在任何大小之下都会保持图像清晰，而且文件中的 XML 还提供了很多机会，可以直接在代码中使用动画或者修改颜色，描边等，不需要借助任何图形编辑软件都可以轻松地自定义图像。除此之外，SVG 图像也有字体图标的一个主要优势：拥有多个彩色图像的能力。

DataURI 是利用 Base64 编码规范将图片转换成文本字符，不仅是图片，还可以编码 JS、CSS、HTML 等文件。通过将图标文件编码成文本字符，从而可以直接写在 HTML/CSS 文件里面，不会增加任何多余的请求。但是 DataURI 的劣势也是很明显的，每次都需要解码从而阻塞了 CSS 渲染，可以通过分离出一个专用的 CSS 文件，不过那就需要增加一个请求，那样与 CSS Sprites、Icon Font 和 SVG 相比没有了任何优势，也因此，在实践中不推荐这种方法。需要注意的是通过缓存 CSS 可以达到缓存的目的。

本节主要介绍了 Web 中图标的几种方案之间的利与弊，那在实际中要如何选择呢？这需要根据自身所在的环境来做选择：

- 如果你需要信息更丰富的图片，不仅仅是图标时，可以考虑使用<img>。
- 使用的不是展示类图形，而是装饰性的图形或图标，这类图形一般不轻易改变，可以考虑使用 PNG Sprites。
- 如果你的图标之类需要更好地适配于高分辨率设备环境之下，可以考虑使用 SVG Sprites。
- 如果仅仅是要使用 Icon 这些小图标，并且对 Icon 做一些个性化样式，可以考虑使用 Icon Font。
- 如果你需要图标更具扩展性，又不希望加载额外的图标，可以考虑在页面中直接使用

SVG 代码绘制的矢量图。

在实际开发中，可能一种方案无法达到所做的需求，也可以考虑多种方案结合在一起使用。相对而言，如果不需要考虑一些低版本用户，就当前这个互联网时代，面对众多终端，较为适合的方案还是使用 SVG。不论通过<img>元素直接调用.svg 的文件，还是通过使用 SVG 的 Sprites，或者直接在页面中使用 SVG（直接代码），都具有较大的优势，不用担心使用的图标在不同的终端（特别是在 Retina 屏）会模糊不清；而且 SVG 还有一个特殊的优势，你可以直接在源码中对 SVG 修改，特别是可以分别控制图标的不同部分，加入动画等。

除了这些方式在 Web 中嵌入图标之外，对于一些简单的小图标，可以考虑直接使用 CSS 代码来编写。

7.2 Bootstrap 图像的响应式

不同平台显然不可能用同一张大小的图片，这样不但浪费手机流量、影响网站载入速度并且在小屏幕下会很不清晰。那如何来适配图像呢？

7.2.1 可适配的图像

随着新的移动设备的普及，高像素密度的屏幕使得网页的任何一个瑕疵都显得特别明显，因此，响应式设计中的图片处理的核心问题在于如何确保网站上的图片的各个方面都能尽可能灵活，并且确保每个像素不会在高分屏下模糊。

首先，当网页对设备响应时，并不存在特定的图片发布标准。网站提供的图片在不同屏幕的设备上都能够显示，还是远远不够的。还需要考虑更多问题，例如在 3G 模式下，在视网膜屏幕下的移动设备上图像应该如何处理？在网速较差的情况下，图片的尺寸大小是否应该自动优化（降低图片尺寸）？小屏幕设备的用户可能完全看不清图片的细节，那么，就应该在“能正常显示”的基础上，为这块小屏幕单独裁剪一个版本，让用户看清细节。

有一种方法是开发者将不同尺寸大小比例的所有图片都预先上传到网站页面中，并且设置好 CSS 与媒体查询功能，将过大或过小的图片都隐藏起来，让浏览器下载像素完全匹配的图像。然而，实际状况并非如此，浏览器在加载 CSS 类之前，就已经将所有的相关图片都下载下来，这使得网页更加臃肿，加载时间更长。

首先明确一点，让每块屏幕都完美显示图片的解决方案是不存在的，但是我们能够不断探索可行性更高的方案，尽可能地提高精度。以下是常见的响应式图像解决方案：

- Bootstrap

如果你开始设计一个响应式网站，但是对于如何操作毫无头绪，那么应该试试 BootStrap 的 CSS 框架。借助 Bootstrap，可以很容易达成目标。更重要的是，Bootstrap 提供的样式以及在基础的 HTML 元素上扩展出的类，将会使得图片的响应更容易实现。

- Focal Point

Focal Point 是一个框架，可以帮助你“种植”图片并且控制焦点。这项技术仅仅使用了 CSS，开发者只需要向对应标签中添加含有目标图片的类就可以了。

- CSS Sprites

如果加载时间是你需要考虑的首要因素的话，那么你可以选择 CSS 精灵，尤其当你需要适配带有视网膜屏幕的设备时。当你为高分辨率屏幕适配网页的时候（比如苹果的 Retina 屏幕），一般会添加更大尺寸的图片资源，并且使用 CSS 中的 Media Query 来识别并适配尺寸。但是如此一来，文件数量和大小会急剧增加，并且会增加代码中的 CSS 选择器的数量，引用更多的文件。

如果使用 CSS 精灵的话，这种情况会得以改善。你可以将网页所需要的图片都包含到一张大图中供选择器来引用。仅仅需要一个 HTTP 请求，你就可以将多个图片素材获取到本地。通过<img />标签引用的照片类素材并不适宜于用 CSS 精灵来处理，但是你在 header 和 footer 中使用的图标素材和按钮样式之类的东西会在 CSS 精灵的加持下，好用很多。

- 自适应图片

自适应图片的解决方案可以通过检测设备的屏幕尺寸，为 HTML 嵌入符合屏幕尺寸需求的图片资源。这种方案是一个典型的服务器端解决方案，它需要在被本地运行 JavaScript 来检测，但它最主要还是依靠 Apache2 网络服务器、PHP 5.x 以及 GD 库。

自适应图片的方案最优的地方在于不需要改变标记，自适应图片的解决方案在实际项目中实施起来能提高更多效率。

【代码 7-1】

在实践中，如果是用像素来固定图片尺寸，又需要在不同屏幕密度上实现响应式图片，可以使用 srcset 属性，例如：

```
01  <img width="320" height="213"
02      src="dog.jpg"
03      srcset="dog-2x.jpg 2x, dog-3x.jpg 3x">
```

代码第 3 行中，2x 和 3x 指的是设备屏幕像素密度 dpr(Device Pixel Ratio)。以上代码可以正常运行在所有现代浏览器上，而且在不支持 srcset 的浏览器也可以降级到识别 src 属性。

不同宽度的图片在响应式站点里是很常见的，当希望在不同屏幕密度上显示不同图片尺寸时，为了让浏览器匹配到正确的图片，需要知道不同尺寸图片的地址、每张图片的宽度、<img>元素的宽度。希望知道<img>元素的宽度是非常困难的，因为图片是在 CSS 解析之前开始下载的，所以<img>的宽度不能从页面布局中得到。

改进后的代码如下：

```
01  <img src="dog-689.jpg"
02      srcset = "dog-689.jpg 689w,
03                dog-1378.jpg 1378w
04                dog-500.jpg 500w
05                dog-1000.jpg 1000w"
06      sizes = " (min-width:1066px) 689px,
07                (min-width:800px) calc(75vw-137px) ,
08                (min-width:530px) calc(100vw-96px) ,
09                100vw" >
```

【代码解析】

代码第 2 行定义了 srcset 属性，通过 srcset 属性，浏览器知道哪些图片可用，并知道这些图片的宽度。

代码第 6 行定义了 sizes 属性，通过 sizes 属性，浏览器知道<img>相对于一个已知宽度窗口的宽度。

通过 srcset 与 sizes 组合，浏览器就可以匹配最佳资源进行加载了。

不再需要说明屏幕密度，浏览器自己会辨别。如果浏览器窗口宽度是 1066px 甚至更大，<img>会被定为 689px。在 1x 设备浏览器上会下载 dog-689.jpg，但是在 2x 设备浏览器上将会下载 dog-1378.jpg。

如果当前窗口 800px，那么 sizes 会匹配到(min-width:800px) calc(75vw - 137px) ，则这个<img>对应的宽度就是 800px*0.75-137px=463px。相当于设置图像宽度为 463px：

```
01  <img src="..." width="463" />
```

- 当 dpr 为 1 的时，463px 对应 463w，查找 srcset，找到 500w 适合它，就显示 500 的这张图。
- 当 dpr 为 2 的时，463px 对应 926w，查找 srcset，找到 1000w 适合，就显示 1000 的这张图。

浏览器使用 sizes 里的第一个匹配到的媒体查询，所以 sizes 里的顺序是很重要的。

7.2.2 图像网格

网格布局能够基于固定数量、浏览器窗口中的可用空间划分网页主要区域的空间。

网格布局能够将元素按列和行对齐，但没有内容结构，因此它还支持 HTML 或级联样式表（CSS）无法实现的方案——如本文中介绍的方案。此外，通过将网格布局与媒体查询结合使用，可以使布局无缝地适应设备外形尺寸、方向、可用空间等因素的变化。

【代码 7-2】

本节介绍一种采用透明背景的响应式 CSS 3 图片网格布局方案。整个网格布局采用流式布局，每行的图片数量自适应屏幕宽度。该网格布局使用图标代替图片，当鼠标滑过网格时，网格背景色发生变化并用动态文字说明。

HTML 结构：

```
01  <ul class="cbp-ig-grid">
02      <li>
03          <a href="#">
04              <span class="cbp-ig-icon cbp-ig-icon-shoe">
05              </span>
06              <h3 class="cbp-ig-title">经典款</h3>
07              <span class="cbp-ig-category">时尚</span>
08          </a>
09      </li>
10      <li>
11          <a href="#">
12              <span class="cbp-ig-icon cbp-ig-icon-milk">
13              </span>
14              <h3 class="cbp-ig-title">运动衫</h3>
15              <span class="cbp-ig-category">休闲款</span>
16          </a>
17      </li>
18      <li>
19          <a href="#">
20              <span class="cbp-ig-icon cbp-ig-icon-spectacles">
21              </span>
22              <h3 class="cbp-ig-title">时尚眼镜</h3>
23              <span class="cbp-ig-category">有趣实用</span>
24          </a>
25      </li>
26      <li>
27          <a href="#">
28              <span class="cbp-ig-icon cbp-ig-icon-ribbon">
29              </span>
30              <h3 class="cbp-ig-title">录音带</h3>
31              <span class="cbp-ig-category">设计版</span>
32          </a>
33      </li>
```

```
34      <li>
35          <a href="#">
36              <span class="cbp-ig-icon cbp-ig-icon-whippy">
37              </span>
38              <h3 class="cbp-ig-title">甜品</h3>
39              <span class="cbp-ig-category">食品</span>
40          </a>
41      </li>
42      <li>
43          <a href="#">
44              <span class="cbp-ig-icon cbp-ig-icon-doumbek">
45              </span>
46              <h3 class="cbp-ig-title">衣柜</h3>
47              <span class="cbp-ig-category">经典</span>
48          </a>
49      </li>
50  </ul>
```

设计好 HTML 文档结构后，需要设计样式。首先，实现通用的网格样式，其 CSS 样式代码如下：

```
01  /* 通用网格样式 */
02  .cbp-ig-grid {
03      list-style: none;
04      padding: 0 0 50px 0;
05      margin: 0;
06  }
07  /* 清除浮动 */
08  .cbp-ig-grid:before,
09  .cbp-ig-grid:after {
10      content: " ";
11      display: table;
12  }
13  .cbp-ig-grid:after {
14      clear: both;
15  }
16  /* 网格元素样式 */
17  .cbp-ig-grid li {
18      width: 33%;
19      float: left;
```

```
20      height: 420px;
21      text-align: center;
22      border-top: 1px solid #ddd;
23  }
24  /* 使用边框和边框阴影控制网格线 */
25  .cbp-ig-grid li:nth-child(-n+3) {
26      border-top: none;
27  }
28  .cbp-ig-grid li:nth-child(3n-1),
29  .cbp-ig-grid li:nth-child(3n-2) {
30      box-shadow: 1px 0 0 #ddd;
31  }
```

【代码解析】

以上代码第 17 行，针对网格元素实现浮动布局，代码第 25 行使用边框阴影实现网格线，并记得在代码第 11 行清除浮动。

有了网格，下面开始实现网格内的细节元素的样式：

```
01  /* 设置 a 标签样式 */
02  .cbp-ig-grid li > a {
03      display: block;
04      height: 100%;
05      color: #47a3da;
06      -webkit-transition: background 0.2s;
07      -moz-transition: background 0.2s;
08      transition: background 0.2s;
09  }
10  /* 标题元素样式 */
11  .cbp-ig-grid .cbp-ig-title {
12      margin: 20px 0 10px 0;
13      padding: 20px 0 0 0;
14      font-size: 2em;
15      position: relative;
16      -webkit-transition: -webkit-transform 0.2s;
17      -moz-transition: -moz-transform 0.2s;
18      transition: transform 0.2s;
19  }
20  /* 设置鼠标移入的效果 */
21  .cbp-ig-grid li > a:hover {
22      background: #47a3da;
23  }
```

```
24  .cbp-ig-grid li > a:hover .cbp-ig-icon {
25      -webkit-transform: translateY(10px);
26      -moz-transform: translateY(10px);
27      -ms-transform: translateY(10px);
28      transform: translateY(10px);
29  }
30  .cbp-ig-grid li > a:hover .cbp-ig-icon:before,
31  .cbp-ig-grid li > a:hover .cbp-ig-title {
32      color: #fff;
33  }
34  .cbp-ig-grid li > a:hover .cbp-ig-title {
35      -webkit-transform: translateY(-30px);
36      -moz-transform: translateY(-30px);
37      -ms-transform: translateY(-30px);
38      transform: translateY(-30px);
39  }
40  .cbp-ig-grid li > a:hover .cbp-ig-title:before {
41      background: #fff;
42      margin-top: 80px;
43  }
```

除此之外，我们还通过媒体查询，针对不同宽度的屏幕，实现不同的效果：

```
01  /*当屏幕宽度小于62.75em 样式*/
02  @media screen and (max-width: 62.75em) {
03      .cbp-ig-grid li {
04          width: 50%;
05      }
06      .cbp-ig-grid li:nth-child(-n+3) {
07          border-top: 1px solid #ddd;
08      }
09      .cbp-ig-grid li:nth-child(3n-1),
10      .cbp-ig-grid li:nth-child(3n-2) {
11          box-shadow: none;
12      }
13      .cbp-ig-grid li:nth-child(-n+2) {
14          border-top: none;
15      }
16      .cbp-ig-grid li:nth-child(2n-1) {
17          box-shadow: 1px 0 0 #ddd;
18      }
```

```
19  }
20  /*当屏幕宽度小于41.6em样式*/
21  @media screen and (max-width: 41.6em) {
22      .cbp-ig-grid li {
23          width: 100%;
24      }
25      .cbp-ig-grid li:nth-child(-n+2) {
26          border-top: 1px solid #ddd;
27      }
28      .cbp-ig-grid li:nth-child(2n-1) {
29          box-shadow: none
30      }
31      .cbp-ig-grid li:first-child {
32          border-top: none;
33      }
34  }
35  /*当屏幕宽度小于25em样式*/
36  @media screen and (max-width: 25em) {
37      .cbp-ig-grid {
38          font-size: 80%;
39      }
40      .cbp-ig-grid .cbp-ig-category {
41          margin-top: 20px;
42      }
43  }
```

最终展示效果如图 7.1 和图 7.2 所示。

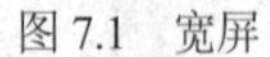
图 7.1　宽屏

图 7.2　窄屏

7.3 Bootstrap 视频的响应式

本节的内容读者可能接触比较少，那视频可以变成响应式的吗？有时在 Web 设计中，根据需要会在页面中加入视频，视频大小的自适应单靠 CSS 本身似乎是做不到的，还需要很多的 JavaScript。对于网站而言视频是极其重要的营销工具，因此，对于富有弹性的响应式视频的需求越来越多。与图片类似，让视频灵活地适配不同屏幕并非易事。这并不关乎视频播放器的尺寸，但即使是播放按钮这样的基础网页元素，也都需要针对千奇百怪的设备来适配和优化。对此，Bootstrap 也提供了很多的样式。

笔者推荐的是使用 iframe+CSS 可以更好地进行响应式设计，参考以下代码：

```
    <h1>16:9 比例的视频</h1>
    <div class="embed-responsive embed-responsive-16by9"> <!--利用
Bootstrap 样式 -->
        <iframe class="embed-responsive-item"
src="iqiyi.catilog2015//24551221.swf"></iframe>
    </div>

    <hr>
    <h1>4:3 比例的视频</h1>
    <div class="embed-responsive embed-responsive-4by3">  <!--利用
Bootstrap 样式 -->
        <iframe class="embed-responsive-item" src="
iqiyi.catilog2015//24551221.swf"></iframe>
    </div>
```

视频格式的大小一般是固定的，只使用 CSS 而不使用 JavaScript 很难动态地根据设备的大小或者浏览器当前的尺寸来动态改变，所以大多时候要设计更为复杂的视频响应系统，还需要 JavaScript 的帮助。

7.4 本章小结

本章主要介绍了 Bootstrap 响应式图标和图像的实现方式。很多时候，单一方式的实现方法满足理想效果，需要结合多种组合方式，但原则上尽可能保持简单轻巧，保证可维护性和可扩展性。否则，页面实现得太过复杂，也会影响整体体验和页面性能。

第 8 章

◀ Bootstrap扁平化风格页面 ▶

这一章我们介绍如何应用 Bootstrap 框架设计扁平化风格的页面。所谓扁平化设计，简单来说就是去掉类似渐变、阴影、3D 等仿真的视觉效果，主要使用简单的纯色块，使得页面看上去更凸显“平面”的风格。目前，国内外很多主流网站或移动端 App 均采用了扁平式设计风格，国外的如 iOS、Facebook、Google 和 Twitter 等，国内的如微信、淘宝、百度等。在本章，通过实际设计一个扁平化风格页面，来帮助读者学习基于 Bootstrap 框架设计扁平化风格页面的方法。

本章主要内容包括：

- 了解扁平化风格设计的概念
- Bootstrap 中的页眉设计
- Bootstrap 中的左侧导航设计
- Bootstrap 中的页面主体设计
- Bootstrap 中的页脚设计

8.1 扁平化设计概述

本节我们先介绍 Bootstrap 扁平化风格设计的一些基本概念及内容，让读者对扁平化风格设计有一个初步的了解。

8.1.1 介绍

细讲起来很有意思，扁平化风格设计似乎经历过一个轮回。在 20 世纪 90 年代初期，桌面应用和网页应用都是“扁扁平平”的样式，当然那时还没有移动 App 的概念，该阶段的扁平风格在今天看来可以用“粗糙”“丑陋”来形容了。这是因为软硬件技术所限，大部分操作系统也刚刚从“黑白蓝屏”的控制台界面进入图形界面，像渐变、阴影和 3D 这些风格还是新鲜事物。后来随着软硬件技术的突飞猛进，界面的各种风格效果也应运而生，渐渐成为主流。

不过，这个世界就是变化太快。这里，我们要着重提一下的就是伟大的、特立独行的 Steve Jobs，是他的 Apple 公司在 iOS 系统中率先将全新的扁平化风格呈现给用户，并随着 iPhone、 iPad 和 MacBook 终端设备的大获成功，将这种扁平化风格设计再次变成了新的潮流。好的设计理念总是大家学习的风向标，扁平化风格设计给用户所带来的简洁明快的视觉冲击与操作体验是无与伦比的，本书所介绍的 Bootstrap 框架自然也容纳了这种全新设计理念。

8.1.2　设计理念

Bootstrap 框架扁平化风格设计的理念是紧跟潮流的，如今从网页到移动 App 均在使用扁平化的设计风格。这种设计风格在手机上的优势尤其明显，由于屏幕大小的限制、更少功能按钮和选项将使得界面干净整齐，操作简单。下面从以下几个方面大致概括一下扁平化风格的设计特点。

- 抛弃特效

扁平化风格设计核心的理念就是抛弃一切效果，例如阴影、透视、纹理、渐变和 3D 等。这一设计理念趋势极力避免任何拟物化设计的元素，有着鲜明的视觉效果。扁平化风格设计的元素之间有清晰的层次和布局，这使得用户能直观地了解每个元素的作用以及交互方式。

- 元素外形与配色

扁平化风格设计通常采用许多简单的用户界面元素，例如按钮和图标之类。这些按钮和图标具有极其简单的外形，边角也以直角为主（很少采用圆角）。

此外，扁平化风格设计中配色也是最重要的一环，通常采用更明亮、简洁的配色方案。设计中往往倾向于使用单色调，尤其是纯色，并且不做任何淡化或柔化处理（最受欢迎的颜色是纯色和二次色），另外注入复古色（浅橙、紫色、绿色、蓝色等）也很流行。

当然，不要以为简单的形状和纯色系的配色就很容易。据知，像 iOS、Android 和 Window 10 这样的主流操作系统，Google、Facebook 和 Twitter 这样门户网站，操刀 UI 及美工制作的均是业界顶级的设计师。

- 优化排版

由于扁平化设计使用特别简单的元素，排版就成了很重要的一环，排版好坏直接影响视觉效果，甚至可能间接影响用户体验。例如：字体是排版中很重要的一部分，通常扁平化风格网站使用无衬线字体，会收到意想不到的效果。

8.1.3　页面架构

下面介绍一个基于 Bootstrap 框架设计实现的扁平化风格页面。该页面主要由页眉导航条、左侧导航菜单、页面主体和页面页脚构成，设计的思路是在实现扁平化样式的基础上，尽可能让这个页面更像一个网站的主页，因此尽可能多地将各种页面元素加入进去。

为了实现扁平化风格页面，我们引用了 Bootstrap 框架和 jQuery 框架所需要的脚本文件、样式文件和资源文件，并自定义了几个脚本文件、样式文件和资源文件，且将同一类文件单独存放在一个文件夹内。具体源代码目录如图 8.1 所示。

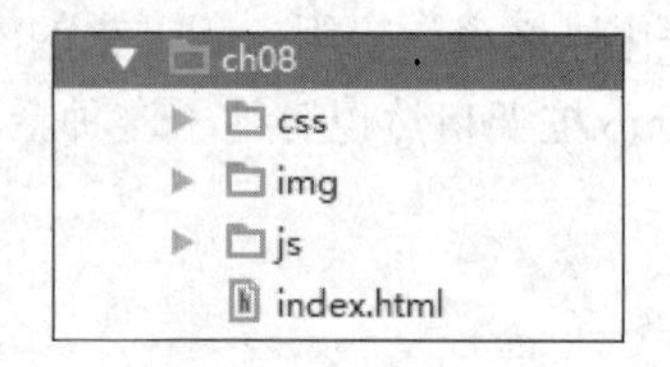

图 8.1　源代码目录

如图 8.1 所示，index.html 文件为扁平化风格页面，css 文件夹用于存放样式文件，js 文件夹用于存放脚本文件，资源文件存放于 img 文件夹内。

下面是页面所引用的几个重要 css 样式文件的代码（详见源代码 ch08 目录中 index.html 文件）：

```
01 <!-- Bootstrap -->
02 <link href="css/bootstrap.min.css" rel="stylesheet">
03 <!-- Font Icons -->
04 <link href="css/fonts.css" rel="stylesheet">
05 <!-- Responsive -->
06 <link href="css/bootstrap-responsive.min.css" rel="stylesheet">
07 <link href="css/responsive.css" rel="stylesheet">
08 <!-- Main Style -->
09 <link href="css/main.css" rel="stylesheet">
```

从以上代码可以看到，样式文件主要包括 Bootstrap 框架的库文件、字体文件和自定义文件。

下面是页面所引用的几个重要 js 脚本文件的代码（详见源代码 ch08 目录中 index.html 文件）：

```
01 <!-- jQuery Core -->
02 <script src="js/jquery-1.9.1.js"></script>
03 <!-- Bootstrap -->
04 <script src="js/bootstrap.min.js"></script>
05 <!-- Default JS -->
06 <script src="js/main.js"></script>
```

从以上代码可以看到，脚本文件主要包括 jQuery 框架和 Bootstrap 框架的库文件，以及自定义文件。

8.2 页眉设计

本节先介绍基于 Bootstrap 框架、设计扁平化风格页面页眉的过程。通常一个页面页眉由一个顶部导航菜单组成，在该菜单内部可以包含导航条图标、标题和功能菜单等元素。

8.2.1 导航条

基于 Bootstrap 框架实现一个扁平化页面，我们先在页面页眉中设计一个导航条，下面看段代码示例。

【代码 8-1】是一段实现页面页眉导航条的设计（详见源代码 ch08 目录中 index.html 文件）：

```
01  <header>
02      <div class="sticky-nav">
03          ......
04      </div>
05  </header>
```

关于【代码 8-1】的分析如下：

第 01～05 行代码通过 header 标签实现了页面页眉。

第 02～04 行代码通过为 div 标签添加.sticky-nav 类，实现了一个扁平化风格的导航条，关于.sticky-nav 样式的定义可以参见 css 目录下的 main.css 样式文件。

下面我们测试一下该页面，页面效果如图 8.2 所示。

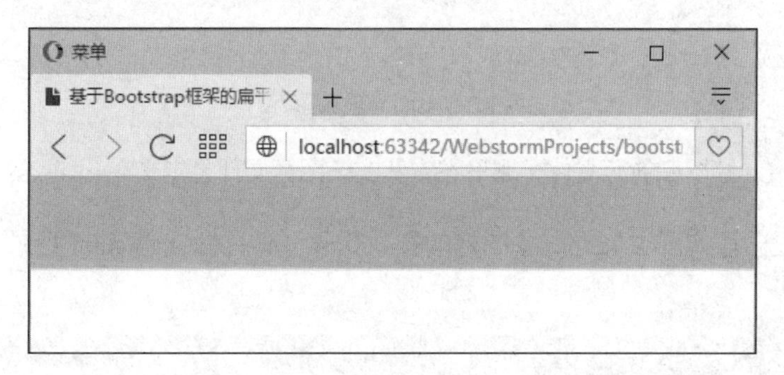

图 8.2　页眉导航条

8.2.2 导航条图标

定义好页眉导航条后，继续定义导航条图标，该图标通常就代表该网站的 Logo，具有显著的标识性。既然是基于 Bootstrap 框架实现一个扁平化页面，那么在页面头部导航菜单内就设计一个与 Bootstrap 相关的图标，下面看段代码示例。

【代码 8-2】是一段实现页眉导航条图标的设计（详见源代码 ch08 目录中 index.html 文件）：

```
01  <div id="logo">
02      <a id="goUp" href="#id-home-slider" title="Bootstrap | Flat
Page"></a>
03  </div>
```

关于【代码 8-2】的分析如下：

第 01 行代码通过 div 标签实现了页眉 Logo。

第 02 行代码通过为 a 标签页眉 Logo 定义了超链接，同时通过 title 属性定义了标签提示信息"Bootstrap | Flat Page"。

下面我们测试一下该页面，页面效果如图 8.3 所示。

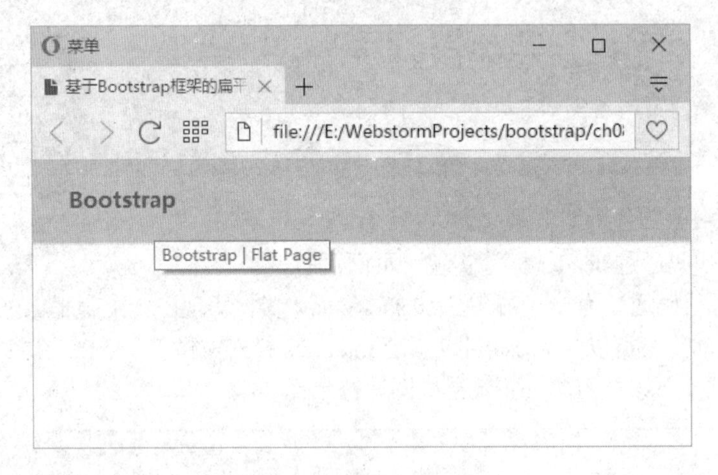

图 8.3　页眉导航条图标

可能读者奇怪 Logo 图标的源文件在哪里呢？其实该图标文件是定义在 main.css 样式文件中的。

【代码 8-3】是一段实现页眉导航条图标的样式代码（详见源代码 ch08 目录中 css/main.css 文件）：

```
01  header #logo a {
02      background: url(../img/logo.png) no-repeat;
03      ......
04  }
```

关于【代码 8-3】的分析如下：

第 01 行代码通过“header → #logo → a”这样的层级选择器，指定到 a 标签元素。

第 02 行代码，通过 background 属性为 a 标签定义背景图标，url 地址为

“url(../img/logo.png)”。

经过【代码 8-3】的定义，【代码 8-2】中的超链接 a 标签就会将图标显示在页面中，如图 8.3 所示。

8.2.3　导航条功能菜单

下面我们继续定义导航条功能菜单，这样的设计模式是绝大多数网站主页比较常用的，且菜单通常都是右对齐的。下面我们看段代码示例。

【代码 8-4】是一段实现页眉导航条功能菜单的设计（详见源代码 ch08 目录中 index.html 文件）：

```
01 <nav id="menu">
02     <ul id="menu-nav">
03         <li class="current"><a href="#id-home-slider">Home</a></li>
04         <li><a href="#id-projects">Projects</a></li>
05         <li><a href="#id-contacts">Contacts</a></li>
06         <li><a href="#id-about">About</a></li>
07     </ul>
08 </nav>
```

关于【代码 8-4】的分析如下：

第 01～08 行代码通过 nav 标签实现了导航条，id 属性定义为"menu"，代表其为菜单功能。

第 02～07 行代码通过为 ul 和 li 标签组定义了功能菜单，其中第 03 行代码通过 class="current"样式定义将“Home”菜单定义为默认的选中项，并且为每个菜单项定义了超链接分别指向页面中不同的锚点。

下面我们继续测试一下该页面，页面效果如图 8.4 所示。

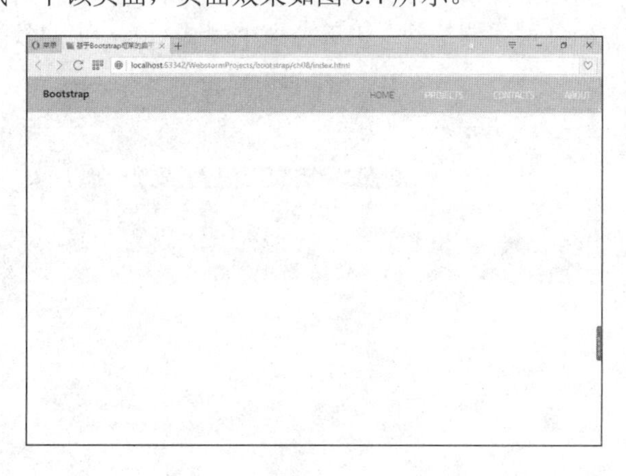

图 8.4　页眉导航条功能菜单

都知道 Bootstrap 框架不单单适用于桌面应用，针对移动端应用的功能也是十分强大的。下面看一下 Bootstrap 框架是如何为移动端应用做优化体验的。

【代码 8-5】将前面关于导航条图标、功能菜单的代码整合在了一起（详见源代码 ch08 目录中 index.html 文件）：

```
01  <header>
02      <div class="sticky-nav">
03          <a id="mobile-nav" class="menu-nav" href="#menu-nav"></a>
04          <div id="logo">
05              <a id="goUp" href="#id-home-slider" title="Bootstrap |
Flat Page"></a>
06          </div>
07          <nav id="menu">
08              <ul id="menu-nav">
09                  <li class="current"><a href="#id-home-
slider">Home</a></li>
10                  <li><a href="#id-projects">Projects</a></li>
11                  <li><a href="#id-contacts">Contacts</a></li>
12                  <li><a href="#id-about">About</a></li>
13              </ul>
14          </nav>
15      </div>
16  </header>
```

关于【代码 8-5】的分析如下：

注意到第 03 行代码定义了一个 a 超链接标签元素，其 id 值定义为"mobile-nav"；但似乎该元素既没有被显示出来，又没有什么具体功能。

其实不然，下面将页面分辨率调整到手机屏幕大小测试一下，页面效果如图 8.5 所示。

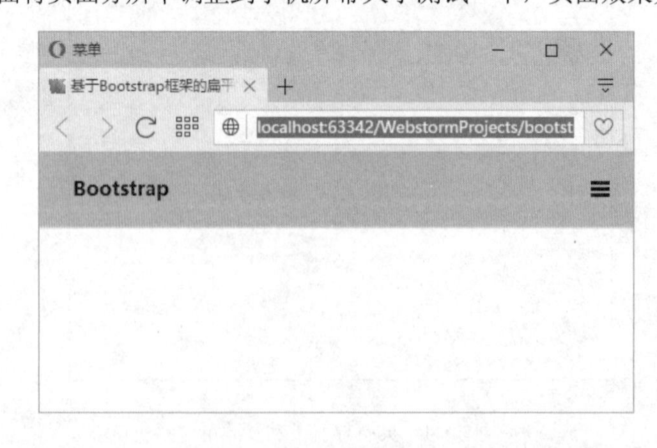

图 8.5　页眉导航条功能菜单图标

从图 8.5 中可以看到，页眉导航条的功能菜单不见了，被一个图标样式所替代了，是不是和移动端 App 很像了呢？

下面继续点击该图标测试一下，页面效果如图 8.6 所示。

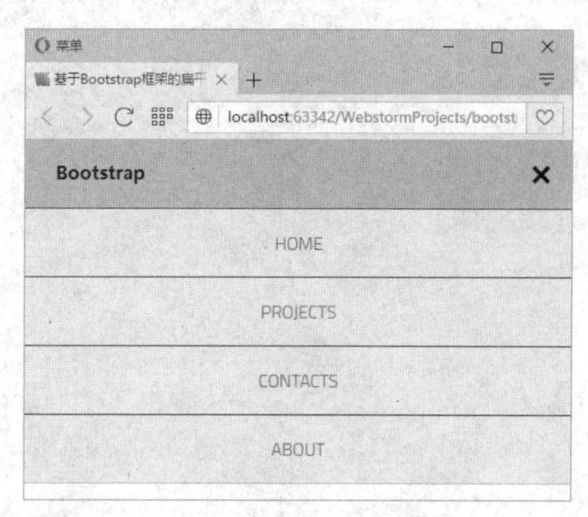

图 8.6　页眉导航条下拉菜单

从图 8.6 中可以看到，原来横排放置的菜单经过浏览器屏幕大小的调整后，自动调整为下拉菜单模式了，这就是【代码 8-5】第 03 行代码中 a 标签元素的作用。如果我们再次点击右上角的“关闭”图标，下拉菜单会隐藏回去，恢复到图 8.5 的状态。那么这个功能是如何实现的呢？

【代码 8-6】中的样式代码实现了上面的功能（详见源代码 ch08 目录中 css/responsive.js 文件）：

```
01  @media (min-width: 768px) and (max-width: 979px) {
02      #menu {
03          display: none;
04      }
05      #mobile-nav {
06          display: block;
07          float: right;
08      }
09      #menu-nav-mobile {
10          margin: 0;
11      }
12      ......
13  }
14  @media (min-width: 481px) and (max-width: 767px) {
15      #menu {
16          display: none;
17      }
```

```
18      #mobile-nav {
19          display: block;
20          float: right;
21      }
22      #menu-nav-mobile {
23          margin-left: -20px;
24          margin-right: -20px;
25          margin-bottom: 0;
26      }
27      ......
28  }
29  @media (max-width: 480px) {
30      #menu {
31          display: none;
32      }
33      #mobile-nav {
34          display: block;
35          float: right;
36      }
37      #menu-nav-mobile {
38          margin-left: -20px;
39          margin-right: -20px;
40          margin-bottom: 0;
41      }
42      #id-navigation-mobile li a {
43          font-size: 14px;
44          padding: 12px 0;
45      }
46      ......
47  }
```

关于【代码 8-6】的分析如下：

第 01 行、第 14 行和第 29 行代码通过@media 标签针对不同的屏幕尺寸宽度定义了导航功能菜单的显示样式。

注意到第 02～04 行代码、第 15～17 行代码和第 30～32 行代码中，均为 id 值为'menu'元素（在【代码 8-5】的第 07 行代码中定义，具体为<nav>导航菜单）定义了'display: none;'属性，其含义为显示属性为“none”，也就是在页面中不显示该元素；这就是当我们向下调整浏览器尺寸宽度时，导航菜单消失的原理。

同时，注意到第 05～08 行代码、第 18～21 行代码和第 33～36 行代码中，均为 id 值为

'mobile-nav'元素（在【代码 8-5】的第 03 行代码中定义，具体为<a>超链接元素）定义了'display: block; float: right;'属性，其含义为显示属性为“block”，也就是在页面中显示该元素，且右对齐显示；这就是当导航菜单消失时，显示导航菜单链接图标的原理。

那么如图 8.6 所示，当我们点击导航菜单链接图标后，下拉菜单是如何显示出来的呢？

【代码 8-7】中的脚本代码实现了上面的功能（详见源代码 ch08 目录中 js/main.js 文件）：

```
01  // define #menu's clone obj
02  var cloneMobileMenu = $('#menu').clone().attr('id', 'id-
navigation-mobile');
03  // on click func
04  $('#mobile-nav').on('click', function(e){
05      $(this).toggleClass('open');
06      if ($('#mobile-nav').hasClass('open')) {
07          $('#id-navigation-mobile').slideDown(500, 'easeOutExpo');
08      } else {
09          $('#id-navigation-mobile').slideUp(500, 'easeOutExpo');
10      }
11      e.preventDefault();
12  });
```

关于【代码 8-7】的分析如下：

第 02 行代码定义了一个 id 值为'menu'元素的克隆副本对象（变量名为“cloneMobileMenu”），该元素的定义在【代码 8-5】的第 07 行代码中，具体是一个<nav>导航标签；同时，第 02 行代码通过 attr()方法为该克隆副本对象定义了 id 属性值为'id-navigation-mobile'。

第 04～12 行代码为 id 值为'mobile-nav'的元素（在【代码 8-5】的第 03 行代码中定义，具体为<a>超链接元素）定义了“click”事件方法；第 07 行和第 09 行代码通过 slideDown()方法和 slideUp()方法实现了克隆副本对象'id-navigation-mobile'的显示与隐藏，其实就是下拉导航功能菜单显示与隐藏的原理。

8.2.4　页眉标题

目前主流的页面页眉设计方式，通常会在导航条之下设计一个标题区域，用于描述网站主题等核心内容。下面看段代码示例。

【代码 8-8】是一段实现页眉标题的设计（详见源代码 ch08 目录中 index.html 文件）：

```
01  <!-- Title Page -->
02  <div class="row">
03      <div class="span12">
```

```
04          <div class="title-page">
05          <h2 class="title">Bootstrap Projects</h2>
06          <h3 class="title-description">Normally, this area is design
for header of page.</h3>
07          </div>
08      </div>
09  </div>
10  <!-- End Title Page -->
```

关于【代码 8-8】的分析如下：

第 02～09 行代码通过 div 标签实现了页眉标题区域，其中 class 属性定义为"row"代表该区域为一整行。

第 03～08 行代码通过 class="span12"样式的定义，表示该标题区域共含有 12 列，这也是 Bootstrap 框架为页面所预定义的列数。

第 04～07 行代码通过 class="title-page"样式的定义，表示该 div 标签元素为标题页样式；第 05 行代码通过 class="title"样式定义了标题文本；第 06 行代码通过 class="title-description"样式定义了副标题描述文本；关于"title-page"、"title"和"title-description"样式的定义，读者可以参考 css/main.css 样式文件。

下面继续测试一下该页面，页眉标题的效果如图 8.7 所示。

图 8.7　页眉标题

8.3 左侧导航设计

本节继续介绍基于 Bootstrap 框架、设计扁平化风格页面左侧导航菜单的过程。通常左侧导航菜单是按照功能设计每一项菜单，其作用是方便用户快速链接到页面中指定的内容区域上。下面具体看一下代码。

【代码 8-9】是一段实现页面左侧导航菜单的设计（详见源代码 ch08 目录中 index.html 文件）：

```
01  <div class="row">
02      <div class="span3">
03          <nav id="options" class="work-nav">
04              <ul id="filters" class="option-set" data-option-
key="filter">
05              <li class="type-work">Navbar</li>
06              <li><a href="#filter" data-option-value="*"
class="selected">All Projects</a></li>
07              <li><a href="#filter" data-option-
value=".contact">Contacts</a></li>
08              <li><a href="#filter" data-option-
value=".about">About</a></li>
09              </ul>
10          </nav>
11      </div>
12      ......
13  </div>
```

关于【代码 8-9】的分析如下：

第 02～11 行代码通过 div 标签元素定义了左侧导航区域，其中通过 class="span3"样式的定义，表示该导航菜单共含有 3 列。

第 03～10 行代码通过 nav 标签元素定义了一个 id 值为"options"的导航条，并添加了 class="work-nav"样式。

第 04～09 行代码通过 ul 和 li 标签元素定义了一组导航菜单；其中，第 05 行代码定义的菜单项添加了 class="type-work"样式。

下面继续测试一下该页面，页眉标题的效果如图 8.8 所示。

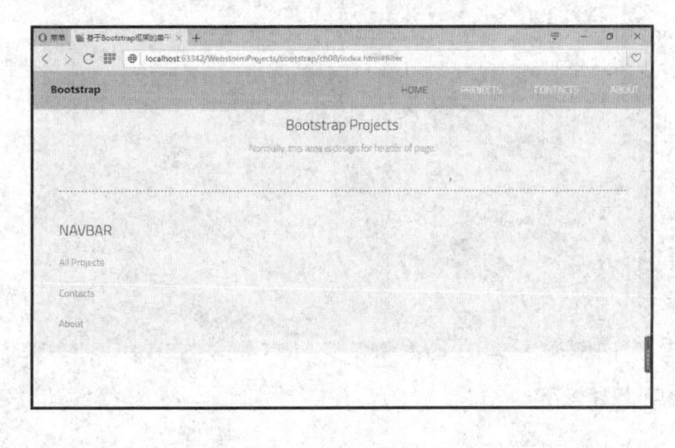

图 8.8　左侧导航（一）

将页面分辨率调整到手机屏幕大小测试一下，页面效果如图 8.9 所示。

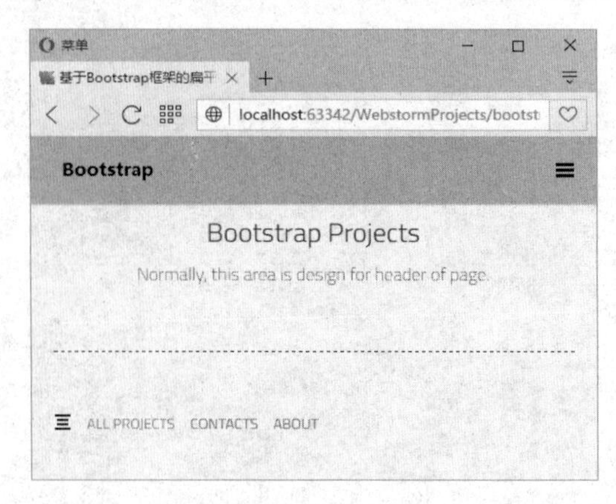

图 8.9　左侧导航（二）

从图 8.9 中可以看到，原来垂直排列的左侧导航条经过浏览器屏幕大小的调整后，自动调整为水平排列样式了，同时“NAVBAR”字样也变化为一个图标了。这个功能是如何实现的呢？

【代码 8-10】中的样式代码实现了上面的功能（详见源代码 ch08 目录中 css/responsive.js 文件）：

```
01  @media (min-width: 481px) and (max-width: 767px) {
02      ......
03      .type-work {
04          background: url(../img/filter-icon.png) no-repeat;
05          width: 16px;
06          height: 16px;
07          display: inline-block;
08          text-indent: -9999px;
09          margin-bottom: 0;
10          position: relative;
11          line-height: 10px;
12      }
13      ......
14  }
15  @media (max-width: 480px) {
16      ......
17      .type-work {
18          background: url(../img/filter-icon.png) no-repeat;
19          width: 16px;
20          height: 16px;
21          display: inline-block;
```

```
22          text-indent: -9999px;
23          margin-bottom: 0;
24          position: relative;
25          line-height: 10px;
26      }
27      ......
28  }
```

关于【代码 8-10】的分析如下：

第 01 行和第 28 行代码通过@media 标签针对不同的屏幕尺寸宽度定义了左侧导航条的显示样式。

第 03～12 行代码和第 17～26 行代码分别针对不同的屏幕分辨率定义了.type-work 样式类的属性（.type-work 样式的引用参见【代码 8-9】中第 05 行代码）；其中，第 04 行和第 18 行代码通过 background 属性引用了一个图标资源文件，这就是【代码 8-9】中第 05 行代码定义的“Navbar”字样会根据屏幕尺寸变为图标的原理。

8.4 页面主体设计

本节继续介绍基于 Bootstrap 框架、设计扁平化风格页面主体的过程。通常一个页面主体就是网站具体内容的体现，内容可以根据类别分别显示在不同的区域内，每个区域可以定义一个锚点，用于与导航菜单项进行关联，以便于用户进行浏览操作。

8.4.1 图片列表

首先，在扁平化页面主体中设计一个图片列表，与导航菜单中的“Projects”项进行关联。下面看段代码示例。

【代码 8-11】是一段实现页面主体图片列表的设计（详见源代码 ch08 目录中 index.html 文件）：

```
01  <div class="span9">
02      <div class="row">
03          <section id="id-projects">
04              <ul id="thumbs">
05                  <li class="span3">
06                      <img src="img/work/thumbs/image-01.jpg"
alt="bootstrap projects.">
07                  </li>
```

```
08                <li class="span3">
09                    <img src="img/work/thumbs/image-02.jpg"
alt="bootstrap projects.">
10                </li>
11                <li class="span3">
12                    <img src="img/work/thumbs/image-03.jpg"
alt="bootstrap projects.">
13                </li>
14                <li class="span3">
15                    <img src="img/work/thumbs/image-04.jpg"
alt="bootstrap projects.">
16                </li>
17                <li class="span3">
18                    <img src="img/work/thumbs/image-05.jpg"
alt="bootstrap projects.">
19                </li>
20                <li class="span3">
21                    <img src="img/work/thumbs/image-06.jpg"
alt="bootstrap projects.">
22                </li>
23            </ul>
24        </section>
25    </div>
26    ......
27 </div>
```

关于【代码 8-11】的分析如下：

第 01～27 行代码通过 div 标签元素定义了图片列表区域，其中通过 class="span9"样式的定义，表示该区域共含有 9 列（与【代码 8-9】中第 02 行代码定义的 class="span3"样式相对应，这两个区域相加正好为 Bootstrap 框架预定义的 12 列）。

第 03 行代码为 section 标签元素定义的 id 值为"id-projects"，我们注意到【代码 8-4】中第 04 行代码所引用的 href 属性值就是此 id 值，这样点击【代码 8-4】中第 04 行代码所定义得导航菜单项就会链接到此图片列表区域。

第 04～23 行代码通过 ul 与 li 标签元素定义了一组图片列表，其中每个图片的宽度定义为 3 列（class="span3"）。

下面测试一下该页面，页面效果如图 8.10 所示。

下面将页面分辨率调整到手机屏幕大小测试一下，页面效果如图 8.11 所示。

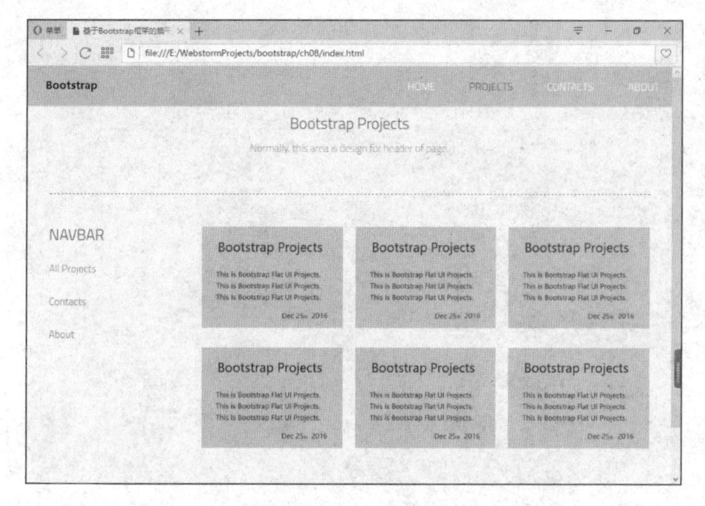

图 8.10　图片列表（一）

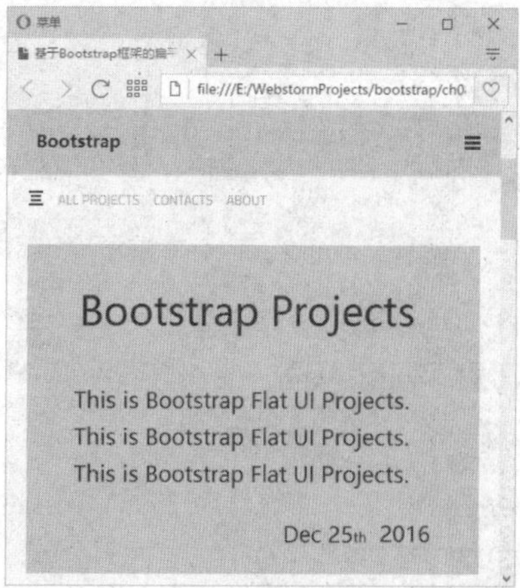

图 8.11　图片列表（二）

8.4.2　提交表单

继续在扁平化页面主体中设计一个提交表单，与导航菜单中的“Contacts”项进行关联。下面看段代码示例。

【代码 8-12】是一段实现页面主体提交表单的设计（详见源代码 ch08 目录中 index.html 文件）：

```
01  <div class="row">
02      <section id="id-contacts" class="page">
03          <div class="container">
04              <!-- Title Page -->
05              <div class="row">
06                  <div class="span9">
07                      <div class="title-page">
08                      <h2 class="title">Email Section</h2>
09    <h3 class="title-description">This is an email section, please
send your message.</h3>
10                      </div>
11                  </div>
12              </div>
13              <!-- End Title Page -->
14              <!-- Contact Form -->
15              <div class="row">
16                  <div class="span6">
17                      <form id="contact-form" class="contact-form"
action="#">
18                          <p class="contact-name">
19    <input id="contact_name" type="text" placeholder="Full Name"
```

```
value="" name="name" />
   20                         </p>
   21                         <p class="contact-email">
   22  <input id="contact_email" type="text" placeholder="Email Address"
value="" name="email" />
   23                         </p>
   24                         <p class="contact-message">
   25  <textarea id="contact_message" placeholder="Your Message"
name="message" rows="10" cols="40"></textarea>
   26                         </p>
   27                         <p class="contact-submit">
   28                     <a id="contact-submit" class="submit"
href="#">Send Your Email</a>
   29                         </p>
   30                         <div id="response">
   31                         </div>
   32                     </form>
   33                 </div>
   34                 <div class="span3">
   35                     <div class="contact-details">
   36                         <h3>Contact Details</h3>
   37                         <ul>
   38                             <li><a href="#">flat@bootstrap.com</a></li>
   39                             <li>(086) 010-12345678</li>
   40                             <li>
   41                                 Bootstrap Studio
   42                                 <br>
   43                                 888 PEK District. 123
   44                                 <br>
   45                                     Unknow
   46                             </li>
   47                         </ul>
   48                     </div>
   49                 </div>
   50             </div>
   51             <!-- End Contact Form -->
   52         </div>
   53     </section>
   54  </div>
```

关于【代码 8-12】的分析如下：

第 01～54 行代码通过 div 标签元素定义了提交表单区域。

第 02 行代码为 section 标签元素定义的 id 值为"id-contacts"，我们注意到【代码 8-4】中第 05 行代码所引用的 href 属性值就是此 id 值，这样点击【代码 8-4】中第 05 行代码所定义的导航菜单项就会链接到此提交表单区域。

第 05～12 行代码定义了提交表单的标题。

第 16～33 行代码定义了提交表单的一组输入框，包括两个 input 标签、一个 textarea 标签和一个提交按钮。

第 35～48 行代码定义了提交表单右侧的用户信息内容。

下面测试一下该页面，页面效果如图 8.12 所示。

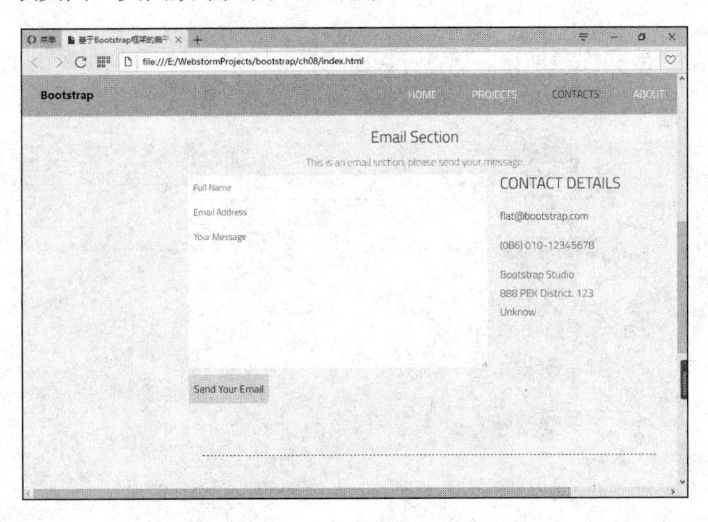

图 8.12　提交表单（一）

下面将页面分辨率调整到手机屏幕大小测试一下，页面效果如图 8.13 所示。

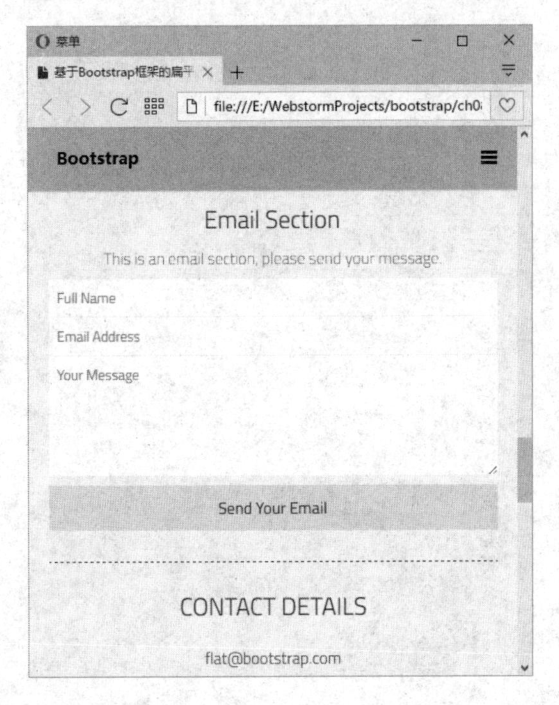

图 8.13　提交表单（二）

8.4.3 文本列表

先在扁平化页面主体中设计一个文本列表，与导航菜单中的“About”项进行关联。下面看段代码示例。

【代码 8-13】是一段实现页面主体文本列表的设计（详见源代码 ch08 目录中 index.html 文件）：

```
01 <div class="row">
02     <!-- About Section -->
03     <section id="id-about" class="page-alternate">
04         <div class="container">
05             <!-- Title Page -->
06             <div class="row">
07                 <div class="span9">
08                     <div class="title-page">
09                         <h2 class="title">About Bootstrap</h2>
10                         <h3 class="title-description">Learn About
Bootstrap.</h3>
11                     </div>
12                 </div>
13             </div>
14             <!-- End Title Page -->
15             <!-- Bootstrap -->
16             <div class="row">
17                 <!-- Start Profile -->
18                 <div class="span3 about">
19                     <h3 class="profile-name">Boostrap</h3>
20                     <p class="profile-description">Bootstrap is the
most popular HTML, CSS, and JS framework for developing responsive,
mobile first projects on the web.</p>
21                     <p class="profile-description">Bootstrap is the
most popular HTML, CSS, and JS framework for developing responsive,
mobile first projects on the web.</p>
22                 </div>
23                 <!-- End Profile -->
24                 <!-- Start Profile -->
25                 <div class="span3 about">
26                     <h3 class="profile-name">CSS</h3>
```

```
    27                  <p class="profile-description">Bootstrap is the
most popular HTML, CSS, and JS framework for developing responsive,
mobile first projects on the web.</p>
    28                  <p class="profile-description">Bootstrap is the
most popular HTML, CSS, and JS framework for developing responsive,
mobile first projects on the web.</p>
    29                </div>
    30                <!-- End Profile -->
    31                <!-- Start Profile -->
    32                <div class="span3 about">
    33                    <h3 class="profile-name">JavaScript</h3>
    34                        <p class="profile-description">Bootstrap is
the most popular HTML, CSS, and JS framework for developing responsive,
mobile first projects on the web.</p>
    35                        <p class="profile-description">Bootstrap is
the most popular HTML, CSS, and JS framework for developing responsive,
mobile first projects on the web.</p>
    36                </div>
    37                <!-- End Profile -->
    38            </div>
    39            <!-- End Bootstrap -->
    40        </div>
    41    </section>
    42    <!-- End About Section -->
    43 </div>
```

关于【代码 8-13】的分析如下：

第 01～43 行代码通过 div 标签元素定义了文本列表区域。

第 03 行代码为 section 标签元素定义的 id 值为"id-about"，我们注意到【代码 8-4】中第 06 行代码所引用的 href 属性值就是此 id 值，这样点击【代码 8-4】中第 06 行代码所定义得导航菜单项就会链接到此文本列表区域。

第 06～13 行代码定义了文本列表的标题。

第 16～38 行代码定义了文本列表的具体内容。

下面测试一下该页面，页面效果如图 8.14 所示。

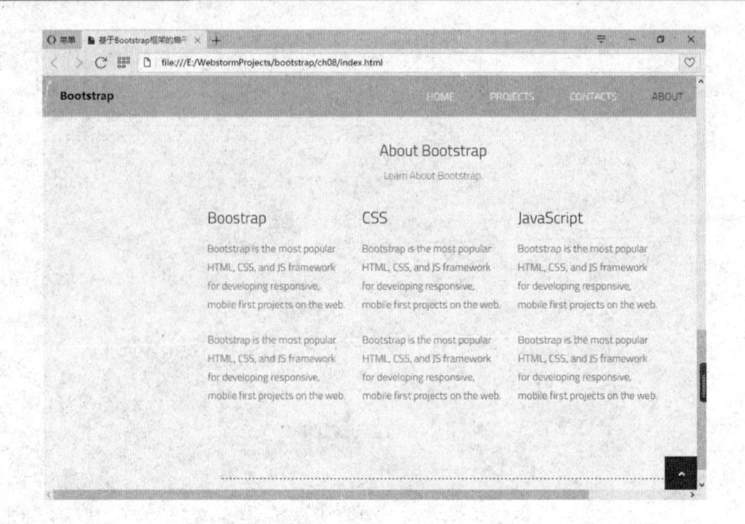

图 8.14　文本列表（一）

下面将页面分辨率调整到手机屏幕大小测试一下，页面效果如图 8.15 所示。

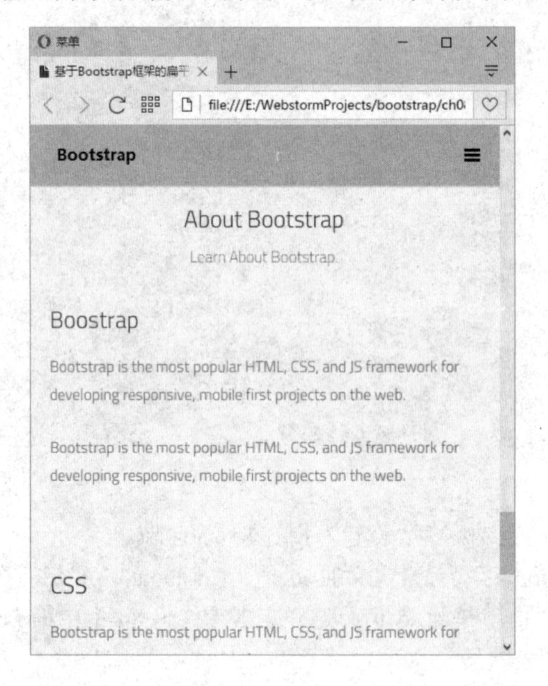

图 8.15　文本列表（二）

8.5 页脚设计

本节我们继续介绍基于 Bootstrap 框架、设计扁平化风格页面页脚的过程。通常在页面页脚中会加入一些版权注册信息、公司信息、作者信息和版本日期等内容。下面具体看一下代码。

【代码 8-14】是一段实现页面页脚的设计（详见源代码 ch08 目录中 index.html 文件）：

```
01 <footer>
02     <p class="credits">&copy; Copyright &copy; 2016.Bootstrap All
rights reserved. Designed by king.</p>
03 </footer>
```

关于【代码 8-14】的分析如下：

第 01～03 行代码通过 footer 标签元素定义了页面页脚。

第 02 行代码通过 p 标签元素定义了一些相关信息。

下面继续测试一下该页面，页面页脚效果如图 8.16 所示。

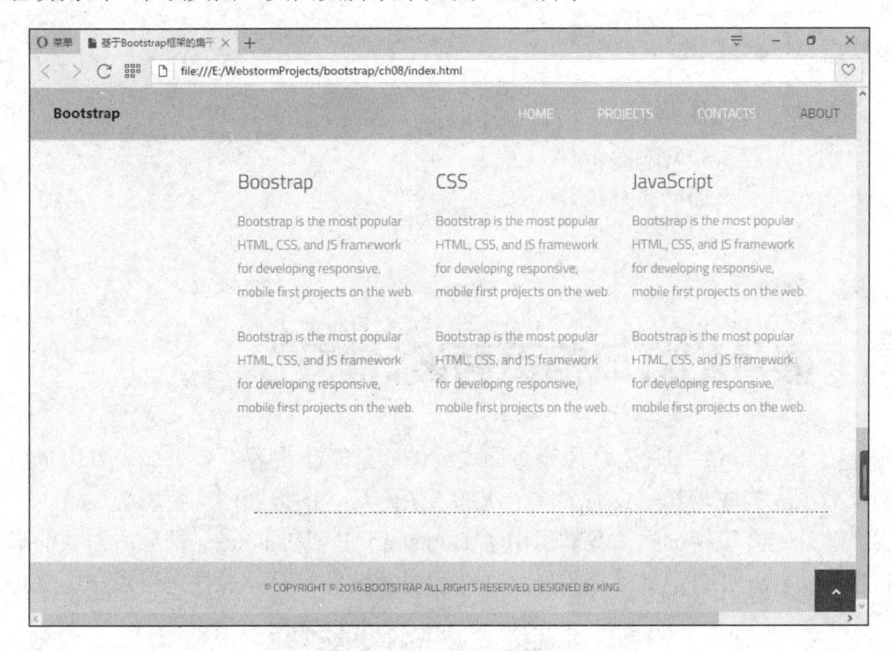

图 8.16 页面页脚

8.6 本章小结

本章主要介绍了应用 Bootstrap 框架设计实现扁平化风格页面的方法，然后对常见页面的页眉、主题、导航、页脚的设计进行了讲解，希望对读者有一定的帮助。

第 9 章

◂Bootstrap图片幻灯页面▸

本章介绍如何应用 Bootstrap 框架设计图片幻灯风格的页面，包括图标、幻灯和图片特辑等元素。具体通过设计一个图片幻灯页面将以上元素包含进去，帮助读者学习了解设计图片幻灯风格页面的基本方法。

本章主要内容包括：

- 认识图片幻灯风格页面
- 学习图片幻灯页面的页眉设计
- 图片幻灯风格页面的主题设计

9.1 图片幻灯风格页面设计概述

本节先介绍 Bootstrap 图片幻灯风格页面设计的一些基本内容。该页面主要由页眉导航条、页面主体和页面页脚构成，其中页面主体依次加入了幻灯、图标和图片特辑等元素。

为了实现图片幻灯风格页面，我们引用了 Bootstrap 框架和 jQuery 框架所需要的脚本文件、样式文件和资源文件，并自定义了相关样式文件和资源文件。具体源代码目录如图 9.1 所示。

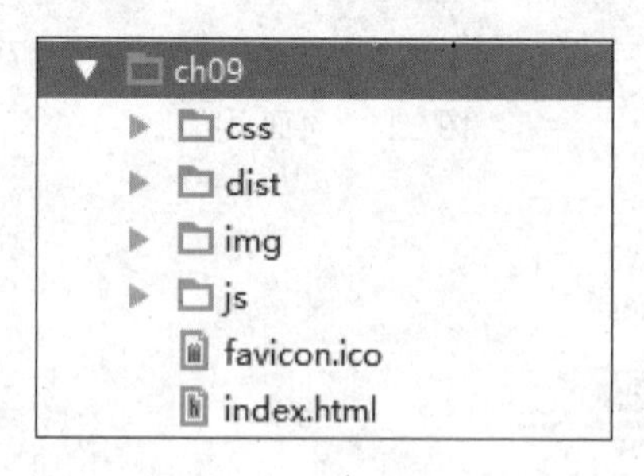

图 9.1　源代码目录

如图 9.1 所示，index.html 文件为图片幻灯风格页面，dist 文件夹用于存放 Bootstrap 框架的库文件，js 文件夹用于存放 jQuery 框架的库文件，css 文件夹用于存放自定义样式文件，资源文件存放于 img 文件夹内。

下面是页面所引用的部分重要 css 样式文件的代码。

【代码 9-1】（详见源代码 ch09 目录中 index.html 文件）

```
01 <!-- Bootstrap core CSS -->
02 <link href="dist/css/bootstrap.min.css" rel="stylesheet">
03 <!-- Custom styles for this template -->
04 <link href="css/carousel.css" rel="stylesheet">
```

从以上代码可以看到，样式文件主要包括 Bootstrap 框架的库文件和自定义文件。

下面是页面所引用的部分重要 js 脚本文件的代码。

【代码 9-2】（详见源代码 ch09 目录中 index.html 文件）

```
01 <!-- jQuery core JS -->
02 <script src="js/jquery-1.9.1.js"></script>
03 <!-- Bootstrap core JS -->
04 <script src="dist/js/bootstrap.min.js"></script>
05 <script src="dist/js/docs.min.js"></script>
```

从以上代码可以看到，脚本文件主要包括 jQuery 框架和 Bootstrap 框架的库文件。

9.2 页眉设计

本节先介绍设计图片幻灯风格页面页眉的过程。通常一个页面页眉由一个顶部导航菜单组成，在该菜单内部可以包含导航条图标、标题和功能菜单等元素。

下面是关于实现图片幻灯风格页面页眉的代码。

【代码 9-3】（详见源代码 ch09 目录中 index.html 文件）

```
01 <div class="navbar-wrapper">
02     <div class="container">
03         <nav class="navbar navbar-inverse navbar-static-top" 
role="navigation">
04             <div class="container">
05                 <div class="navbar-header">
06                 <button type="button" class="navbar-toggle collapsed" 
data-toggle="collapse" data-target="#navbar" aria-expanded="false" aria-
controls="navbar">
07                         <span class="sr-only">Toggle navigation</span>
08                         <span class="icon-bar"></span>
09                         <span class="icon-bar"></span>
10                       <span class="icon-bar"></span>
```

```
11                        </button>
12                        <a class="navbar-brand" href="#">Bootstrap</a>
13                </div>
14                <div id="navbar" class="navbar-collapse collapse">
15                        <ul class="nav navbar-nav">
16                        <li class="active"><a href="#">Home</a></li>
17                        <li><a href="#id-carousel">Carousel</a></li>
18                        <li><a href="#id-images">images</a></li>
19                        <li><a href="#id-
featurette">featurette</a></li>
20                        </ul>
21                </div>
22            </div>
23          </nav>
24      </div>
25  </div>
```

关于【代码 9-3】的分析如下：

第 01～25 行代码通过为 div 标签添加 class="navbar-wrapper"样式类实现了一个导航条容器。

第 03～23 行代码通过 nav 标签定义了一个导航，并通过添加"navbar navbar-inverse navbar-static-top"样式类，将导航定义为固定在顶部的静态样式。

第 04～22 行代码定义了导航条内的具体元素，包括第 05～13 行代码和第 14～21 行代码定义的导航菜单；其中，第 05～13 行代码定义的导航菜单用于在移动 App 应用的浏览器中显示，第 14～21 行代码定义的导航菜单用于在正常桌面应用的浏览器中显示，其设计原理与前面第 8 章中介绍的页眉设计原理是基本一致的，此处就不深入分析了。

第 14～21 行代码定义了导航菜单项，其中每一项均定义了 id 属性，其属性值将与页面主体中的锚点相关联。

下面测试一下该页面，桌面应用的页面效果如图 9.2 所示。

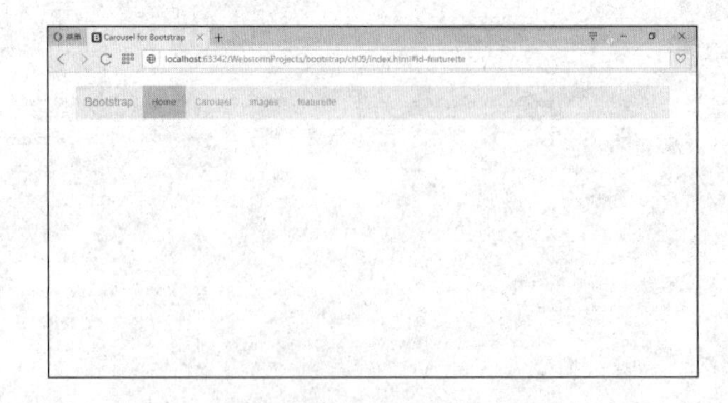

图 9.2　页眉导航条（一）

移动应用的页面效果如图 9.3 所示。

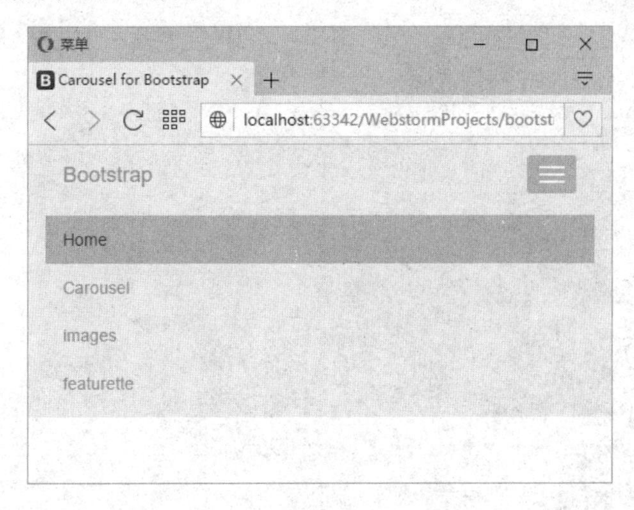

图 9.3　页眉导航条（二）

9.3 页面主体设计

本节继续介绍基于 Bootstrap 框架、设计图片幻灯风格页面主体的过程，在该页面中依次将加入图片幻灯、图标和图片特辑三种元素，这些页面元素均是网页设计中比较常用的。

9.3.1 图片幻灯

首先，在页面主体中设计一个图片幻灯，主要还是基于 Bootstrap 框架的 Carousel 插件来设计。

下面是一段关于实现页面主体图片幻灯的代码。

【代码 9-4】（详见源代码 ch09 目录中 index.html 文件）

```
01 <!-- Carousel Start -->
02 <div id="id-carousel" class="carousel slide" data-ride="carousel">
03   <ol class="carousel-indicators">
04     <li data-target="#id-carousel" data-slide-to="0"
class="active"></li>
05     <li data-target="#id-carousel" data-slide-to="1"></li>
06     <li data-target="#id-carousel" data-slide-to="2"></li>
07   </ol>
08   <div class="carousel-inner" role="listbox">
```

```
09      <div class="item active">
10        <img src="img/thumb/thumb-01.jpg" alt="First slide">
11        <div class="container">
12          <div class="carousel-caption">
13            <h2>Carousel Examples</h2>
14          </div>
15        </div>
16      </div>
17      <div class="item">
18        <img src="img/thumb/thumb-02.jpg" alt="Second slide">
19        <div class="container">
20          <div class="carousel-caption">
21            <h2>Carousel Examples</h2>
22          </div>
23        </div>
24      </div>
25      <div class="item">
26        <img src="img/thumb/thumb-03.jpg" alt="Third slide">
27        <div class="container">
28          <div class="carousel-caption">
29            <h2>Carousel Examples</h2>
30          </div>
31        </div>
32      </div>
33    </div>
34    <a class="left carousel-control" href="#id-carousel"
role="button" data-slide="prev">
35      <span class="glyphicon glyphicon-chevron-left"></span>
36      <span class="sr-only">Previous</span>
37    </a>
38    <a class="right carousel-control" href="#id-carousel"
role="button" data-slide="next">
39      <span class="glyphicon glyphicon-chevron-right"></span>
40      <span class="sr-only">Next</span>
41    </a>
42  </div>
43  <!-- Carousel End -->
```

关于【代码 9-4】的分析如下：

第 02～42 行代码通过 div 标签元素定义了图片幻灯区域，其中通过添加 class="carousel slide"样式类，来引用 Bootstrap 框架的 Carousel 插件。

第 03～07 行代码通过在<ol><li>标签组中使用 class="carousel-indicators"类定义了幻灯插件的指示器，并通过使用“data-slide-to”属性定义具体的帧下标，帧下标是从 0 开始计数的。

第 08～33 行代码通过在<div>标签中使用 class="carousel-inner"类定义幻灯插件的主体部分；其中在第 10 行、第 18 行和第 26 行代码中定义了幻灯所引用的具体图片地址；在第 11～15 行代码、第 19～23 行代码和第 27～31 行代码通过 class="carousel-caption"类定义了幻灯插件的标题信息。

第 34～37 行代码通过为<a>标签元素增加"left carousel-control"类定义了向左方向的控制按钮，并通过使用“data-slide”属性定义幻灯切换方向。

同样，第 38～41 行代码通过为<a>标签元素增加"right carousel-control"类定义了向右方向的控制按钮，并通过使用“data-slide”属性定义幻灯切换方向。

下面测试一下该页面，页面效果如图 9.4 所示。

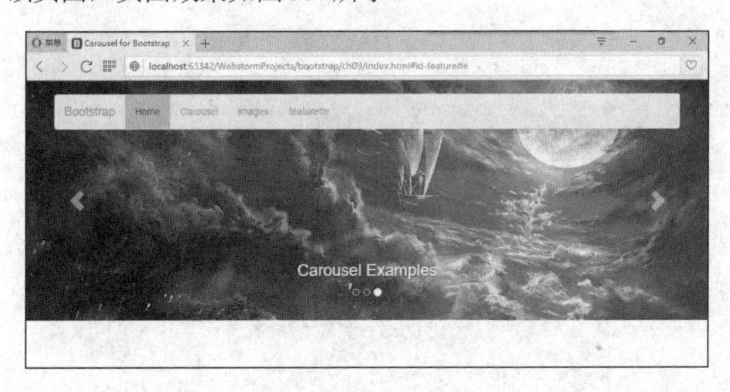

图 9.4　图片幻灯（一）

下面将页面分辨率调整到手机屏幕大小测试一下，页面效果如图 9.5 所示。

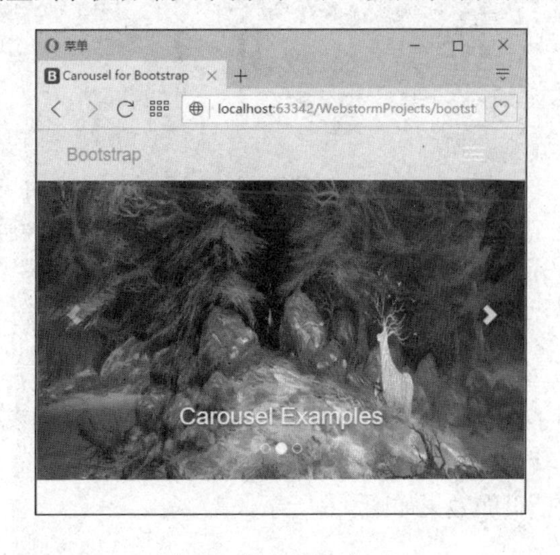

图 9.5　图片幻灯（二）

9.3.2 图标列表

继续在图片幻灯页面主体中设计一个图标列表。下面是一段关于实现图标列表的代码。

【代码 9-5】（详见源代码 ch09 目录中 index.html 文件）

```
01 <div id="id-images" class="container marketing">
02   <div class="row">
03     <div class="col-sm-2">
04       <img class="img-thumbnail" src="img/lists/image-list.jpg" 
alt="Generic placeholder image" style="width: 140px; height: 140px;">
05     </div><!-- /.col-sm-2 -->
06     <div class="col-sm-2">
07       <img class="img-circle" src="img/lists/image-list.jpg" 
alt="Generic placeholder image" style="width: 140px; height: 140px;">
08     </div><!-- /.col-sm-2 -->
09     <div class="col-sm-2">
10       <img class="img-rounded" src="img/lists/image-list.jpg" 
alt="Generic placeholder image" style="width: 140px; height: 140px;">
11     </div><!-- /.col-sm-2 -->
12     <div class="col-sm-2">
13       <img class="img-rounded" src="img/lists/image-list.jpg" 
alt="Generic placeholder image" style="width: 140px; height: 140px;">
14     </div><!-- /.col-sm-2 -->
15     <div class="col-sm-2">
16       <img class="img-circle" src="img/lists/image-list.jpg" 
alt="Generic placeholder image" style="width: 140px; height: 140px;">
17     </div><!-- /.col-sm-2 -->
18     <div class="col-sm-2">
19       <img class="img-thumbnail" src="img/lists/image-list.jpg" 
alt="Generic placeholder image" style="width: 140px; height: 140px;">
20     </div><!-- /.col-sm-2 -->
21   </div><!-- /.row -->
22 </div>
```

关于【代码 9-5】的分析如下：

在这段代码中主要用了 Bootstrap 框架的栅格系统来布局图标列表，其中定义的 class="col-sm-2"样式类保证页面的一行中共包括 6 个图标。

下面测试一下该页面，页面效果如图 9.6 所示。

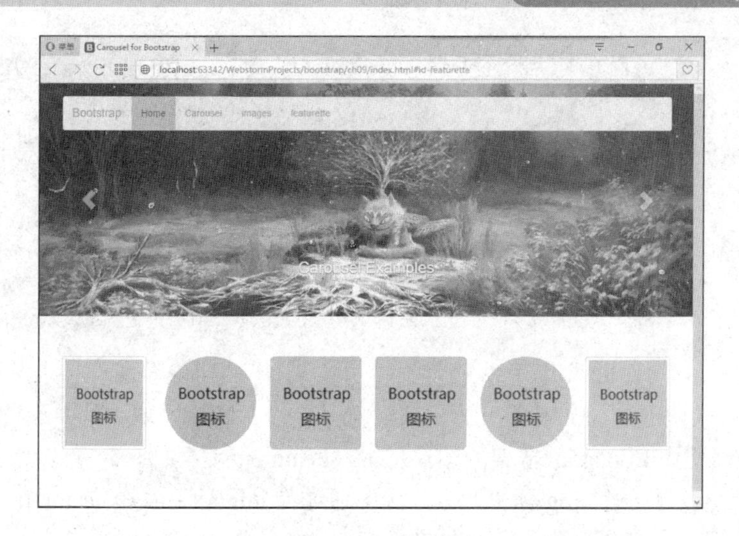

图 9.6　图标列表

9.3.3 图片特辑

在页面主体中设计一个图片特辑（Featurette），图片特辑的概念对于读者来讲可能比较陌生，简单来说就是一张图片配以一段描述文字。其实，图片特辑（Featurette）还是非常实用的，例如图片新闻、博客和朋友圈等应用中都可以见到这种元素的身影。

下面是一段关于实现图片特辑的代码。

【代码 9-6】（详见源代码 ch09 目录中 index.html 文件）

```
01 <div id="id-featurette" class="row featurette">
02   <div class="col-sm-5">
03     <img class="featurette-image img-responsive"
src="img/sider/200x200.jpg" alt="Generic placeholder image">
04   </div>
05   <div class="col-sm-7">
06     <h2 class="featurette-heading">Featurette Title. <span
class="text-muted"> - by king.</span></h2>
07     <p class="lead">This is contents.</p>
08   </div>
09 </div>
10 <hr class="featurette-divider">
11 <div class="row featurette">
12   <div class="col-sm-7">
13     <h2 class="featurette-heading">Featurette Title. <span
class="text-muted"> - by king.</span></h2>
```

```
14        <p class="lead">This is contents.</p>
15      </div>
16      <div class="col-sm-5">
17      <img class="featurette-image img-responsive"
src="img/sider/200x200.jpg" alt="Generic placeholder image">
18      </div>
19    </div>
```

关于【代码 9-6】的分析如下：

第 01～09 行代码通过 div 标签元素定义了第一个图片特辑区域，其中通过添加 class="row featurette"样式类，引用 Bootstrap 框架的图片特辑（Featurette）插件。

第 03 行代码定义了一个 img 标签元素，其中通过为 img 标签添加"featurette-image"样式类，定义 Bootstrap 框架中具有图片特辑样式的图片。

第 06 行代码通过为 h2 标签元素添加 class="featurette-heading"样式类，定义了图片特辑的标题；第 07 行代码定义了标题下的文本内容。

第 10 行代码定义了一个分割线，并添加了 class="featurette-divider"样式类。

第 11～19 行代码定义了第二个图片特辑（Featurette）元素，与第一个所区别的是标题和文本内容在图片的上方。

下面我们测试一下该页面，页面效果如图 9.7 和图 9.8 所示。

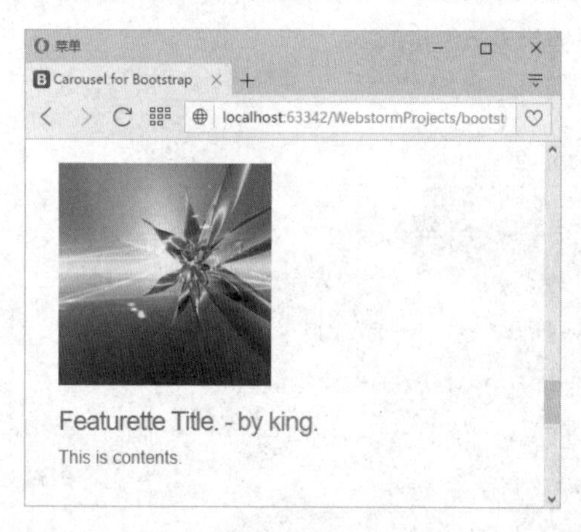

图 9.7　图片特辑（一）

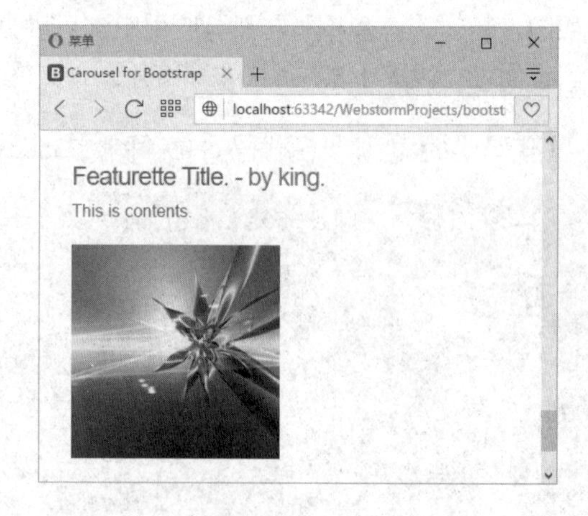

图 9.8　图片特辑（二）

9.4 本章小结

本章主要介绍了应用 Bootstrap 框架设计图片幻灯风格页面的方法，包括图表列表、图片幻灯和图片特辑等方面的内容，希望对读者有一定的帮助。

第 10 章

Bootstrap风格按钮

本章介绍如何应用 Bootstrap 框架设计多种风格的按钮，包括可定制的外形、尺寸和边框风格按钮、下拉菜单按钮和按钮组等内容。希望本章的内容能够帮助读者了解设计风格按钮的方法。

本章主要内容包括：

- 形状与尺寸风格按钮的设计
- 边框风格按钮的设计
- 下拉菜单风格按钮的设计
- 按钮组风格的设计

10.1 风格按钮设计概述

本节先介绍基于 Bootstrap 框架设计风格按钮的一些基本内容。为了实现风格按钮的设计，引用了 Bootstrap 框架和 jQuery 框架所需要的脚本文件、样式文件和资源文件，并自定义了相关样式文件和资源文件。具体源代码目录如图 10.1 所示。

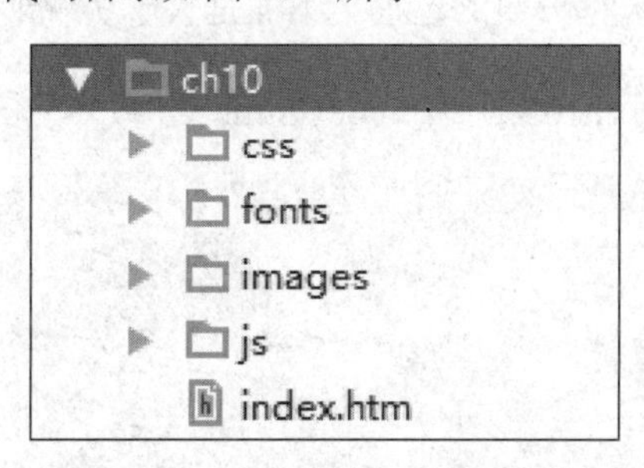

图 10.1　源代码目录

如图 10.1 所示，index.html 文件为显示风格按钮的页面，css 文件夹用于存放 Bootstrap 框架和自定义的样式文件，js 文件夹用于存放 Bootstrap 框架、jQuery 框架和自定义的脚本文件，font 文件夹用于存放字体样式文件，资源文件存放于 images 文件夹内。

下面是页面所引用的部分重要 css 样式文件的代码。

【代码 10-1】（详见源代码 ch10 目录中 index.html 文件）

```
01 <!-- Bootstrap core CSS -->
02 <link href="css/bootstrap.min.css" rel="stylesheet">
03 <!-- UNICORN CSS STYLES -->
04 <link rel="stylesheet" href="css/animate.min.css">
05 <link rel="stylesheet" href="css/buttons.css">
06 <!-- ICONS & FONTS -->
07 <link href="fonts/font-awesome.min.css" rel="stylesheet">
08 <link rel="stylesheet" href="fonts/icomoon/style.css">
```

下面是页面所引用的部分重要 js 脚本文件的代码。

【代码 10-2】（详见源代码 ch10 目录中 index.html 文件）

```
<!-- JAVASCRIPT INCLUDES -->
<!-- jQuery core JS -->
<script type="text/javascript" src="js/jquery.min.js"></script>
<!-- Bootstrap core JS -->
<script type="text/javascript" src="js/bootstrap.min.js"></script>
<!-- customer core JS -->
<script type="text/javascript" src="js/buttons.js"></script>
```

10.2 形状与尺寸风格按钮

本节介绍设计形状与尺寸风格按钮的过程。下面是关于实现形状与尺寸风格按钮的代码。

【代码 10-3】（详见源代码 ch10 目录中 index.html 文件）

```
01 <!-- Button's Shapes & Sizes -->
02 <section id="buttons-sizes" class="showcase background-light">
03   <div class="l-over showcase-content">
04     <h3 class="showcase-title l-center">形状与尺寸按钮</h3><br>
05     <div class="showcase-examples l-center">
06       <a href="#" class="button button-tiny">Button</a>
07       <a href="#" class="button button-rounded button-tiny"> Button
</a>
08       <a href="#" class="button button-pill button-tiny"> Button
</a>
```

```
09        <button class="button button-square button-tiny"><i class="fa
fa-plus"></i></button>
10        <button class="button button-box button-tiny"><i class="fa
fa-plus"></i></button>
11        <button class="button button-circle button-tiny"><i class="fa
fa-plus"></i></button>
12        <br/>
13        <a href="#" class="button button-primary button-small">
Button </a>
14        <a href="#" class="button button-primary button-rounded
button-small"> Button </a>
15        <a href="#" class="button button-primary button-pill button-
small"> Button </a>
16        <button class="button button-primary button-square button-
small"><i class="fa fa-plus"></i></button>
17        <button class="button button-primary button-box button-
small"><i class="fa fa-plus"></i></button>
18        <button class="button button-primary button-circle button-
small"><i class="fa fa-plus"></i></button>
19        <br/>
20        <a href="#" class="button button-highlight button-large">
Button </a>
21        <a href="#" class="button button-highlight button-rounded
button-large"> Button </a>
22        <a href="#" class="button button-highlight button-pill
button-large"> Button </a>
23        <br/>
24      </div>
25    </div>
26  </section>
```

关于【代码 10-3】的分析如下：

在这段代码中，主要通过 a 标签元素和 button 标签元素实现多种形状和尺寸风格的按钮，且无论是 a 标签元素还是 button 标签元素，均通过"button"样式来定义的。

至于按钮的不同形状，是通过"button-rounded"、"button-pill"、"button-primary"、"button-highlight"、"button-square"、"button-box"和"button-circle"样式来定义的。

而对于按钮的不同大小，则是通过"button-tiny"、"button-small"和"button-large"样式来定义的。

下面测试一下该页面，风格按钮的效果如图 10.2 所示。

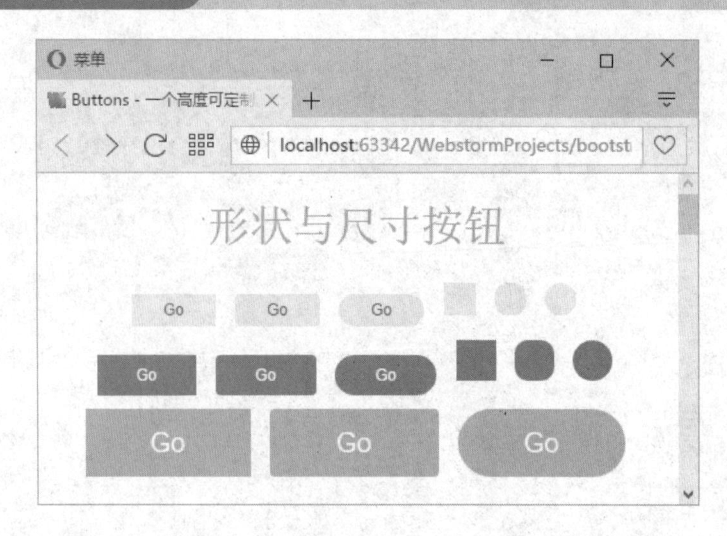

图 10.2 形状与大小的风格按钮

10.3 边框风格按钮

本节继续介绍设计带边框与不带边框风格按钮的过程。下面是关于实现边框风格按钮的代码。

【代码 10-4】（详见源代码 ch10 目录中 index.html 文件）

```
01  <!-- Button's Bordered Style -->
02  <div class="showcase-examples l-center">
03      <button class="button button-large button-plain button-border
button-circle"><i class="fa fa-reply"></i></button>
04      <button class="button button-large button-plain button-border
button-box"><i class="fa fa-star"></i></button>
05      <button class="button button-large button-plain button-border
button-square"><i class="fa fa-trash-o"></i></button>
06      <button class="button button-large button-plain button-
borderless"><i class="fa fa-tag">Button</i></button>
07      <button class="button button-large button-plain button-border
button-circle"><i class="fa fa-bitcoin"></i></button>
08      <button class="button button-large button-plain button-border
button-circle"><i class="fa fa-refresh"></i></button>
09      <button class="button button-large button-plain button-border
button-circle"><i class="fa fa-angle-left"></i></button>
```

```
10      <button class="button button-large button-plain button-border
button-circle"><i class="fa fa-angle-right"></i></button>
11      <button class="button button-large button-plain button-border
button-box"><i class="fa fa-reply"></i></button>
12      <button class="button button-large button-plain button-border
button-box"><i class="fa fa-star"></i></button>
13      <button class="button button-large button-plain button-border
button-box"><i class="fa fa-trash-o"></i></button>
14      <button class="button button-large button-plain button-border
button-box"><i class="fa fa-tag"></i></button>
15      <button class="button button-large button-plain button-border
button-box"><i class="fa fa-volume-down"></i></button>
16      <button class="button button-large button-plain button-border
button-box"><i class="fa fa-volume-up"></i></button>
17      <button class="button button-large button-plain button-border
button-square"><i class="fa fa-reply"></i></button>
18      <button class="button button-large button-plain button-border
button-square"><i class="fa fa-star"></i></button>
19      <button class="button button-large button-plain button-border
button-square"><i class="fa fa-trash-o"></i></button>
20      <button class="button button-large button-plain button-border
button-square"><i class="fa fa-tag"></i></button>
21      <button class="button button-large button-plain button-border
button-square"><i class="fa fa-volume-down"></i></button>
22      <button class="button button-large button-plain button-
borderless"><i class="fa fa-reply">Button</i></button>
23      <button class="button button-large button-plain button-
borderless"><i class="fa fa-star">Button</i></button>
24      <button class="button button-large button-plain button-
borderless"><i class="fa fa-trash-o">Button</i></button>
25      <button class="button button-large button-plain button-
borderless"><i class="fa fa-tag">Button</i></button>
26      <button class="button button-large button-plain button-
borderless"><i class="fa fa-volume-down">Button</i></button>
27      <button class="button button-large button-plain button-
borderless"><i class="fa fa-volume-up">Button</i></button>
28      <button class="button button-large button-plain button-
borderless"><i class="fa fa-volume-up">Button</i></button>
29  </div>
```

关于【代码 10-4】的分析如下：

不带边框风格按钮与带边框风格按钮的区别是，需要为按钮添加一个"button-borderless"样式。

下面测试一下该页面，边框风格按钮的效果如图 10.3 所示。

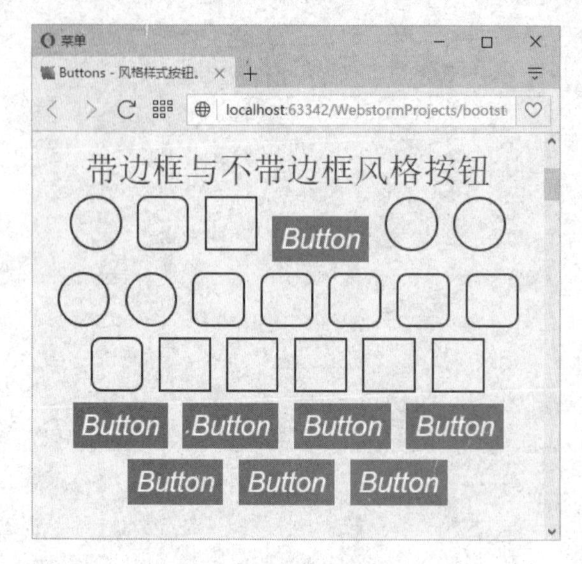

图 10.3　边框风格按钮

10.4 下拉菜单风格按钮

本节继续介绍设计下拉菜单风格按钮的过程。下面是关于实现下拉菜单风格按钮的代码。

【代码 10-5】（详见源代码 ch10 目录中 index.html 文件）

```
01  <div class="showcase-examples l-center">
02    <span class="button-dropdown button-dropdown-primary" data-
buttons="dropdown">
03      <button class="button button-primary button-large">
04        <i class="fa fa-bars">下拉菜单</i>
05      </button>
06      <ul class="button-dropdown-list is-below">
07        <li><a href="#"><i class="fa fa-heart-o"></i>下拉菜单
1</a></li>
08        <li><a href="#">下拉菜单 2</a></li>
09        <li class="button-dropdown-divider">
```

```
10          <a href="#">下拉菜单 3</a>
11        </li>
12      </ul>
13    </span>
14    <span class="button-dropdown button-dropdown-action" data-
buttons="dropdown">
15      <button class="button button-action">
16        <i class="fa fa-caret-up">下拉菜单</i>
17      </button>
18      <ul class="button-dropdown-list is-above">
19        <li><a href="#">下拉菜单 1</a></li>
20        <li><a href="#">下拉菜单 2</a></li>
21        <li class="button-dropdown-divider">
22          <a href="#">下拉菜单 3</a>
23        </li>
24      </ul>
25    </span>
26  </div>
```

关于【代码 10-5】的分析如下：

第 06 行代码通过为 ul 标签元素添加"is-below"样式来定义一个向下的弹出菜单。

第 18 行代码通过为 ul 标签元素添加"is-above"样式来定义一个向上的弹出菜单。

下面测试一下该页面，下拉菜单风格按钮的效果如图 10.4 和图 10.5 所示。

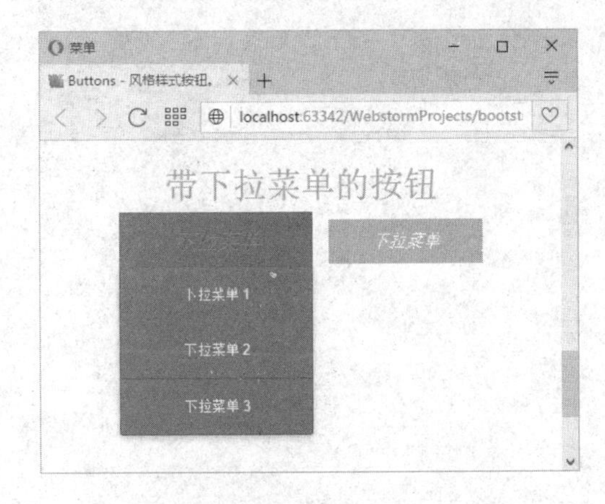

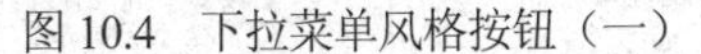

图 10.4　下拉菜单风格按钮（一）

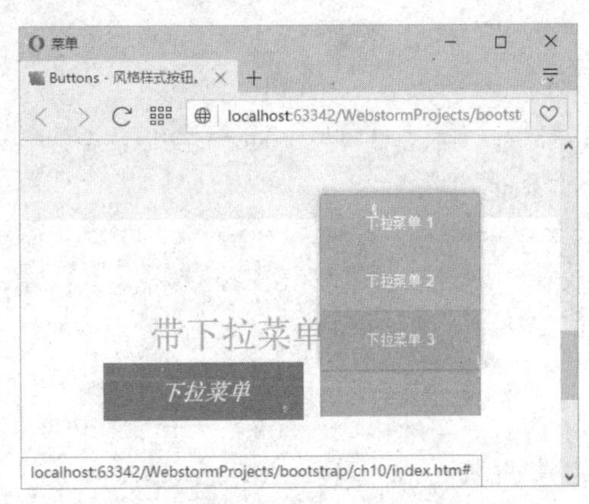

图 10.5　下拉菜单风格按钮（二）

10.5 按钮组风格

本节继续介绍设计按钮组风格的过程。下面是关于实现按钮组风格按钮的代码。

【代码 10-6】（详见源代码 ch10 目录中 index.html 文件）

```
01 <!-- GROUP BUTTONS -->
02 <section id="buttons-group" class="showcase showcase-content 
background-light">
03   <header class="l-center">
04     <h3 class="showcase-title">按钮组</h3>
05   </header>
06   <div class="showcase-examples l-center">
07     <div class="button-group">
08       <button type="button" class="button button-primary">Button 
1</button>
09       <button type="button" class="button button-primary">Button 
2</button>
10       <button type="button" class="button button-primary">Button 
3</button>
11     </div>
12     <div class="button-group">
13       <button type="button" class="button button-pill button-
action">Button 1</button>
14       <button type="button" class="button button-pill button-
action">Button 2</button>
15       <button type="button" class="button button-pill button-
action">Button 3</button>
16     </div>
17     <div class="button-group">
18       <button type="button" class="button button-royal button-
rounded button-raised">Button 1</button>
19       <button type="button" class="button button-royal button-
rounded button-raised">Button 2</button>
20       <button type="button" class="button button-royal button-
rounded button-raised">Button 3</button>
21     </div></div>
22 </section>
```

关于【代码 10-6】的分析如下：

第 07 行、第 12 行和第 17 行代码中，通过为 div 标签元素添加 class="button-group"样式来定义按钮组；在按钮组内，可以通过添加若干 button 按钮标签来组合成各种风格的按钮组；在这段代码中，一共定义了三个按钮组。

下面测试一下该页面，按钮组风格按钮的效果如图 10.6 所示。

图 10.6　按钮组

10.6 本章小结

本章主要介绍了应用 Bootstrap 框架设计风格按钮的方法，包括可定制的外形、尺寸和边框风格按钮、下拉菜单按钮和按钮组等内容，希望对读者有一定的帮助。

第 11 章

Bootstrap响应式表格设计

本章介绍基于 Bootstrap 框架的响应式表格设计。在 Bootstrap 框架中并没有提供完整的响应式表格功能，不过可以借助强大的、基于 JavaScript 的、完全开源的第三方表格插件，并基于 Bootstrap 框架良好的兼容性来整合这些第三方插件，最终设计出性能优越的响应式表格。

本章主要内容包括：

- 基本表格的设计
- 数组表格的设计
- Ajax 表格的设计

11.1 表格设计概述

首先，介绍一款开源的、基于 jQuery 框架的表格插件 —— DataTables，该插件功能强大，可以帮助开发者实现多种功能的表格。

DataTables 是一款基于 jQuery 框架的表格插件，是一款高度灵活的工具，可以为任何 HTML 表格添加高级的交互功能。下面是根据 DataTables 官网总结的、有关于 DataTables 插件的主要特点：

- 分页，即时搜索和排序。
- 几乎支持任何数据源：DOM，JavaScript，Ajax 和服务器处理。
- 支持多款主题样式，例如：DataTables、jQuery UI、Bootstrap 和 Foundation 等。
- 各式各样的扩展，例如 Editor、TableTools、FixedColumns 等。
- 丰富多样的 option 和强大的 API。
- 支持国际化。
- 支持免费开源（MIT license）。

为了实现基于 Bootstrap 框架的响应式图表的设计，引用了 Bootstrap 框架、jQuery 框架和 DataTables 插件所需要的脚本文件、样式文件和资源文件，并自定义了相关样式文件和资源文件。具体源代码目录如图 11.1 所示。

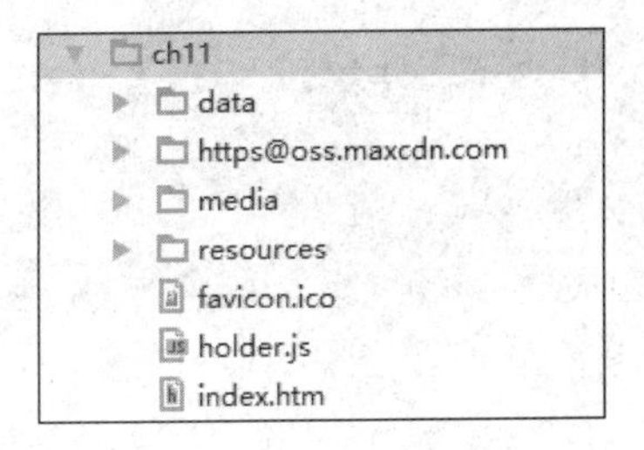

图 11.1　源代码目录

如图 11.1 所示，index.html 文件为响应式表格的页面，media 文件夹用于存放 Bootstrap 框架、jQuery 框架和 DataTables 插件的脚本文件，样式文件和字体样式文件；resource 文件夹用于存放自定义的样式文件；data 文件夹用于存放自定义的数据源文件。

下面是页面所引用的部分重要 css 样式文件的代码。

【代码 11-1】（详见源代码 ch11 目录中 index.html 文件）

```
01 <!-- Bootstrap core CSS -->
02 <link rel="stylesheet" type="text/css"
href="media/css/bootstrap.min.css">
03 <!-- DataTables core CSS -->
04 <link rel="stylesheet" type="text/css"
href="media/css/dataTables.bootstrap.css">
05 <!-- Custom styles for this template -->
06 <link rel="stylesheet" type="text/css"
href="resources/syntax/shCore.css">
07 <link rel="stylesheet" type="text/css" href="resources/demo.css">
```

下面是页面所引用的部分重要 js 脚本文件的代码。

【代码 11-2】（详见源代码 ch11 目录中 index.html 文件）

```
01 <!-- JAVASCRIPT INCLUDES -->
02 <!-- jQuery core JS -->
03 <script type="text/javascript" src="media/js/jquery.js"></script>
04 <!-- Bootstrap core JS -->
05 <script type="text/javascript"
src="media/js/dataTables.bootstrap.js"></script>
06 <!-- customer core JS -->
07 <!-- Just to make our placeholder images work. Don't actually copy
the next line! -->
08 <script src="assets/js/vendor/holder.min.js"></script>
09 <script type="text/javascript"
src="resources/syntax/shCore.js"></script>
```

```
10 <script type="text/javascript" src="resources/demo.js"></script>
11 <!-DataTables 源文件引入 -->
12 <script type="text/javascript"
src="media/js/jquery.dataTables.js"></script>
```

11.2 Bootstrap 基本表格

本节先介绍基于 DataTables 插件实现 Bootstrap 基本表格的设计过程，这种类型的表格数据是直接编写在 HTML 页面 table 表格元素中，因此也称为基本表格。下面是相关的 HTML 代码。

【代码 11-3】（详见源代码 ch11 目录中 index.html 文件）

```
01 <table id="id-bootstrap-table" class="table table-striped table-
bordered" cellspacing="0" width="100%">
02 <thead>
03     <tr>
04         <th>Name</th>
05             <th>Position</th>
06             <th>Office</th>
07             <th>Age</th>
08             <th>Start date</th>
09             <th>Salary</th>
10         </tr>
11     </thead>
12     <tfoot>
13         <tr>
14             <th>Name</th>
15             <th>Position</th>
16             <th>Office</th>
17             <th>Age</th>
18             <th>Start date</th>
19             <th>Salary</th>
20         </tr>
21     </tfoot>
22     <tbody>
23         <tr>
24             <td>Tiger Nixon</td>
25             <td>System Architect</td>
26             <td>Edinburgh</td>
```

```
27              <td>61</td>
28              <td>2011/04/25</td>
29              <td>$320,800</td>
30          </tr>
31          <tr>
32              // 省略部分表格数据
33          </tr>
34      </tbody>
35  </table>
```

关于【代码 11-3】的分析如下：

第 01～35 代码定义了一个 table 表格，且第 01 行代码定义了该表格的 id 属性值为"id-bootstrap-table"，该 id 值很关键，后面的代码中会用到。

下面是相关的 JS 脚本代码。

【代码 11-4】（详见源代码 ch11 目录中 index.html 文件）

```
01  <script type="text/javascript" class="init">
02  $(document).ready(function() {
03      $('#id-bootstrap-table').DataTable();
04  });
05  </script>
```

关于【代码 11-4】的分析如下：

第 03 行代码通过 DataTables 插件的 DataTable()方法，对【代码 11-3】中定义的 id 值为"id-bootstrap-table"的表格元素进行初始化操作；看起来使用 DataTables 插件构建表格的方法非常简单；另外，基于 DataTables 插件创建的表格默认带有分组排序、搜索和分页等功能。

下面测试一下该页面，Bootstrap 基本表格的效果如图 11.2 所示。

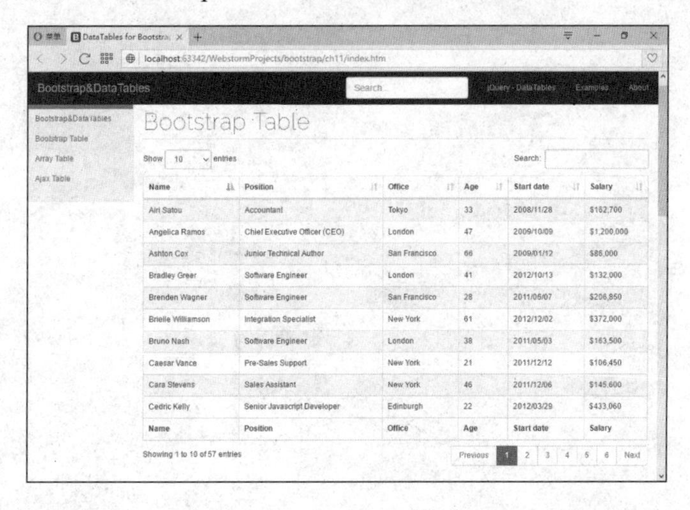

图 11.2 Bootstrap 基本表格

11.3 Bootstrap 数组表格

本节继续介绍基于 DataTables 插件实现 Bootstrap 数组表格的设计过程，这种类型的表格数据是通过 JavaScript 语言将已定义好的数组加载到 table 表格元素中去的，是一种动态加载表格数据的方式。下面是相关的 HTML 代码。

【代码 11-5】（详见源代码 ch11 目录中 index.html 文件）

```
01 <table
02 id="id-array-table"
03 class="table table-striped table-bordered"
04 cellspacing="0"
05 width="100%">
06 </table>
```

关于【代码 11-5】的分析如下：

第 01～06 行代码定义了一个 table 表格，且第 02 行代码定义了该表格的 id 属性值为"id-array-table"，该 id 值很关键，后面的代码中会用到。

下面是相关的 JS 脚本代码。

【代码 11-6】（详见源代码 ch11 目录中 index.html 文件）

```
01 <script type="text/javascript" class="init">
02 var dataSet = [
03     [ "Tiger Nixon", "System Architect", "Edinburgh", "5421",
"2011/04/25", "$320,800" ],
04     [ "Garrett Winters", "Accountant", "Tokyo", "8422",
"2011/07/25", "$170,750" ],
05     // 省略部分数据
06     [ "Unity Butler", "Marketing Designer", "San Francisco",
"5384", "2009/12/09", "$85,675" ]
07 ];
08 $('#id-array-table').DataTable( {
09     data: dataSet,
10     columns: [
11         { title: "Name" },
12         { title: "Position" },
13         { title: "Office" },
14         { title: "Extn." },
```

```
15            { title: "Start date" },
16            { title: "Salary" }
17        ]
18    });
19    </script>
```

关于【代码 11-6】的分析如下：

第 02～07 行代码定义了一个 JSON 数组，用于初始化表格数据。

第 08～18 行代码通过 DataTables 插件的 DataTable()方法、对【代码 11-5】中第 02 行代码定义的 id 值为"id-array-table"的表格元素进行初始化操作；其中，第 09 行代码通过 data 属性初始化表格数据（通过第 02 行代码定义的数组变量 dataSet 来实现）；第 10～17 行代码通过 columns 属性和 title 属性定义表头标题。

下面测试一下该页面，Bootstrap 数组表格的效果如图 11.3 所示。

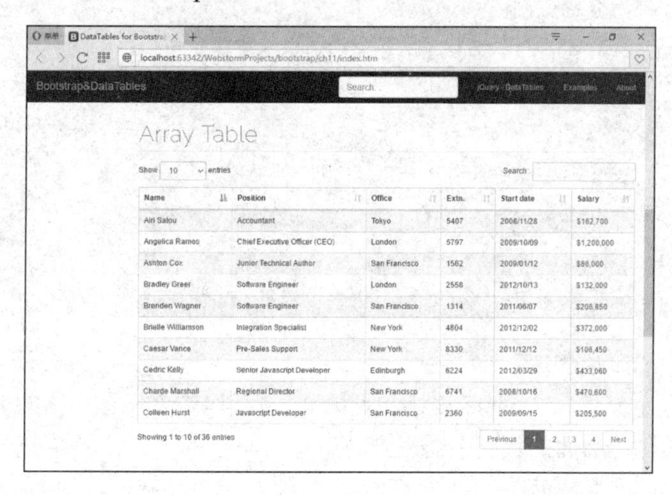

图 11.3　Bootstrap 数组表格

11.4 Bootstrap Ajax 表格

本节介绍基于 DataTables 插件实现 Bootstrap Ajax 表格的设计过程，这种类型的表格数据是通过 Ajax 方式将外部定义好的数据文件加载到 table 表格元素中去的，也是一种动态加载表格数据的方式。下面是相关的 HTML 代码。

【代码 11-7】（详见源代码 ch11 目录中 index.html 文件）

```
01  <table id="id-ajax-table" class="table table-striped table-bordered" cellspacing="0" width="100%">
02      <thead>
```

```
03        <tr>
04            <th>Name</th>
05            <th>Position</th>
06            <th>Office</th>
07            <th>Extn.</th>
08            <th>Start date</th>
09            <th>Salary</th>
10        </tr>
11    </thead>
12    <tfoot>
13        <tr>
14            <th>Name</th>
15            <th>Position</th>
16            <th>Office</th>
17            <th>Extn.</th>
18            <th>Start date</th>
19            <th>Salary</th>
20        </tr>
21    </tfoot>
22 </table>
```

关于【代码 11-7】的分析如下：

第 01～22 代码定义了一个 table 表格，且第 01 行代码定义了该表格的 id 属性值为"id-ajax-table"，该 id 值很关键，后面的代码中会用到。

下面是相关的 JS 脚本代码。

【代码 11-8】（详见源代码 ch11 目录中 index.html 文件）

```
01 <script type="text/javascript" class="init">
02 $(document).ready(function() {
03     $('#id-ajax-table').DataTable( {
04         "ajax": 'data/arrays.txt'
05     });
06 });
07 </script>
```

关于【代码 11-8】的分析如下：

第 03～05 行代码通过 DataTables 插件的 DataTable()方法、对【代码 11-7】中定义的 id 值为"id-ajax-table"的表格元素进行初始化操作；其中，第 04 行代码通过 ajax 属性异步加载外部表格数据文件（路径为'data/arrays.txt'）。

下面测试一下该页面，Bootstrap Ajax 表格的效果如图 11.4 所示。

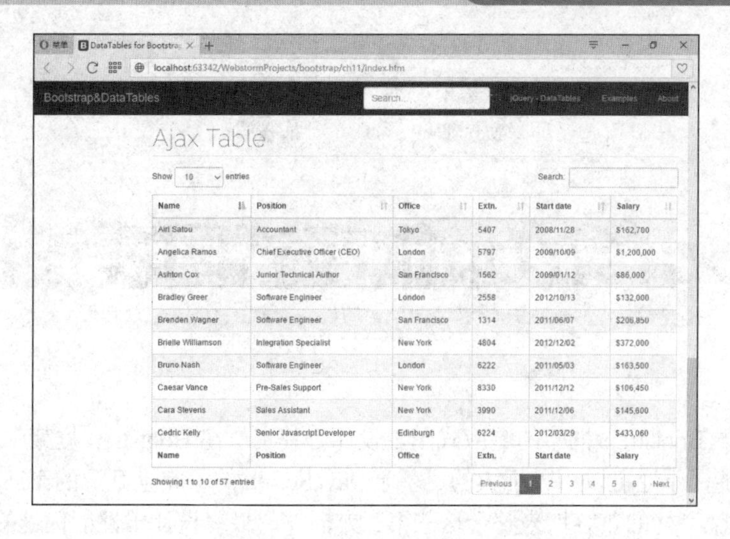

图 11.4　Bootstrap Ajax 表格

11.5 本章小结

本章主要介绍了应用 Bootstrap 框架和 DataTables 插件设计响应式表格的方法，包括基本表格、数组表格和 Ajax 表格等方面的内容，希望对读者有一定的帮助。

第 12 章

Bootstrap响应式图表设计

本章介绍基于 Bootstrap 框架的响应式图表设计。其实，在 Bootstrap 框架中并没有提供完整的响应式图表功能，不过可以引入强大的、基于 JavaScript 的、完全开源的第三方图表插件，并基于 Bootstrap 框架良好的兼容性来整合这些第三方插件，最终设计出性能优越的响应式图表。

本章主要内容包括：

- 柱状图图表的设计
- 折线图图表的设计
- 饼状图图表的设计

12.1 图表设计概述

首先，介绍一款开源的、基于 JavaScript 的图形图表插件 —— ECharts，该插件功能很强大，可以帮助开发者实现各种功能的图表。

ECharts 插件是一款基于 Canvas 的图表库，提供直观、生动、可交互、可个性化定制的数据可视化图表。ECharts 创新的拖拽重计算、数据视图、值域漫游等特性大大增强了用户体验，赋予了用户对数据进行挖掘、整合的能力。

ECharts 提供的图形图表包括：折线图（区域图）、柱状图（条状图）、散点图（气泡图）、饼状图（环形图）、K 线图、地图和弦图以及力导向布局图等，同时支持任意维度的堆积和多图表混合展现。在本章的应用中，选取其中比较基础的柱状图、折线图和饼状图来整合 Bootstrap 框架进行开发。

为了实现基于 Bootstrap 框架的响应式图表的设计，引用了 Bootstrap 框架、jQuery 框架和 ECharts 插件所需要的脚本文件、样式文件和资源文件，并自定义了相关样式文件和资源文件。具体源代码目录如图 12.1 所示。

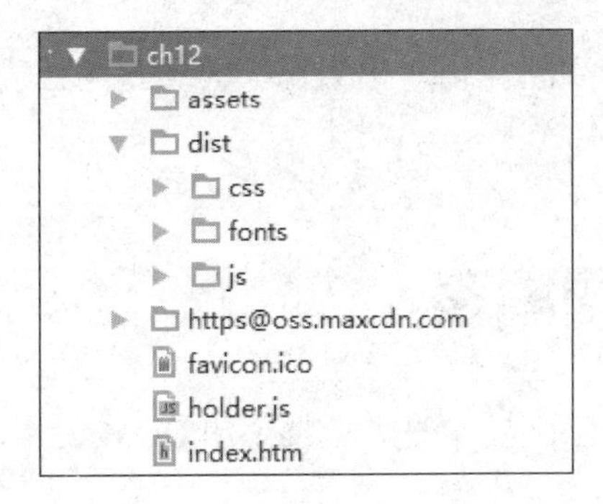

图 12.1　源代码目录

如图 12.1 所示，index.html 文件为响应式图表的页面，dist 文件夹用于存放 Bootstrap 框架、jQuery 框架和 ECharts 插件的脚本文件、样式文件和字体样式文件；assets 文件夹用于存放自定义的辅助脚本文件和样式文件。

下面是页面所引用的部分重要 css 样式文件的代码。

【代码 12-1】（详见源代码 ch12 目录中 index.html 文件）

```
01 <!-- Bootstrap core CSS -->
02 <link href="dist/css/bootstrap.min.css" rel="stylesheet">
03 <!-- IE10 viewport hack for Surface/desktop Windows 8 bug -->
04 <link href="assets/css/ie10-viewport-bug-workaround.css"
rel="stylesheet">
05 <!-- Custom styles for this template -->
06 <link href="dist/css/dashboard.css" rel="stylesheet">
```

下面是页面所引用的部分重要 js 脚本文件的代码。

【代码 12-2】（详见源代码 ch12 目录中 index.html 文件）

```
01 <!-- JAVASCRIPT INCLUDES -->
02 <!-- jQuery core JS -->
03 <script src="dist/js//jquery-1.11.3.js"></script>
04 <!-- Bootstrap core JS -->
05 <script src="dist/js/bootstrap.min.js"></script>
06 <!-- customer core JS -->
07 <!-- Just to make our placeholder images work. Don't actually copy
the next line! -->
08 <script src="assets/js/vendor/holder.min.js"></script>
09 <!-- IE10 viewport hack for Surface/desktop Windows 8 bug -->
10 <script src="assets/js/ie10-viewport-bug-workaround.js"></script>
11 <!–Echarts 源文件引入 -->
```

```
12 <script src="dist/js/echarts.js"></script>
```

12.2 柱状图图表

本节介绍柱状图图表的设计过程。首先，需要添加 DOM 元素，并且为该 DOM 元素添加宽高设定。下面是相关的代码。

【代码 12-3】（详见源代码 ch12 目录中 index.html 文件）

```
01 <div class="col-sm-9 col-sm-offset-3 col-md-10 col-md-offset-2
main">
02  <h1 class="page-header">Bootstrap 图表</h1>
03  <div id="id-echart-bar"
style="height:500px;width:650px;"></div><hr>
04  ......
05 </div>
```

关于【代码 12-3】的分析如下：

第 03 行代码通过 div 标签元素定义了一个 id 值为"id-echart-bar"的显示图表区域，同时定义了图表的高度和宽度样式（style="height:500px;width:650px;"）。

然后，继续添加关于 ECharts 插件所需的模块加载器的配置和所需图表的路径。

【代码 12-4】（相对路径为从当前页面链接到 echarts.js）

```
01 require.config({
02   paths: {
03     echarts: 'http://echarts.baidu.com/build/dist'
04   }
05 });
```

关于【代码 12-4】的分析如下：

这段代码主要通过 require.config()方法来配置加载器路径，而 paths 参数用于定义具体路径。

最后，定义 echarts 图表所需加载的数据，回调函数中可以初始化图表并驱动图表的生成。

【代码 12-5】

```
01 require(
02   [
03     'echarts',
```

```
04      'echarts/chart/bar'    // 使用柱状图需加载 bar 模块，此处可按需加载
05    ],
06    function (ec) {
07      // 基于准备好的 dom，初始化 echarts 图表
08      var barChart = ec.init(document.getElementById('id-echart-
bar'));
09      var barOption = {
10        title: {
11          text: 'ECharts 柱状图表示例'
12        },
13        tooltip: {
14          show: true
15        },
16        legend: {
17          data:['编程语言喜欢度百分比(%)']
18        },
19        xAxis: [
20          {
21            data :
["C&C++","Java","JavaScript","jQuery","Bootstrap","PHP"]
22          }
23        ],
24        yAxis: [
25          {
26            type : 'value',
27            axisLabel: {
28              formatter: '{value} %'
29            }
30          }
31        ],
32        series: [
33          {
34            "name":"喜欢度",
35            "type":"bar",
36            "data":[50, 70, 90, 60, 80, 65]
37          }
38        ]
39      };
40      // 为 echarts 对象加载数据
```

```
41      barChart.setOption(barOption);
42    }
43  )
```

关于【代码 12-5】的分析如下：

第 01～43 行代码通过 require()方法配置加载 ECharts 插件图表。

第 02～05 行代码用于加载柱状图所需的 bar 模块，此处可以根据需要加载指定的 ECharts 图表模块。

第 08 行代码用于获取【代码 12-3】中第 03 行代码定义的 DOM 元素对象，后续将在该元素内显示柱状图图表。

第 09～39 行代码用于初始化定义柱状图图表参数；其中，第 10～12 行代码通过 title 属性定义图表标题；第 13～15 行代码用于定义是否显示提示信息（"show: true"）；第 16～18 行代码通过 legend 属性定义图表副标题；第 19～23 行代码通过 xAxis 属性定义图表 X 方向坐标；第 24～31 行代码通过 yAxis 属性定义图表 Y 方向坐标；第 32～38 行代码通过 series 属性定义柱状图的初始化参数。

第 41 行代码通过 setOption()方法为 echarts 对象加载上面定义好的数据（通过第 09 行代码定义的 barOption 变量）。

下面测试一下该页面，柱状图图表的效果如图 12.2 所示。

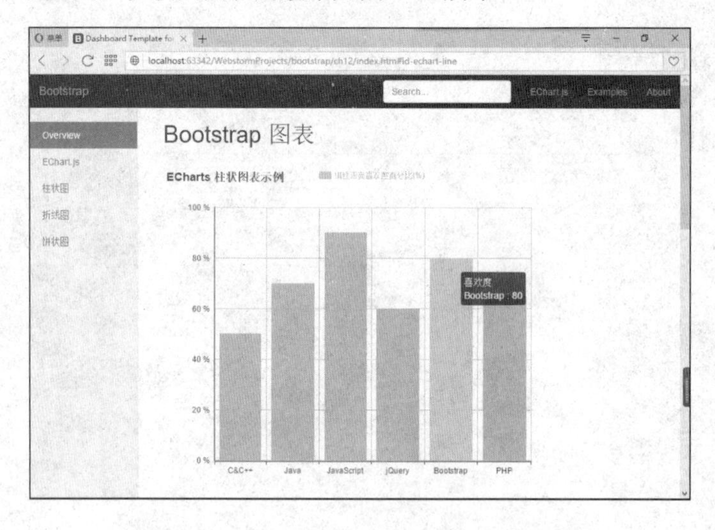

图 12.2　柱状图图表

12.3 折线图图表

本节介绍折线图图表的设计过程。首先，在页面需要添加图表的地方增加 DOM 元素，并且为该 DOM 元素添加宽高设定。下面是相关的代码。

【代码 12-6】（详见源代码 ch12 目录中 index.html 文件）

```
01  <div class="col-sm-9 col-sm-offset-3 col-md-10 col-md-offset-2
main">
02  <h1 class="page-header">Bootstrap 图表</h1>
03  ......
04  <div id="id-echart-line"
style="height:500px;width:650px;"></div><hr>
05  ......
06  </div>
```

关于【代码 12-6】的分析如下：

第 04 行代码通过 div 标签元素定义了一个 id 值为"id-echart-line"的显示图表区域，同时定义了图表的高度和宽度样式（style="height:500px;width:650px;"）。

然后，继续添加关于 ECharts 插件所需的模块加载器的配置和所需图表的路径。

【代码 12-7】（相对路径为从当前页面链接到 echarts.js）

```
01  require.config({
02    paths: {
03      echarts: 'http://echarts.baidu.com/build/dist'
04    }
05  });
```

关于【代码 12-7】的分析如下：

这段代码主要通过 require.config()方法来配置加载器路径，而 paths 参数用于定义具体路径。

最后，定义 echarts 图表所需加载的数据，回调函数中可以初始化图表并驱动图表的生成：

【代码 12-8】

```
01  require([
02    'echarts',
03    'echarts/chart/line' // 使用折线图需加载 line 模块，此处可按需加载
04    ],
05    var lineChart = ec.init(document.getElementById('id-echart-
line'));
06    var lineOption = {
07      title: {
08        text: '未来一周气温变化',
09        subtext: '虚构图表'
10      },
```

```
11      tooltip: {
12        trigger: 'axis'
13      },
14      legend: {
15        data: ['最高气温', '最低气温']
16      },
17      toolbox: {
18        show: true,
19        feature: {
20          mark: {
21            show: true
22          },
23          dataView: {
24            show: true,
25            readOnly: false
26          },
27          magicType: {
28            show: true,
29            type: ['line', 'bar']
30          },
31          restore: {
32            show: true
33          },
34          saveAsImage: {
35            show: true
36          }
37        }
38      },
39      calculable: true,
40      xAxis: [{
41        type: 'category',
42        boundaryGap: false,
43        data: ['周一', '周二', '周三', '周四', '周五', '周六', '周日']
44      }],
45      yAxis: [{
46        type: 'value',
47        axisLabel: {
48          formatter: '{value} °C'
49        }
```

```
50      }],
51      series: [{
52        name: '最高气温',
53        type: 'line',
54        data: [11, 11, 15, 13, 12, 13, 10],
55        markPoint: {
56          data: [{
57            type: 'max',
58            name: '最大值'
59          }, {
60            type: 'min',
61            name: '最小值'
62          }]
63        },
64        markLine: {
65          data: [{
66            type: 'average',
67            name: '平均值'
68          }]
69        }
70      }, {
71        name: '最低气温',
72        type: 'line',
73        data: [1, -2, 2, 5, 3, 2, 0],
74        markPoint: {
75          data: [{
76            name: '周最低',
77            value: -2,
78            xAxis: 1,
79            yAxis: -1.5
80          }]
81        },
82        markLine: {
83          data: [{
84            type: 'average',
85            name: '平均值'
86          }]
87        }
88      }]
```

```
89      };
90      // 为 echarts 对象加载数据
91      lineChart.setOption(lineOption);
92  )
```

关于【代码 12-8】的分析如下：

第 01～92 行代码通过 require()方法配置加载 ECharts 插件图表。

第 03 行代码用于加载折线图所需的 line 模块，此处可以根据需要加载指定的 ECharts 图表模块。

第 05 行代码用于获取【代码 12-6】中第 04 行代码定义的 DOM 元素对象，后续将在该元素内显示折线图图表。

第 07～89 行代码用于初始化定义折线图图表参数。

第 07～10 行代码通过 title 属性定义图表标题。

第 11～13 行代码用于定义是否显示提示信息（"show: true"）。

第 14～16 行代码通过 legend 属性定义图表副标题。

第 17～38 行代码通过 toolbox 属性定义图表工具箱（显示在图 12.3 的右上角）。

第 39 行代码通过 calculable 属性定义图表的可拖拽计算特性（calculable: true）。

第 40～44 行代码通过 xAxis 属性定义图表 X 方向坐标。

第 45～50 行代码通过 yAxis 属性定义图表 Y 方向坐标。

第 51～88 行代码通过 series 属性定义两条折线图（最高气温折线图和最低气温折线图）的初始化参数。

第 91 行代码通过 setOption()方法为 echarts 对象加载上面定义好的数据（通过第 06 行代码定义的 lineOption 变量）。

下面测试一下该页面，折线图图表的效果如图 12.3 所示。

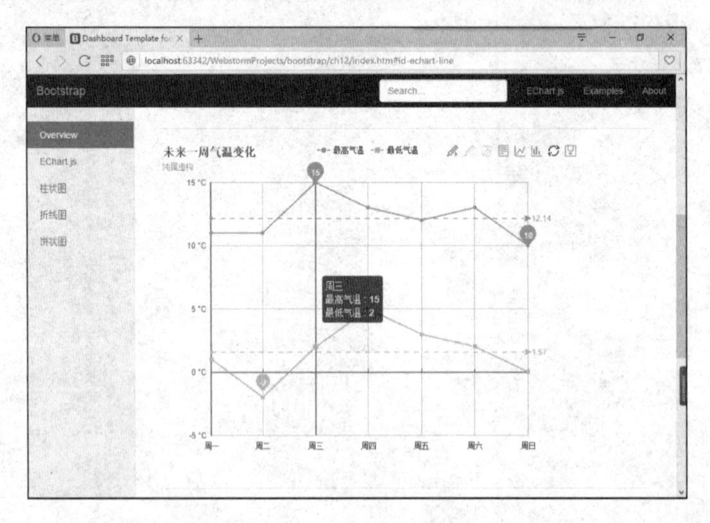

图 12.3　折线图图表

12.4 饼状图图表

本节介绍饼状图图表的设计过程。首先，在页面需要添加图表的地方增加 DOM 元素，并且为该 DOM 元素添加宽高设定。下面是相关的代码。

【代码 12-9】（详见源代码 ch12 目录中 index.html 文件）

```
01 <div class="col-sm-9 col-sm-offset-3 col-md-10 col-md-offset-2
main">
02 <h1 class="page-header">Bootstrap 图表</h1>
03 ......
04 <div id="id-echart-pie"
style="height:500px;width:650px;"></div><hr>
05 ......
06 </div>
```

关于【代码 12-9】的分析如下：

第 04 行代码通过 div 标签元素定义了一个 id 值为"id-echart-pie"的显示图表区域，同时定义了图表的高度和宽度样式（style="height:500px;width:650px;"）。

然后，继续添加关于 ECharts 插件所需的模块加载器的配置和所需图表的路径。

【代码 12-10】（相对路径为从当前页面链接到 echarts.js）

```
01 require.config({
02   paths: {
03     echarts: 'http://echarts.baidu.com/build/dist'
04   }
05 });
```

关于【代码 12-10】的分析如下：

这段代码主要通过 require.config()方法来配置加载器路径，而 paths 参数用于定义具体路径。

最后，定义 echarts 图表所需加载的数据，回调函数中可以初始化图表并驱动图表的生成：

【代码 12-11】

```
01 require(
02   [
03     'echarts',
04     'echarts/chart/pie' // 使用饼状图需加载 pie 模块，此处可按需加载
05   ],
06   var pieChart = ec.init(document.getElementById('id-echart-pie'));
07   var pieOption = {
08     title: {
09       text: '家庭支出',
```

```
10        subtext: '虚构图表',
11        x: 'center'
12      },
13      tooltip: {
14        trigger: 'item',
15        formatter: "{a} <br/>{b} : {c} ({d}%)"
16      },
17      legend: {
18        orient: 'vertical',
19        x: 'left',
20        data: ['日常开支', '投资理财', '奢侈消费', '子女教育', '家庭备用金']
21      },
22      toolbox: {
23        show: true,
24        feature: {
25          mark: {
26            show: true
27          },
28          dataView: {
29            show: true,
30            readOnly: false
31          },
32          magicType: {
33            show: true,
34            type: ['pie', 'funnel'],
35            option: {
36              funnel: {
37                x: '25%',
38                width: '50%',
39                funnelAlign: 'left',
40                max: 1548
41              }
42            }
43          },
44          restore: {
45            show: true
46          },
47          saveAsImage: {
48            show: true
49          }
50        }
51      },
52      calculable: true,
```

```
53      series: [{
54        name: '支出类型',
55        type: 'pie',
56        radius: '55%',
57        center: ['50%', '60%'],
58        data: [{
59          value: 3000,
60          name: '日常开支'
61        }, {
62          value: 3200,
63          name: '投资理财'
64        }, {
65          value: 1000,
66          name: '奢侈消费'
67        }, {
68          value: 1600,
69          name: '子女教育'
70        }, {
71          value: 1600,
72          name: '家庭备用金'
73        }]
74      }]
75    };
76    // 为 echarts 对象加载数据
77    pieChart.setOption(pieOption);
78  )
```

关于【代码 12-11】的分析如下：

第 01～78 行代码通过 require()方法配置加载 ECharts 插件图表。

第 04 行代码用于加载饼状图所需的 pie 模块，此处可以根据需要加载指定的 ECharts 图表模块。

第 06 行代码用于获取【代码 12-9】中第 04 行代码定义的 DOM 元素对象，后续将在该元素内显示饼状图图表。

第 07～75 行代码用于初始化定义饼状图图表参数。

第 08～12 行代码通过 title 属性定义图表标题。

第 13～16 行代码用于定义是否显示提示信息（"show: true"），第 15 行代码通过 formatter 属性定义格式化参数。

第 17～21 行代码通过 legend 属性定义图表副标题。

第 22～51 行代码通过 toolbox 属性定义图表工具箱（显示在图 12.4 的右上角）。

第 52 行代码通过 calculable 属性定义图表的可拖拽计算特性（calculable: true）。

第 53～74 行代码通过 series 属性定义饼状图的初始化参数。

第 77 行代码通过 setOption()方法为 echarts 对象加载上面定义好的数据（通过第 07 行代码

定义的 pieOption 变量）。

下面测试一下该页面，饼状图图表的效果如图 12.4 所示。

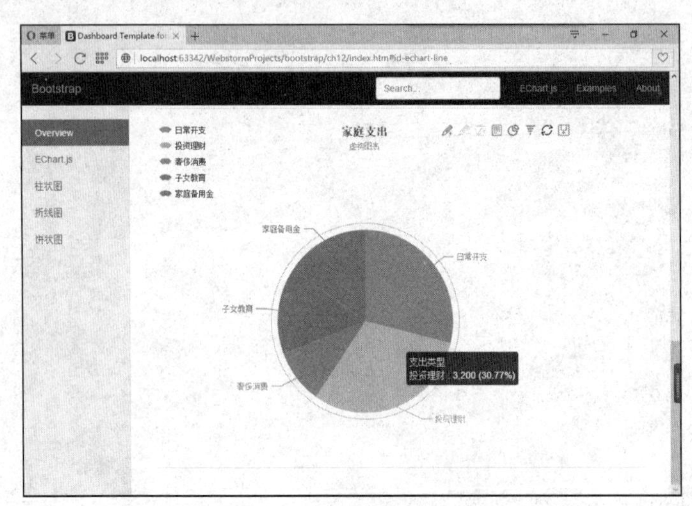

图 12.4　饼状图图表

12.5 本章小结

本章主要介绍了应用 Bootstrap 框架和 ECharts 插件设计响应式图表的方法，主要包括柱状图图表、折线图图表和饼状图图表等方面的内容，希望对读者有一定的帮助。

第 13 章

◂ jQuery UI Bootstrap工具 ▸

这一章介绍一个基于 Bootstrap 框架风格构建的 jQuery UI 工具 —— jQuery UI Bootstrap。众所周知，jQuery 框架在目前是非常流行的一款 JavaScript 脚本语言工具库，而 jQuery UI 完全基于 jQuery 框架构建的 UI 工具，在业内也是很受青睐。在本章中所介绍的 jQuery UI Bootstrap 工具，是一款将 Bootstrap 框架特性完美融入 jQuery UI 的前端工具。

本章主要内容包括：

- 了解 jQuery UI Bootstrap 工具的基本知识
- jQuery UI Bootstrap 工具的按钮（Button）控件
- jQuery UI Bootstrap 工具的折叠面板、对话框
- jQuery UI Bootstrap 工具的标签页、Silder 滑块
- jQuery UI Bootstrap 工具的 Overlay 与 Shadow
- jQuery UI Bootstrap 工具的 Highlight 与 Error
- jQuery UI Bootstrap 工具的 Datepicker 日期选择器
- jQuery UI Bootstrap 工具的 Autocomplete 自动完成功能
- jQuery UI Bootstrap 工具的 Menu、Tooltip

13.1 jQuery UI Bootstrap 工具概述

本节先介绍有关于 jQuery UI Bootstrap 工具的基本知识，包括 jQuery UI 工具、Bootstrap 框架及整合等方面的内容。

13.1.1 jQuery UI 工具

jQuery UI 是完全基于 jQuery 框架所构建的一款集成用户界面、交互操作、风格特效及页面主题的工具，也有人称为小部件（Widget）。使用 jQuery UI 非常简单，设计人员仅仅需要将单个控件添加到 Web 应用页面中去即可，具有很强的性能优势。

jQuery UI 工具中包含了很多小部件（Widget），基本涵盖了前端设计的方方面面，且每种小部件基本使用相同的模式进行使用，这一点与其他 jQuery 插件又略有不同。所以，设计人员

学会了其中的一种或几种，就可以掌握 jQuery UI 工具的使用方法。

13.1.2 jQuery UI Bootstrap 工具

jQuery UI Bootstrap 是一款将 jQuery UI 工具与 Bootstrap 框架进行了完美整合的前端工具，兼具了 jQuery 插件与 CSS 框架的特点。具体说，就是 jQuery UI Bootstrap 工具不但可以利用 jQuery UI 强大的控件库，还可以展现 Bootstrap 框架自然独特的主题风格。所以，jQuery UI Bootstrap 工具越来越被业内设计人员所重视。

下面，简单总结一下 jQuery UI Bootstrap 工具的主要特点：

- 基于 jQuery UI 工具构建，因此控件功能很强大、很完善，基本可以使用全部的 jQuery UI 控件。
- 基于 Bootstrap 框架设计，使得全部控件具有统一的、清新自然的风格外观。
- jQuery UI Bootstrap 工具同样也是开源免费的，下载使用非常方便。

鉴于以上 jQuery UI Bootstrap 工具的特点，读者是不是很想见识一下 jQuery UI Bootstrap 工具的庐山真面目呢？下面我们开始进入主题。

13.1.3 jQuery UI Bootstrap 应用

使用 jQuery UI Bootstrap 工具需要引入相关的库文件，包括 Bootstrap 框架和 jQuery 框架所需要的脚本文件、样式文件和资源文件，及一些相应的自定义文件。本章所创建应用的源代码目录如图 13.1 所示。

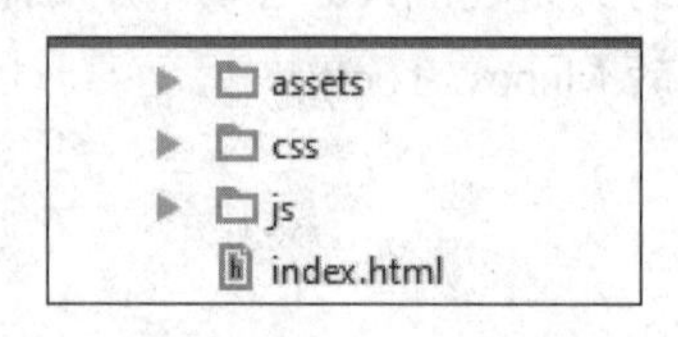

图 13.1 源代码目录

如图 13.1 所示，index.html 文件为应用主页，css 文件夹用于存放样式文件，js 文件夹用于存放脚本文件，自定义样式、脚本及资源文件存放于 assets 文件夹内。

下面是页面所引用的几个重要 css 样式文件的代码。

【代码 13-1】（详见源代码 ch13 目录中 index.html 文件）

```
01 <!-- CSS styles -->
02 <link href="assets/css/bootstrap.min.css" rel="stylesheet">
03 <link type="text/css" href="css/custom-theme/jquery-ui-
1.10.0.custom.css" rel="stylesheet" />
04 <link type="text/css" href="assets/css/font-awesome.min.css"
```

```
rel="stylesheet" />
    05 <!--[if IE 7]>
    06 <link rel="stylesheet" href="assets/css/font-awesome-ie7.min.css">
    07 <![endif]-->
    08 <!--[if lt IE 9]>
    09 <link rel="stylesheet" type="text/css" href="css/custom-
theme/jquery.ui.1.10.0.ie.css"/>
    10 <![endif]-->
    11 <link href="assets/css/docs.css" rel="stylesheet">
```

从以上代码可以看到，样式文件主要包括 Bootstrap 框架的库文件、字体文件和自定义文件。

下面是页面所引用的几个重要 js 脚本文件的代码。

【代码 13-2】（详见源代码 ch13 目录中 index.html 文件）

```
    01 <!-- jQuery Core -->
    02 <script src="assets/js/jquery-1.9.0.min.js"
type="text/javascript"></script>
    03 <script src="assets/js/jquery-ui-1.10.0.custom.min.js"
type="text/javascript"></script>
    04 <!-- Bootstrap -->
    05 <script src="assets/js/bootstrap.min.js"
type="text/javascript"></script>
    06 <!-- Default JS -->
    07 <script src="assets/js/google-code-prettify/prettify.js"
type="text/javascript"></script>
    08 <script src="assets/js/docs.js" type="text/javascript"></script>
    09 <script src="js/index.js" type="text/javascript"></script>
```

从以上代码可以看到，脚本文件主要包括 jQuery 框架和 Bootstrap 框架的库文件，以及自定义文件。

13.2 按钮（Button）

这一节我们介绍 jQuery UI Bootstrap 工具的按钮（Button）控件，具体包括基本样式、Set 样式和工具条样式。

13.2.1 基本样式按钮

先介绍基本样式按钮（Button Default），这种类型的按钮基本继承了 Bootstrap 框架的风格，下面看一下代码示例。

【代码 13-3】（详见源代码 ch13 目录中 index.html 文件）

```
01  <h4>默认风格按钮（Button Default）</h4></br>
02  <p>
03  <button>Default 样式</button>
04  </br></br></br>
05  <button class="ui-button-primary">Primary 样式</button>
06  <button class="ui-button-success">Success 样式</button>
07  <button class="ui-button-error">Error 样式</button>
08  <a class="button">Anchor 样式</a>
09  <input type="submit" class="button" value="Submit 样式"/>
10  </p>
```

关于【代码 13-3】的分析如下：

第 03 行代码通过 button 标签定义了一个基本样式按钮。

第 05 行代码通过为 button 标签添加.ui-button-primary 类，定义了一个 Primary 样式的按钮。

第 06 行代码通过为 button 标签添加.ui-button-success 类，定义了一个 Success 样式的按钮。

第 07 行代码通过为 button 标签添加.ui-button-error 类，定义了一个 Error 样式的按钮。

第 08 行代码通过为 a 标签添加.button 类，定义了一个超链接（Anchor）样式的按钮。

第 09 行代码通过为 input 标签添加 type="submit"属性以及.button 类，定义了一个提交（Submi）样式的按钮。

【代码 13-3】是页面代码部分，下面还需要编写相应的脚本代码。

【代码 13-4】（详见源代码 ch13 目录中 js/index.js 文件）

```
01  // Buttons
02  $('button').button();
03  // Anchors, Submit
04  $('.button').button();
```

关于【代码 13-4】的分析如下：

第 02 行代码通过对全部 button 标签应用 button()方法，来定义【代码 13-3】中第 03 行以及第 05～07 行代码所定义的按钮。

第 03 行代码通过对定义了.button 类的标签应用 button()方法，来定义【代码 13-3】中第 08 行和第 09 行代码所定义的按钮。

【代码 13-3】所定义的页面效果如图 13.2 所示。

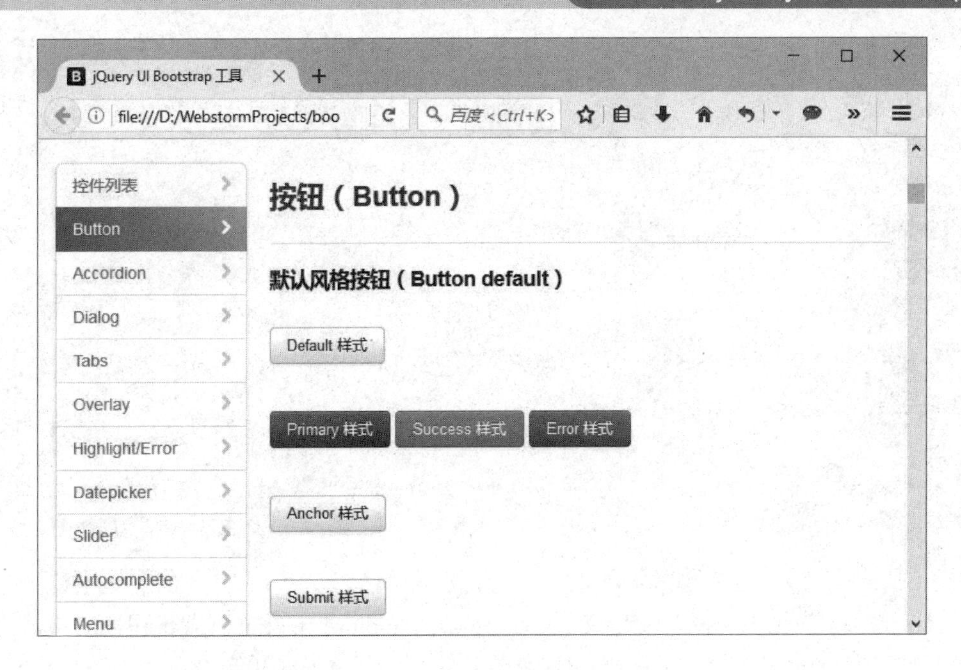

图 13.2 基本样式按钮

13.2.2 Set 样式按钮

接着介绍 Set 样式按钮（Button Set），这种类型的按钮类似于单选 Radio 和复选 CheckBox，下面看一下代码示例。

【代码 13-5】（详见源代码 ch13 目录中 index.html 文件）

```
01 <h4>Set 风格按钮（Button Set）</h4></br>
02 <p>
03 <form>
04 <div id="radioset">
05 <input type="radio" id="radio1" name="radio" /><label
for="radio1">Radio 1</label>
06 <input type="radio" id="radio2" name="radio" checked="checked"
/><label for="radio2">Radio 2</label>
07 <input type="radio" id="radio3" name="radio" /><label
for="radio3">Radio 3</label>
08 </div>
09 </br></br></br>
10 <div id="format">
11 <input type="checkbox" id="check1" /><label for="check1">B</label>
12 <input type="checkbox" id="check2" /><label for="check2">I</label>
```

```
13 <input type="checkbox" id="check3" /><label for="check3">U</label>
14 </div>
15 </br></br></br>
16 <div id="size">
17 <input type="radio" id="size1" /><label for="size1">small</label>
18 <input type="radio" id="size2" checked="checked" /><label
for="size2">medium</label>
19 <input type="radio" id="size3" /><label for="size3">large</label>
20 </div>
21 </br></br></br>
22 </form>
23 </p>
```

关于【代码 13-5】的分析如下：

第 04～08 行代码通过 div 标签定义了一组 id 值为"radioset"的 Set 样式按钮；其中，第 05～07 行代码通过为 input 标签添加 type="radio"属性定义了一组共三个单选按钮。

第 10～14 行代码通过 div 标签定义了一组 id 值为"format"的 Set 样式按钮；其中，第 11～13 行代码通过为 input 标签添加 type="checkbox"属性定义了一组共三个复选按钮。

第 16～20 行代码通过 div 标签定义了一组 id 值为"size"的 Set 样式按钮；其中，第 17～19 行代码通过为 input 标签添加 type="radio"属性定义了一组共三个单选按钮。

【代码 13-5】是页面代码部分，下面还需要编写相应的脚本代码。

【代码 13-6】（详见源代码 ch13 目录中 js/index.js 文件）

```
01 // Buttonset
02 $('#radioset').buttonset();
03 $("#format").buttonset();
04 $("#size").buttonset();
```

关于【代码 13-6】的分析如下：

第 02 行代码通过对 id 值为"radioset"的标签应用 buttonset()方法，来定义【代码 13-5】中第 04～08 行代码所定义的按钮。

第 03 行代码通过对 id 值为"format"的标签应用 buttonset()方法，来定义【代码 13-5】中第 10～14 行代码所定义的按钮。

第 04 行代码通过对 id 值为"size"的标签应用 buttonset()方法，来定义【代码 13-5】中第 16～20 行代码所定义的按钮。

【代码 13-5】所定义的页面效果如图 13.3 所示。

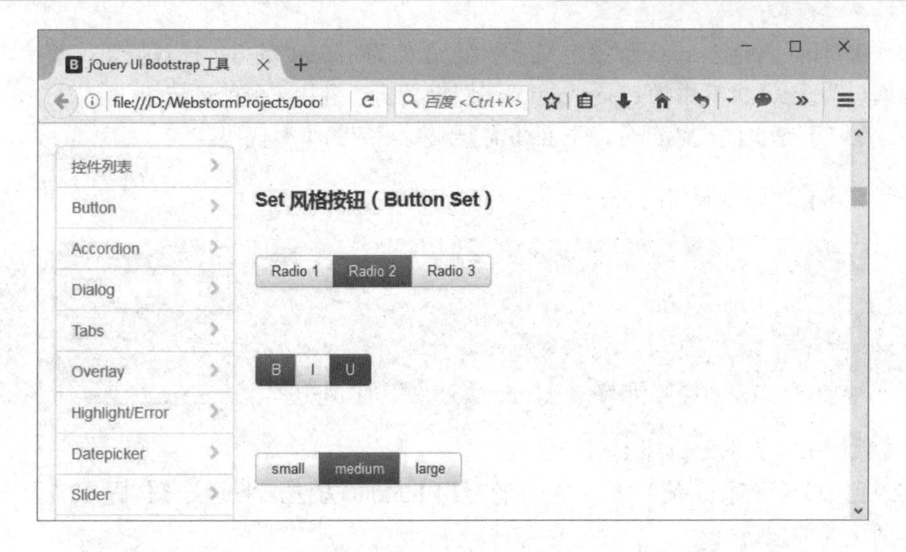

图 13.3　Set 样式按钮

13.2.3　工具条样式按钮

工具条样式按钮（Toolbar Button）类似于传统的工具条 Toolbar，下面看一下代码示例。

【代码 13-7】（详见源代码 ch13 目录中 index.html 文件）

```
01 <h4>Simple toolbar</h4>
02 <div id="play" class="span4 ui-toolbar ui-widget-header ui-corner-all">
03     <input type="checkbox" id="shuffle" /><label for="shuffle">菜单</label>
04     <span id="repeat">
05         <input type="radio" id="repeat0" name="repeat" checked="checked" /><label for="repeat0">不循环</label>
06         <input type="radio" id="repeat1" name="repeat" /><label for="repeat1">播放</label>
07         <input type="radio" id="repeatall" name="repeat" /><label for="repeatall">全部</label>
08     </span>
09 </div>
```

关于【代码 13-7】的分析如下：

第 02～09 行代码通过 div 标签定义了一组 id 值为"play"的工具条样式按钮。

第 03 行代码通过添加 type="checkbox"属性为 input 标签定义了一个 id 值为"shuffle"的 Set 样式按钮。

第 04～08 行代码通过 span 标签定义了一组 id 值为"repeat"的 Set 样式按钮；其中，第 05～07 行代码通过为 input 标签添加 type="radio"属性定义了一组共三个单选按钮。

【代码 13-7】是页面代码部分，下面还需要编写相应的脚本代码。

【代码 13-8】（详见源代码 ch13 目录中 js/index.js 文件）

```
01  //Toolbar
02  $('#play').button();
03  $('#shuffle').button();
04  $('#repeat').buttonset();
```

关于【代码 13-8】的分析如下：

第 02 行代码通过对 id 值为"play"的标签应用 button()方法，来定义【代码 13-7】中第 02～09 行代码所定义的按钮。

第 03 行代码通过对 id 值为"shuffle"的标签应用 button()方法，来定义【代码 13-7】中第 03 行代码所定义的按钮。

第 04 行代码通过对 id 值为"repeat"的标签应用 buttonset()方法，来定义【代码 13-5】中第 04～08 行代码所定义的按钮。

【代码 13-7】所定义的页面效果如图 13.4 所示。

图 13.4　工具条样式按钮

13.3 折叠面板（Accordion）

本节我们介绍 jQuery UI Bootstrap 工具的折叠面板，在 jQuery UI 工具和 Bootstrap 框架中均有折叠插件的实现，jQuery UI Bootstrap 工具的折叠面板控件集成了二者的性能特点与使用方法，简单高效。

下面是一个 jQuery UI Bootstrap 工具折叠面板控件的代码设计（详见源代码 ch13 目录中 index.html 文件）：

【代码 13-9】

```
01 <div class="page-header">
02     <h1>折叠面板（Accordion）</h1>
03 </div>
04 <div id="menu-collapse">
05     <div>
06         <h3><a href="#">新闻</a></h3>
07         <div>
08             jQuery UI Bootstrap 是目前非常流行的一款前端框架工具.<br>
09             jQuery UI Bootstrap 是目前非常流行的一款前端框架工具.<br>
10             jQuery UI Bootstrap 是目前非常流行的一款前端框架工具.<br>
11         </div>
12     </div>
13     <div>
14         <h3><a href="#">公告</a></h3>
15         <div>
16             jQuery UI Bootstrap 是目前非常流行的一款前端框架工具.<br>
17             jQuery UI Bootstrap 是目前非常流行的一款前端框架工具.<br>
18             jQuery UI Bootstrap 是目前非常流行的一款前端框架工具.<br>
19         </div>
20     </div>
21     <div>
22         <h3><a href="#">通知</a></h3>
23         <div>
24             jQuery UI Bootstrap 是目前非常流行的一款前端框架工具.<br>
25             jQuery UI Bootstrap 是目前非常流行的一款前端框架工具.<br>
26             jQuery UI Bootstrap 是目前非常流行的一款前端框架工具.<br>
27         </div>
28     </div>
29 </div>
```

关于【代码 13-9】的分析如下：

第 04～29 行代码通过 div 标签定义了一组折叠面板。

第 05～12 行代码、第 13～20 行代码和第 21～28 行代码定义了一组共计 3 个折叠面板页面；其中，第 06 行代码、第 14 行代码和第 22 行代码分别定义了折叠面板的头部，用户可以通过点击头部实现“展开/收起”面板主体的操作；第 07～11 行代码、第 15～19 行代码和第 23～27 行代码分别定义了折叠面板的主体。

【代码 13-9】是页面代码部分，下面我们还需要编写相应的脚本代码。

【代码 13-10】（详见源代码 ch13 目录中 js/index.js 文件）

```
01  // Accordion
02  $("#accordion").accordion({
03      header: "h3"
04  });
```

关于【代码 13-10】的分析如下：

第 02～04 行代码通过对 id 值为"menu-collapse"的标签应用 accordion()方法，来定义【代码 13-9】中第 04～29 行代码所定义的折叠面板。

第 03 行代码通过 header 属性定义了折叠面板的头部标签为 h3。

【代码 13-9】页面初始效果如图 13.5 所示，注意到页面一共包括一组共三个折叠面板，默认打开的是“新闻”面板。

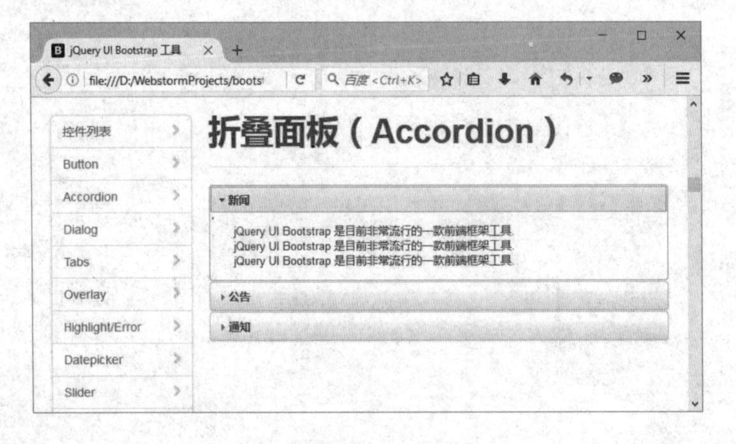

图 13.5　折叠面板（一）

可以继续点击“公告”折叠面板头部，面板“展开/收起”的效果如图 13.6 所示。

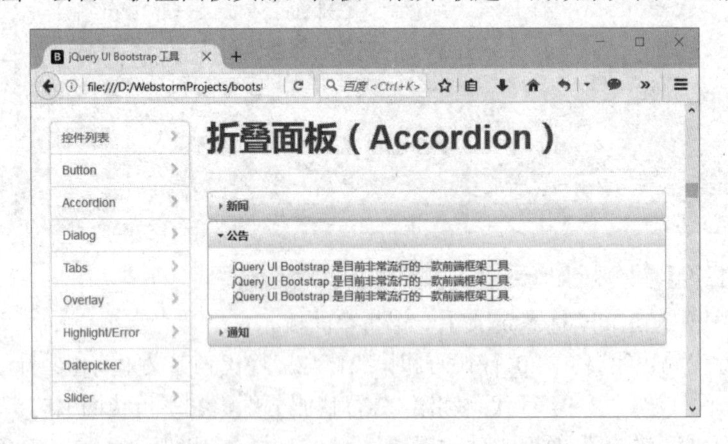

图 13.6　折叠面板（二）

再继续点击“通知”折叠面板头部，面板“展开/收起”的效果如图 13.7 所示。

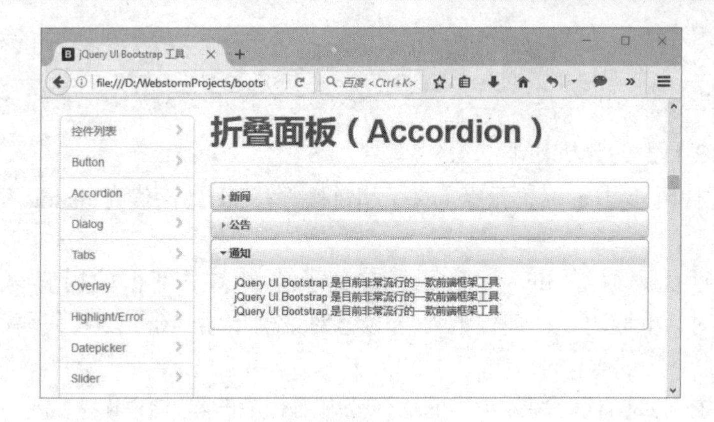

图 13.7 折叠面板（三）

13.4 对话框（Dialog）

本节我们介绍 jQuery UI Bootstrap 工具的对话框。jQuery UI Bootstrap 工具提供的对话框与桌面应用的对话框类似，也分模态对话框与非模态对话框。

13.4.1 非模态对话框

jQuery UI Bootstrap 工具中的非模态对话框使用起来很简单，下面先看一段使用非模态对话框的代码示例。

下面是一个 jQuery UI Bootstrap 工具非模态对话框的代码设计。

【代码 13-11】（详见源代码 ch13 目录中 index.html 文件）

```
01 <!-- open dialog -->
02 <p class="dialog-button">
03     <a href="#" id="dialog_link" class="ui-state-default ui-
corner-all">
04         <span class="ui-icon ui-icon-newwin"></span>
05         Open Dialog<!-- ui-dialog -->（打开非模态对话框）
06     </a>
07 </p>
08 <!-- ui-dialog -->
09 <div id="dialog_simple" title="非模态对话框">
10     <p>这是一个非模态对话框,也可以称为普通对话框.</p>
11     <p>这类对话框打开后<b>不独占用户屏幕</b>.</p>
```

```
12        <p>这是与模态对话框的重要区别.</p>
13 </div>
```

关于【代码 13-11】的分析如下：

第 03～06 行代码通过 a 标签元素定义了超链接，其 id 属性值为"dialog_link"，用于打开非模态对话框。

第 09～13 行代码通过 div 标签元素定义了非模态对话框的内容，其 id 属性值为"dialog_simple"，对话框标题 title 属性值为"非模态对话框"；第 10～12 行代码定义了对话框中的文本内容。

【代码 13-11】是页面代码部分，下面还需要编写相应的脚本代码。

【代码 13-12】（详见源代码 ch13 目录中 js/index.js 文件）

```
01 // Dialog Link
02 $('#dialog_link').click(function () {
03     $('#dialog_simple').dialog('open');
04     return false;
05 });
06 // Dialog Simple
07 $('#dialog_simple').dialog({
08     autoOpen: false,
09     width: 350,
10     buttons: {
11         "Ok": function () {
12             $(this).dialog("close");
13         },
14         "Cancel": function () {
15             $(this).dialog("close");
16         }
17     }
18 });
```

关于【代码 13-12】的分析如下：

第 02～05 行代码为【代码 13-11】中第 03～06 行代码定义的超链接标签定义了“click”鼠标点击事件；其中，第 03 行代码通过 dialog()方法为【代码 13-11】中第 09～13 行代码定义的非模态对话框（id 属性值为'dialog_simple'）定义了对话框打开事件（事件名称为'open'）。

第 07～18 行代码为非模态对话框（id 属性值为'dialog_simple'）定义了对话框内容；第 08 行代码定义了 autoOpen 属性值为 false，表示对话框不是自动打开的；第 09 行代码定义了宽度 width 属性值为 350；第 10～17 行代码定义了对话框的"Ok"与"Cancel"按钮，且第 12 行与第 15 行代码，均通过 dialog("close")方法定义了关闭对话框事件。

【代码 13-11】页面打开后的效果如图 13.8 所示。

图 13.8 非模态对话框（一）

然后，点击页面中的“Open Dialog（打开非模态对话框）”按钮，对话框打开后效果如图 13.9 所示。

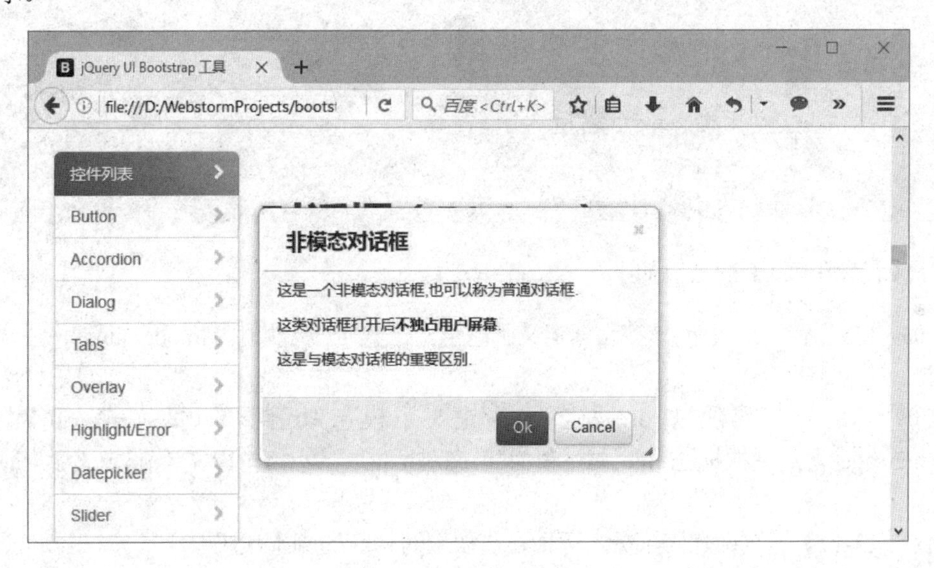

图 13.9 非模态对话框（二）

13.4.2 模态对话框

jQuery UI Bootstrap 工具中模态对话框的使用相较于非模态对话框的使用稍微有点复杂，下面看一段使用模态对话框的代码示例。

下面是一个 jQuery UI Bootstrap 工具模态对话框的代码设计。

【代码 13-13】（详见源代码 ch13 目录中 index.html 文件）

```
01  <!-- open model dialog -->
02  <p class="dialog-button">
03      <a href="#" id="modal_link" class="ui-state-default ui-corner-
all">
04          <span class="ui-icon ui-icon-newwin"></span>
05          Open Modal Dialog（打开模态对话框）
06      </a>
07  </p>
08  <!-- model dialog -->
09  <div id="dialog-message" title="模态对话框">
10      <p>
11          <span class="ui-icon ui-icon-circle-check" style=""></span>
12          这是一个模态对话框.
13      </p>
14      <p>
15          这类对话框打开后<b>独占用户屏幕</b>.
16      </p>
17      <p>这是与非模态对话框的重要区别.</p>
18  </div>
19  <!--end static dialog-->
```

关于【代码 13-13】的分析如下：

第 03～07 行代码通过 a 标签元素定义了超链接，其 id 属性值为"modal_link"，用于打开模态对话框。

第 09～18 行代码通过 div 标签元素定义了模态对话框的内容，其 id 属性值为"dialog_message"，对话框标题 title 属性值为"模态对话框"；第 10～17 行代码定义了对话框中的文本内容。

【代码 13-13】是页面代码部分，下面还需要编写相应的脚本代码。

【代码 13-14】（详见源代码 ch13 目录中 js/index.js 文件）

```
01  // Modal Link
02  $('#modal_link').click(function () {
03      $('#dialog-message').dialog('open');
04      return false;
05  });
06  // Modal Dialogs
07  $("#dialog-message").dialog({
```

```
08      autoOpen: false,
09      modal: true,
10      buttons: {
11          Ok: function () {
12              $(this).dialog("close");
13          }
14      }
15  });
```

关于【代码 13-14】的分析如下：

第 02～05 行代码为【代码 13-13】中第 03～06 行代码定义的超链接标签定义了“click”鼠标点击事件；其中，第 03 行代码通过 dialog()方法为【代码 13-13】中第 09～17 行代码定义的模态对话框（id 属性值为'dialog_message'）定义了对话框打开事件（事件名称为'open'）。

第 07～15 行代码为模态对话框（id 属性值为'dialog_message'）定义了对话框内容；第 08 行代码定义了 autoOpen 属性值为 false，表示对话框不是自动打开的；第 09 行代码定义的属性“modal: true”表示该对话框为模态对话框；第 10～14 行代码定义了对话框的"Ok"按钮，且第 12 行代码通过 dialog("close")方法定义了关闭对话框事件。

【代码 13-13】页面打开后的效果如图 13.10 所示。

图 13.10 模态对话框（一）

然后，点击页面中的“Open Model Dialog（打开模态对话框）”按钮，对话框打开后效果如图 13.11 所示。

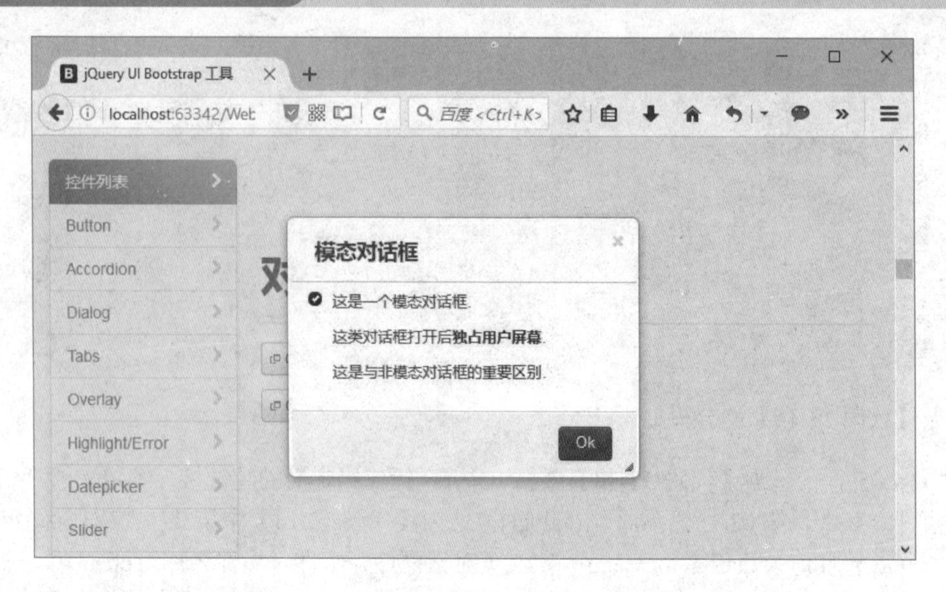

图 13.11　模态对话框（二）

从图 13.11 中可以看到，模态对话框打开后，页面为灰色状态，此时用户是无法操作页面中的内容的；只有当用户关闭对话框后，页面才会恢复可操作状态。

13.5 标签页（Tabs）

本节介绍 jQuery UI Bootstrap 工具的标签页。jQuery UI Bootstrap 工具提供的标签页分为基本样式和可编辑样式，下面依次进行介绍。

13.5.1 基本样式标签页

jQuery UI Bootstrap 工具中的基本样式标签页（Simple Tabs）非常简单，下面先看一段使用基本样式标签页的代码示例。

下面是一个 jQuery UI Bootstrap 工具基本样式标签页的代码设计。

【代码 13-15】（详见源代码 ch13 目录中 index.html 文件）

```
01  <!-- Start simple tabs -->
02  <section id="tabs-simple">
03      <div class="page-header">
04          <h1>标签页（Tabs）</h1>
05      </div>
06      <h2>基本标签页（Simple tabs）</h2>
07      <!--Demo-->
```

```
08     <div id="tabs">
09         <ul>
10             <li><a href="#tabs-a">标签页-1</a></li>
11             <li><a href="#tabs-b">标签页-2</a></li>
12             <li><a href="#tabs-c">标签页-3</a></li>
13         </ul>
14         <div id="tabs-a">
15             基本标签页-1.<br>
16             基本标签页-1.<br>
17             基本标签页-1.<br>
18         </div>
19         <div id="tabs-b">
20             基本标签页-2.<br>
21             基本标签页-2.<br>
22             基本标签页-2.<br>
23         </div>
24         <div id="tabs-c">
25             基本标签页-3.<br>
26             基本标签页-3.<br>
27             基本标签页-3.<br>
28         </div>
29     </div>
30 </section>
31 <!-- End tabs -->
```

关于【代码 13-15】的分析如下：

第 08～29 行代码通过 div 标签元素定义了一组标签页，其 id 属性值为"tabs"；其中，第 09～13 行代码通过 ul-li 和 a 标签元素定义了标签页菜单；第 14～28 行代码定义了三个标签页内容，且每个标签页定义的 id 属性值与标签页菜单中 a 标签元素的 href 属性值相对应。

【代码 13-15】是页面代码部分，下面还需要编写相应的脚本代码。

【代码 13-16】（详见源代码 ch13 目录中 js/index.js 文件）

```
01 // Simple tabs
02 $('#tabs').tabs();
```

关于【代码 13-16】的分析如下：

第 02 行代码通过 tabs()方法，对【代码 13-15】中第 08～29 行代码定义的 id 值为'tabs'的标签页进行了注册。

【代码 13-15】页面打开后的效果如图 13.12~图 13.14 所示。

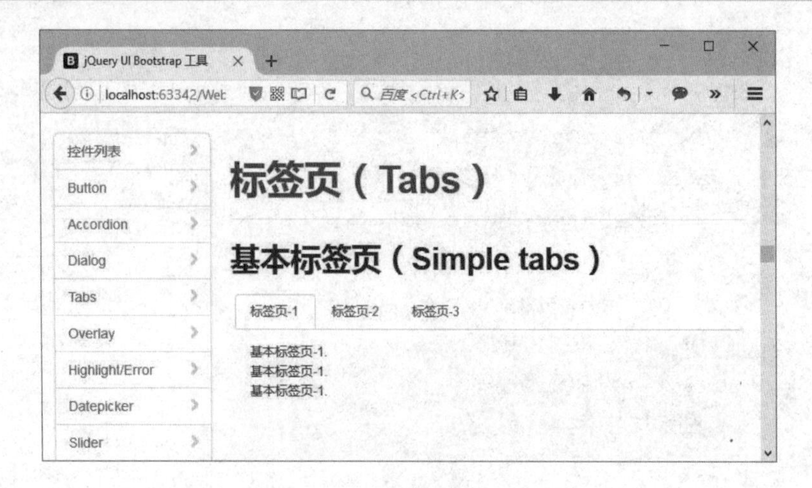

图 13.12　Tabs 标签页（一）

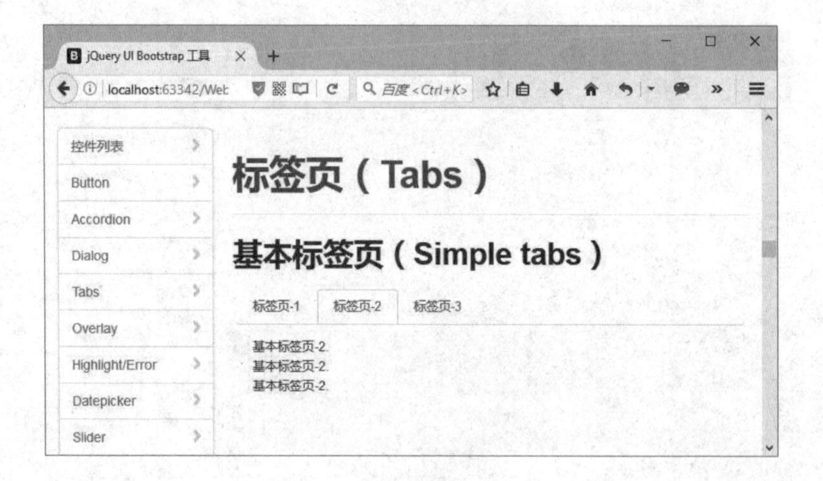

图 13.13　Tabs 标签页（二）

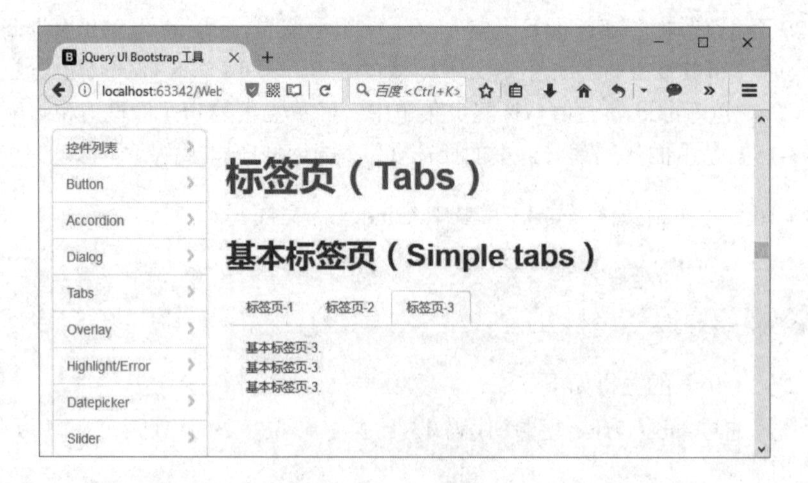

图 13.14　Tabs 标签页（三）

13.5.2　可编辑样式标签页

jQuery UI Bootstrap 工具中的可编辑样式标签页支持用户动态添加或删除标签页，下面先看一段使用可编辑样式标签页的代码示例。

下面是一个 jQuery UI Bootstrap 工具可编辑样式标签页的代码设计。

【代码 13-17】（详见源代码 ch13 目录中 index.html 文件）

```
01 <!-- Start editable tabs -->
02 <h2>可编辑样式标签页.</h2>
03 <!-- tabs form -->
04 <div id="dialog2" title="添加标签页内容">
05     <form>
06         <fieldset class="ui-helper-reset">
07             <label for="tab_title">标签页</label>
08             <input type="text" name="tab_title" id="tab_title"
value="" class="ui-widget-content ui-corner-all" />
09             <label for="tab_content">标签内容</label>
10             <textarea name="tab_content" id="tab_content" class="ui-
widget-content ui-corner-all"></textarea>
11         </fieldset>
12     </form>
13 </div>
14 <!-- add tabs link -->
15 <button id="add_tab" class="ui-button-primary">添加标签页</button>
16 <!-- tabs2 -->
17 <div id="tabs2">
18     <ul id="tabs2-ul">
19         <li><a href="#tabs-1">新闻</a></li>
20     </ul>
21     <div id="tabs-1">
22         <p>新闻标签页.</p>
23     </div>
24 </div>
25 <!-- End editable tabs -->
```

关于【代码 13-17】的分析如下：

第 04～13 行代码通过 div 标签元素和 form 标签元素定义了一个对话框表单，该表单包括一个 input 输入框和一个 textarea 输入区域，这个表单初始状态不在页面中显示。

第 15 行代码通过 button 标签元素定义了一个 id 值为"add_tab"的按钮，后面我们会看到该按钮的作用。

第 17～24 行代码通过 div 标签定义了一个基本标签页，id 属性值为"tabs2"；其中，第 18～20 行代码通过 ul-li 和 a 标签元素定义了标签页菜单，ul 标签的 id 属性值为"tabs2-ul"；第 21～23 行代码定义了一个标签页内容，其标签页定义的 id 属性值与标签页菜单中 a 标签元素的 href 属性值相对应。

【代码 13-17】是页面代码部分，下面还需要编写相应的脚本代码。

【代码 13-18】（详见源代码 ch13 目录中 js/index.js 文件）

```
01  // editable tabs init
02  var tabs_edit = $("#tabs2").tabs();
```

关于【代码 13-18】的分析如下：

第 02 行代码通过 tabs()方法，对【代码 13-17】中第 17～24 行代码定义的 id 值为'tabs2'的标签页进行了注册，并赋值到变量“tabs_edit”。

【代码 13-17】页面打开后的初始效果如图 13.15 所示。

图 13.15　可编辑 Tabs 标签页（一）

从图 13.15 中可以看到，'tabs2'标签页初始化后只有一个“新闻”标签页；同时，【代码 13-17】中第 15 行代码定义的按钮也显示在页面中；那么该“添加标签页”按钮实现了什么具体功能呢？

下面继续看一段脚本代码。

【代码 13-19】（详见源代码 ch13 目录中 js/index.js 文件）

```
01  // addTab button: just opens the dialog
02  $("#add_tab")
03      .button()
04          .click(function() {
```

```
05            dialog.dialog("open");
06        });
```

关于【代码 13-19】的分析如下：

首先，第 02～03 行代码通过 button()方法，将【代码 13-17】中第 15 行代码定义 button 标签页进行了注册。

然后，第 04～06 行代码定义了该按钮的“click”鼠标点击事件，第 05 行代码通过 dialog()方法打开变量“dialog”定义的对话框。

下面继续看变量“dialog”所定义对话框的脚本代码。

【代码 13-20】（详见源代码 ch13 目录中 js/index.js 文件）

```
01 // modal dialog init: custom buttons and a "close" callback
reseting the form inside
02 var dialog = $("#dialog2").dialog({
03     autoOpen: false,
04     modal: true,
05     buttons: {
06         Add: function() {
07             addTab();
08             $(this).dialog("close");
09         },
10         Cancel: function() {
11             $(this).dialog("close");
12         }
13     },
14     close: function() {
15         form[0].reset();
16     }
17 });
```

关于【代码 13-20】的分析如下：

第 02 行代码通过 dialog()方法，将【代码 13-17】中第 04～13 行代码定义的 id 值为"dialog2"进行了注册，并赋值到变量“dialog”。

第 03 行代码定义了 autoOpen 属性值为 false，表示对话框不是自动打开的。

第 04 行代码定义的属性“modal: true”表示该对话框为模态对话框。

第 05～13 行代码定义了对话框的"Add"和"Cancel"按钮，且第 08 行和第 11 行代码通过 dialog("close")方法定义了关闭对话框事件；我们注意到第 07 行代码引用了一个 addTab()函数方法，后面我们会介绍到。

第 14～16 行代码定义了对话框的“close”事件处理方法，第 15 行代码将对话框表单的内容进行了重置。

点击图 13.15 中“添加标签页”按钮的效果如图 13.16 所示。

图 13.16　可编辑 Tabs 标签页（二）

然后，在表单中输入新的标签页内容，如图 13.17 所示。

图 13.17　可编辑 Tabs 标签页（三）

内容输入好后，点击“Add”按钮，页面效果如图 13.18 所示。

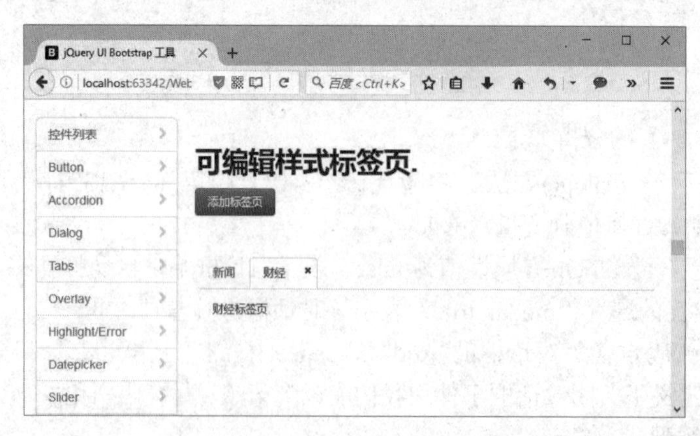

图 13.18　可编辑 Tabs 标签页（四）

从图 13.18 中可以看到，新的“财经”标签页已经成功添加进去了，那么该功能是如何实现的呢？

实现的关键就是【代码 13-20】中第 07 行代码引用的 addTab()函数方法，下面看一下该函数方法的具体内容。

【代码 13-21】（详见源代码 ch13 目录中 js/index.js 文件）

```
01 // Dynamic tabs
02 var tabTitle = $("#tab_title"),
03     tabContent = $("#tab_content"),
04     tabTemplate = "<li><a href='#{href}'>#{label}</a><span
class='ui-icon ui-icon-close'>Remove Tab</span></li>",
05     tabCounter = 2;
06 // actual addTab function: adds new tab using the input from the
form above
07 function addTab() {
08     var label = tabTitle.val() || "Tab " + tabCounter,
09         id = "tabs-" + tabCounter,
10         li = $( tabTemplate.replace( /#\{href\}/g, "#" +
id ).replace( /#\{label\}/g, label ) ),
11         tabContentHtml = tabContent.val() || "Tab " + tabCounter +
" content.";
12     tabs_edit.find("#tabs2-ul").append(li);
13     tabs_edit.append( "<div id='" + id + "'><p>" + tabContentHtml
+ "</p></div>" );
14     tabs_edit.tabs( "refresh" );
15     tabCounter++;
16 }
```

关于【代码 13-21】的分析如下：

第 07～16 行代码定义了 addTab()函数方法。

第 08 行代码定义了变量“label”，用于保存新标签页标题；其中，变量“tabTitle”在第 02 行代码中定义，获取了【代码 13-17】中第 07 行代码定义的输入框（id 值为"tab_title"）的内容，用于新标签页的标题。

第 09 行代码定义了变量“id”，用于保存新标签页 id 值；其中，变量“tabCounter”在第 05 行代码中定义，用于新标签页的计数器。

第 10 行代码定义了变量“li”，用于保存新标签页菜单项；其中，变量“tabTemplate”在第 04 行代码中定义，用于新标签页菜单项的 html 代码。

第 11 行代码定义了变量“tabContentHtml”，用于保存新标签页内容；其中，变量“tabContent”在第 03 行代码中定义，获取了【代码 13-17】中第 10 行代码定义的输入框（id 值为"tab_content"）的内容，用于新标签页的内容。

第 12 行代码通过变量“tabs_edit”获取了 id 值为"tabs2-ul"的标签元素（【代码 13-17】中第 18 行代码定义），并将新标签页的菜单项插入到其后面。

第 13 行代码将新的标签页内容插入到 id 值为"tabs2"标签页中。

第 14 行代码对标签页进行刷新操作。

第 15 行代码对计数器变量“tabCounter”进行叠加，便于下一次插入新的标签页的操作。

下面我们尝试再添加新的“体育”标签页，页面效果如图 13.19 所示。

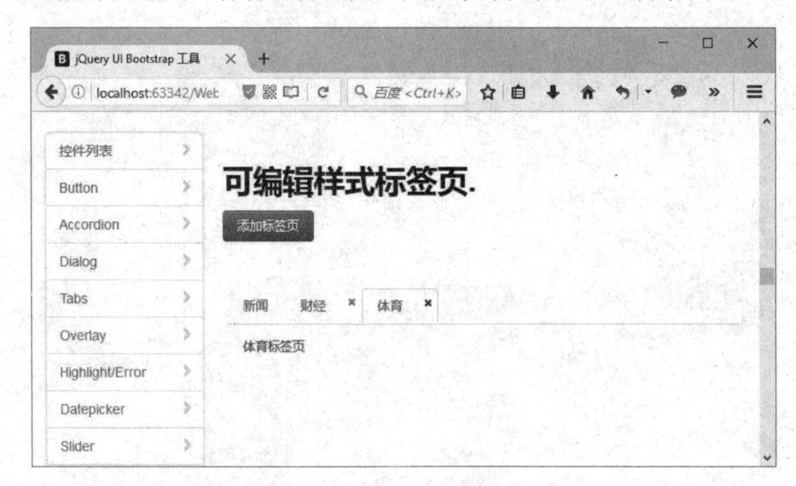

图 13.19　可编辑 Tabs 标签页（五）

从图 13.18 和 13.19 中可以看到，新加入的标签页菜单标题的右上角有个“关闭”图标，其是在【代码 13-21】的第 04 行代码中，通过样式 class='ui-icon ui-icon-close'来定义的，那么关闭标签页的功能是如何实现的呢？

下面看一下关闭标签页脚本代码的具体内容。

【代码 13-22】（详见源代码 ch13 目录中 js/index.js 文件）

```
01 // close icon: removing the tab on click
02 $("#tabs2").on("click",'span.ui-icon-close', function() {
03     var panelId = $( this ).closest( "li" ).remove().attr( "aria-controls" );
04     $( "#" + panelId ).remove();
05     tabs_edit.tabs("refresh");
06 });
```

关于【代码 13-22】的分析如下：

第 02～06 行代码定义了 id 值为"tabs2"的标签页的关闭事件处理函数，具体是通过注册关闭图标的“click”事件实现的。

下面尝试关闭“财经”标签页，页面效果如图 13.20 所示。

图 13.20　可编辑 Tabs 标签页（六）

13.6 Overlay 与 Shadow

本节介绍 jQuery UI Bootstrap 工具的 Overlay 与 Shadow，可以翻译为覆盖与重叠效果，具体看下面的代码。

下面是一个 jQuery UI Bootstrap 工具 Overlay 与 Shadow 的代码设计。

【代码 13-23】（详见源代码 ch13 目录中 index.html 文件）

```
01 <section id="overlay">
02     <div class="page-header">
03         <h1>Overlay and Shadow Classes</h1>
04     </div>
05     <div class="window-contain">
06         <p>......</p>
07         <!-- ui-overlay -->
08         <div class="ui-overlay">
09             <div class="ui-widget-overlay"></div>
10             <div class="ui-widget-shadow ui-corner-all" style="width:
300px; height: 150px; position: absolute; left: 50px; top: 30px;"></div>
11         </div>
12         <div style="position: absolute; width: 280px; height:
130px;left: 50px; top: 30px; padding: 10px;" class="ui-widget ui-widget-
content ui-corner-all">
13             <div class="ui-dialog-content ui-widget-content"
style="background: none; border: 0;">
```

```
14                  <p>......</p>
15              </div>
16          </div>
17      </div>
18  </section>
```

关于【代码 13-23】的分析如下：

第 08～11 行代码通过 class="ui-overlay"样式、class="ui-widget-overlay"样式和 class="ui-widget-shadow ui-corner-all"样式定义了 overlay 和 shadow 效果。

【代码 13-23】的页面效果如图 13.21 所示。

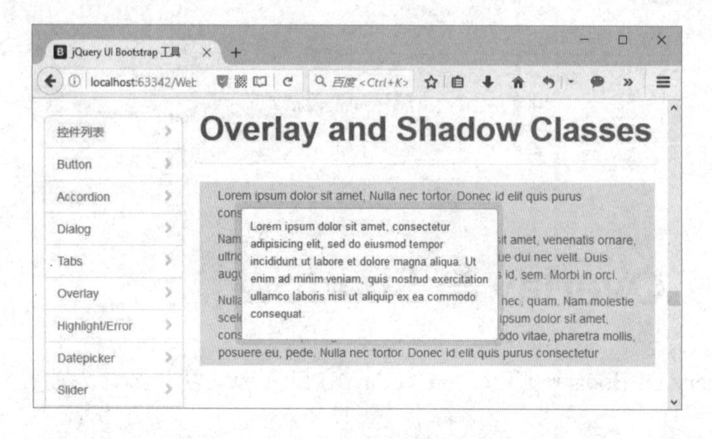

图 13.21　overlay 与 shadow 效果

13.7 Highlight 与 Error

本节介绍 jQuery UI Bootstrap 工具的 Highlight 与 Error，可以翻译为高亮与错误提示效果，具体看下面的代码。

下面是一个 jQuery UI Bootstrap 工具的 Highlight 与 Error 的代码设计。

【代码 13-24】（详见源代码 ch13 目录中 index.html 文件）

```
01 <section id="block-state">
02   <div class="page-header">
03     <h3>高亮（Highlight）/ 错误（Error）提示</h3>
04   </div>
05   <!-- Highlight / Error -->
06   <h3>高亮（Highlight）</h3>
07   <div class="ui-widget">
08     <div class="ui-state-highlight ui-corner-all">
```

```
    09         <p><span class="ui-icon ui-icon-info" style="float: left;
margin-right: .3em;"></span>
    10         <strong>Hey!</strong> Sample ui-state-highlight style.</p>
    11       </div>
    12     </div>
    13     <h3>错误（Error）提示</h3>
    14     <div class="ui-widget">
    15       <div class="ui-state-error ui-corner-all">
    16         <p><span class="ui-icon ui-icon-alert" style="float: left;
margin-right: .3em;"></span>
    17         <strong>Alert:</strong> Sample ui-state-error style.</p>
    18       </div>
    19     </div>
    20     <h3>默认样式</h3>
    21     <div class="ui-widget">
    22       <div class="ui-state-default ui-corner-all">
    23         <p><span class="ui-icon ui-icon-mail-closed" style="float:
left; margin-right: .3em;"></span>
    24         <strong>Hello:</strong> Sample ui-state-default style.</p>
    25       </div>
    26     </div>
    27   </section>
```

关于【代码 13-24】的分析如下：

第 08～11 行代码通过 class="ui-state-highlight"样式定义了 highlight 效果。

第 15～18 行代码通过 class="ui-state-error"样式定义了 error 效果。

第 22～25 行代码通过 class="ui-state-default"样式定义了默认效果。

【代码 13-24】的页面效果如图 13.22 所示。

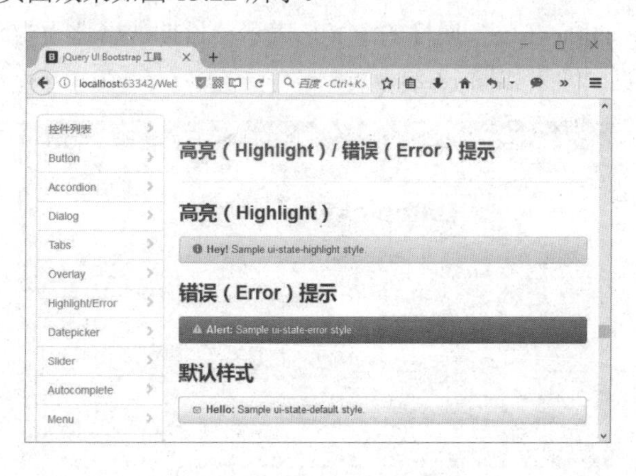

图 13.22　highlight 与 error 效果

13.8 日期选择器（Datepicker）

本节介绍 jQuery UI Bootstrap 工具的 Datepicker（日期选择器），该日期选择器为设计人员集成了大部分日期操作的功能，应用起来非常方便。

下面是一个 jQuery UI Bootstrap 工具 Datepicker 的代码设计。

【代码 13-25】（详见源代码 ch13 目录中 index.html 文件）

```
01 <section id="calendar">
02   <div class="page-header">
03     <h1>Datepicker</h1>
04   </div>
05   <div id="datepicker"></div>
06 </section>
```

关于【代码 13-25】的分析如下：

第 05 行代码通过 div 标签元素定义了一个 id 值为"datepicker"的日期选择器。

【代码 13-25】是页面代码部分，下面还需要编写相应的脚本代码。

【代码 13-26】（详见源代码 ch13 目录中 js/index.js 文件）

```
01 // Datepicker
02 $('#datepicker').datepicker({
03   inline: true
04 });
```

关于【代码 13-26】的分析如下：

第 02～04 行代码通过应用 datepicker()方法，来注册【代码 13-25】中第 05 行代码所定义的日期选择器。

第 03 行代码通过“inline: true”属性的定义，表示该日期选择器为内联样式。

【代码 13-25】的页面效果如图 13.23 所示。

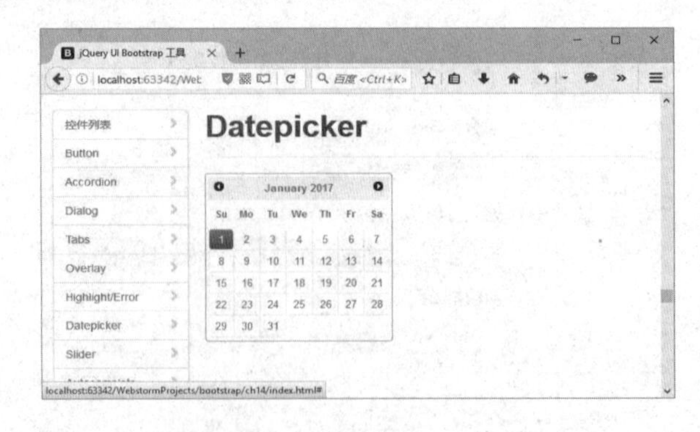

图 13.23　Datepicker 日期选择器

13.9 滑块（Slider）

本节介绍 jQuery UI Bootstrap 工具的 Silder（滑块）。jQuery UI Bootstrap 工具提供了水平与垂直两种滑块样式，这两种样式滑块的设计方法有所区别，下面我们详细介绍一下。

13.9.1 水平滑块（Horizontal Slider）

jQuery UI Bootstrap 工具中的水平滑块（Horizontal Slider）使用起来很简单，仅仅需要定义几个属性值即可。

下面是一个 jQuery UI Bootstrap 工具水平滑块（Horizontal Slider）的代码设计。

【代码 13-27】（详见源代码 ch13 目录中 index.html 文件）

```
01  <section id="slider">
02  <div class="page-header">
03    <h1>滑块（Slider）</h1>
04  </div>
05  <h2>水平滑块（Horizontal Slider）</h2>
06  <div id="h-slider"></div>
07  </section>
```

关于【代码 13-27】的分析如下：

第 06 行代码通过 div 标签元素，定义了一个 id 值为"h-slider"的水平滑块（Horizontal Slider）。

【代码 13-27】是页面代码部分，下面还需要编写相应的脚本代码。

【代码 13-28】（详见源代码 ch13 目录中 js/index.js 文件）

```
01  // Horizontal slider
02  $('#h-slider').slider({
03    range: true,
04    values: [10, 80]
05  });
```

关于【代码 13-28】的分析如下：

第 02～05 行代码通过应用 slider()方法，来注册【代码 13-27】中第 06 行代码所定义的水平滑块（Horizontal Slider）。

第 03 行代码通过“range: true”属性的定义，表示该水平滑块（Horizontal Slider）区间范围属性有效。

第 04 行代码通过“values: [10, 80]”属性的定义，表示该水平滑块（Horizontal Slider）区间

上下限数值（10~80）。

【代码 13-27】的页面效果如图 13.24 所示。

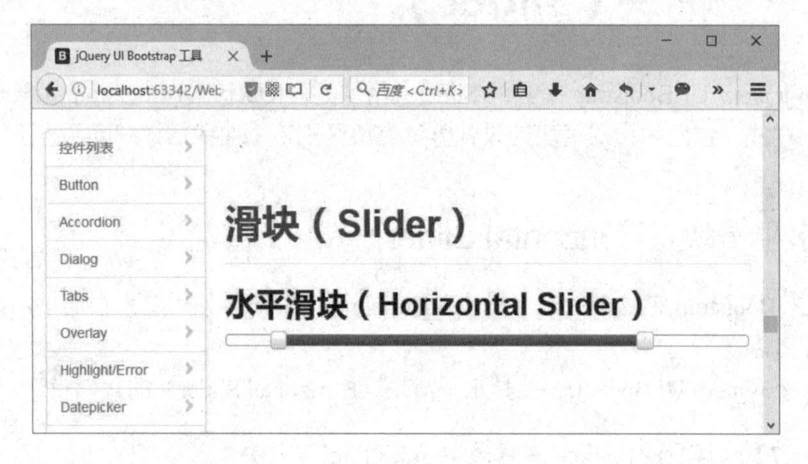

图 13.24　水平滑块（Horizontal Slider）

13.9.2　垂直滑块（Vertical Slider）

jQuery UI Bootstrap 工具中的垂直滑块（Vertical Slider）使用起来稍微复杂一些，在定义相关属性的基础上，还可以与用户进行交互。

下面是一个 jQuery UI Bootstrap 工具垂直滑块（Vertical Slider）的代码设计。

【代码 13-29】（详见源代码 ch13 目录中 index.html 文件）

```
01 <section id="slider">
02 <div class="page-header">
03     <h1>滑块（Slider）</h1>
04 </div>
05 <h2>垂直滑块（Vertical Slider）</h2>
06 <div class="row-fluid">
07     <div class="span6">
08         <p class="ui-state-default ui-corner-all ui-helper-
clearfix" style="padding:4px;">
09             <span class="ui-icon ui-icon-volume-on"
style="float:left; margin:-2px 5px 0 0;"></span>
10             Master volume
11         </p>
12         <p>
13             <label for="amount">Volume:</label>
14             <input type="text" id="amount" />
```

```
15          </p>
16      </div>
17      <div class="span6">
18          <div id="v-slider" style="height:200px;"></div>
19      </div>
20  </div>
21  </section>
```

关于【代码 13-29】的分析如下：

第 14 行代码通过 input 标签元素，定义了一个输入框，用于显示垂直滑块（Vertical Slider）的取值。

第 18 行代码通过 div 标签元素，定义了一个 id 值为"v-slider"的垂直滑块（Vertical Slider）；

【代码 13-29】是页面代码部分，下面还需要编写相应的脚本代码。

【代码 13-30】（详见源代码 ch13 目录中 js/index.js 文件）

```
01  // Vertical slider
02  $("#v-slider").slider({
03      orientation: "vertical",
04      range: "min",
05      min: 0,
06      max: 100,
07      value: 60,
08      slide: function (event, ui) {
09          $("#amount").val(ui.value);
10      }
11  });
12  // record slider value
13  $("#amount").val($("#v-slider").slider("value"));
```

关于【代码 13-30】的分析如下：

第 02～11 行代码通过应用 slider()方法，来注册【代码 13-29】中第 18 行代码所定义的垂直滑块（Vertical Slider）。

第 03 行代码通过 orientation: "vertical"属性的定义，表示该滑块为垂直样式（Vertical Slider）。

第 05 行代码通过“min: 0”属性的定义，表示垂直滑块下限值为“0”。

第 06 行代码通过“max: 100”属性的定义，表示垂直滑块上限值为“100”。

第 07 行代码通过“values: 60”属性的定义，将垂直滑块（Horizontal Slider）的初始值设定为 60。

第 08～10 行代码定义了滑块的“slide”事件处理函数，将滑块的位置取值传递到【代码 13-29】中第 14 行代码定义的输入框中。

【代码 13-29】的页面初始效果如图 13.25 所示。

图 13.25　垂直滑块（Vertical Slider）（一）

然后，滑动滑块到新的位置，页面的效果如图 13.26 所示。

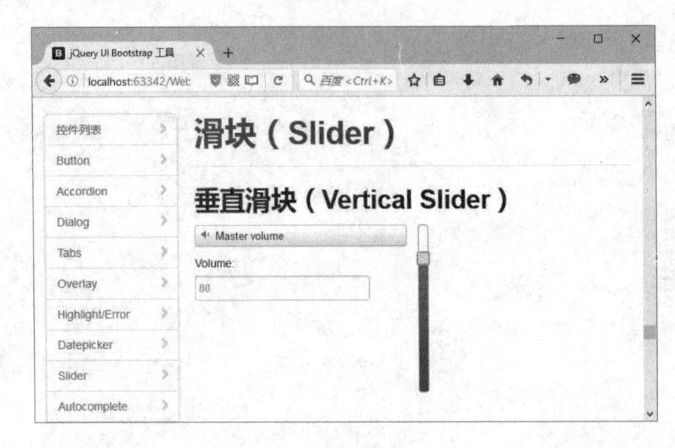

图 13.26　垂直滑块（Vertical Slider）（二）

13.10 自动完成（Autocomplete）

本节介绍 jQuery UI Bootstrap 工具的自动完成（Autocomplete）功能，该功能在前端页面设计中很常用，可以提高用户体验的性能。

下面是一个 jQuery UI Bootstrap 工具自动完成（Autocomplete）功能的代码设计。

【代码 13-31】（详见源代码 ch13 目录中 index.html 文件）

```
01  <section id="autocomplete">
02      <div class="page-header">
03          <h1>自动完成（Autocomplete）</h1>
```

```
04     </div>
05     <div class="ui-widget">
06         <label for="tags">Tags: </label>
07         <input id="tags" />
08     </div>
09 </section>
```

关于【代码 13-31】的分析如下：

第 07 行代码通过 input 标签元素定义了一个 id 值为"tags"、用于提示自动完成功能的输入框。

【代码 13-31】是页面代码部分，下面还需要编写相应的脚本代码。

【代码 13-32】（详见源代码 ch13 目录中 js/index.js 文件）

```
01 // Autocomplete
02 var availableTags = ["ActionScript", "AppleScript", "Asp", "BASIC",
"C", "C++", "Clojure", "COBOL", "ColdFusion", "Erlang", "Fortran",
"Groovy", "Haskell", "Java", "JavaScript", "Lisp", "Perl", "PHP",
"Python", "Ruby", "Scala", "Scheme"];
03 $("#tags").autocomplete({
04     source: availableTags
05 });
```

关于【代码 13-32】的分析如下：

第 03～05 行代码通过应用 autocomplete()方法，来注册【代码 13-31】中第 07 行代码所定义的用于提示自动完成功能的输入框。

第 04 行代码通过“source: availableTags”属性的定义，表示引用自动完成提示信息的数据源；其中，变量“availableTags”在第 02 行代码中定义，该变量为数组形式。

【代码 13-31】的页面初始效果如图 13.27 所示。

图 13.27　Autocomplete 自动完成功能（一）

然后，在图 13.27 的输入框中输入字母“a”，自动完成功能的页面效果如图 13.28 所示。

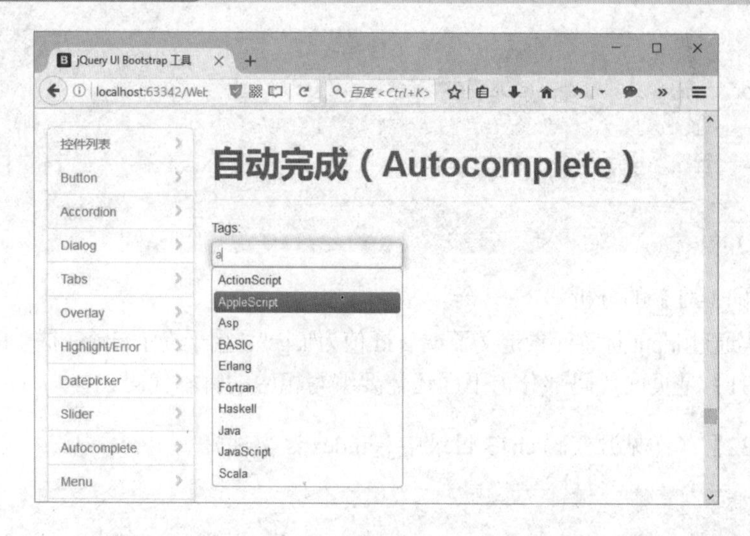

图 13.28　Autocomplete 自动完成功能（二）

13.11　下拉菜单（Menu）

本节介绍 jQuery UI Bootstrap 工具的下拉菜单（Menu）。jQuery UI Bootstrap 工具提供的下拉菜单（Menu）继承自 Bootstrap 框架的菜单样式，同时融入了 jQuery UI 工具的菜单操作功能。

下面是一个 jQuery UI Bootstrap 工具下拉菜单（Menu）的代码设计。

【代码 13-33】（详见源代码 ch13 目录中 index.html 文件）

```
01  <!-- Menu -->
02  <section id="block-menu">
03    <div class="page-header">
04      <h1>下拉菜单（Menu）</h1>
05    </div>
06    <div class="clearfix">
07      <ul id="menu">
08        <li><a href="#">Aberdeen</a></li>
09        <li><a href="#">Ada</a></li>
10        <li><a href="#">Adamsville</a></li>
11        <li><a href="#">Addyston</a></li>
12          <li>
13            <a href="#">Delphi</a>
14            <ul>
```

```
15              <li><a href="#">Ada</a></li>
16              <li><a href="#">Saarland</a></li>
17              <li><a href="#">Salzburg</a></li>
18            </ul>
19          </li>
20        <li><a href="#">Saarland</a></li>
21        <li>
22          <a href="#">Salzburg</a>
23          <ul>
24            <li>
25              <a href="#">Delphi</a>
26              <ul>
27                <li><a href="#">Ada</a></li>
28                <li><a href="#">Saarland</a></li>
29                <li><a href="#">Salzburg</a></li>
30              </ul>
31            </li>
32            <li>
33              <a href="?Delphi">Delphi</a>
34              <ul>
35                <li><a href="#">Ada</a></li>
36                <li><a href="#">Saarland</a></li>
37                <li><a href="#">Salzburg</a></li>
38              </ul>
39            </li>
40            <li><a href="#">Perch</a></li>
41          </ul>
42        </li>
43      </ul>
44    </div>
45  </section>
```

关于【代码 13-33】的分析如下：

第 07～43 行代码通过 ul-li 标签定义了一组下拉菜单，id 属性值为"menu"。

第 12～19 行代码定义了一个二级下拉菜单。

第 21～42 行代码定义了一个三级下拉菜单。

【代码 13-33】是页面代码部分，下面还需要编写相应的脚本代码。

【代码 13-34】（详见源代码 ch13 目录中 js/index.js 文件）

```
01  //Menu
02  $("#menu").menu();
```

关于【代码 13-34】的分析如下：

第 02 行代码通过应用 menu()方法，来注册【代码 13-33】中第 07～43 行代码所定义的下拉菜单。

【代码 13-33】的页面效果如图 13.29 和图 13.30 所示。

图 13.29　下拉菜单（一）

图 13.30　下拉菜单（二）

13.12 提示信息（Tooltip）

本节介绍 jQuery UI Bootstrap 工具的提示信息（Tooltip）。提示信息（Tooltip）可以附加到任何页面元素上，并通过鼠标滑过来激活显示。

下面是一个 jQuery UI Bootstrap 工具提示信息（Tooltip）的代码设计。

【代码 13-35】（详见源代码 ch13 目录中 index.html 文件）

```
01 <section id="block-tooltip">
02   <div class="page-header">
03     <h1>提示信息（Tooltip）</h1>
04   </div>
05   <div id="tooltip">
06     <p><label for="age">提示信息:</label><input id="tip" title="提示
信息可帮助用户准确输入内容." /></p>
07     <p>Hover the field to see the tooltip.</p>
08   </div>
09 </section>
```

关于【代码 13-35】的分析如下：

第 05～08 行代码通过 div 标签元素定义了一个可以显示提示信息区域，id 属性值为"tooltip"。

第 06 行代码定义了一个 id 属性值为"tip"的输入框，其中 title 属性值为具体的提示信息内容。

【代码 13-35】是页面代码部分，下面还需要编写相应的脚本代码。

【代码 13-36】（详见源代码 ch13 目录中 js/index.js 文件）

```
01 //Tooltip
02 $("#tooltip").tooltip();
```

关于【代码 13-36】的分析如下：

第 02 行代码通过应用 tooltip()方法，来注册【代码 13-35】中第 05～08 行代码所定义的提示信息区域。

【代码 13-35】页面效果如图 13.31 所示。

图 13.31　提示信息 Tooltip

13.13 微调按钮（Spinner）

本节介绍 jQuery UI Bootstrap 工具的微调按钮（Spinner）。微调按钮（Spinner）在应用程序界面中的音量、尺寸或距离等参数的控制上非常实用，并通过点击按钮进行快速操作。

下面是一个 jQuery UI Bootstrap 工具微调按钮（Spinner）的代码设计。

【代码 13-37】（详见源代码 ch13 目录中 index.html 文件）

```
01  <section id="block-spinner">
02    <div class="page-header">
03      <h1>微调按钮（Spinner）</h1>
04    </div>
05    <h2>微调按钮（Spinner）</h2>
06    <p>
07      <label for="spinner">选择一个数值:</label>
08      <input id="spinner" name="value" />
09    </p>
10    <p>
11      <button id="disable">切换（disable/enable）</button>
12      <button id="destroy">切换（widget）</button>
13    </p>
14    <p>
15      <button id="getvalue">取值</button>
16      <button id="setvalue">设定值到 0</button>
17    </p>
18  </section>
```

关于【代码 13-37】的分析如下：

第 06～09 行代码通过 input 标签元素定义了一个微调按钮（Spinner），id 属性值为"spinner"。

第 10～13 行代码定义了第一组按钮，分别用于切换微调按钮（Spinner）的状态（有效/无效）和样式（微调/普通）。

第 14～17 行代码定义了第二组按钮，分别用于获取和设定微调按钮（Spinner）的具体数值。

【代码 13-37】是页面代码部分，下面还需要编写相应的脚本代码。

【代码 13-38】（详见源代码 ch13 目录中 js/index.js 文件）

```
01  // Spinner
```

```
02  var spinner = $( "#spinner" ).spinner();
03  // disable spinner
04  $( "#disable" ).click(function() {
05      if ( spinner.spinner( "option", "disabled" ) ) {
06          spinner.spinner( "enable" );
07      } else {
08          spinner.spinner( "disable" );
09      }
10  });
11  // destroy spinner
12  $( "#destroy" ).click(function() {
13      if ( spinner.data( "ui-spinner" ) ) {
14          spinner.spinner( "destroy" );
15      } else {
16          spinner.spinner();
17      }
18  });
19  // get spinner value
20  $( "#getvalue" ).click(function() {
21      alert( "Get value is " + spinner.spinner( "value" ) );
22  });
23  // set spinner value
24  $( "#setvalue" ).click(function() {
25      spinner.spinner( "value", 0 );
26  });
```

关于【代码 13-36】的分析如下：

第 02 行代码通过应用 spinner()方法，来注册【代码 13-35】中第 05～08 行代码所定义的提示信息区域，并赋值到变量“spinner”。

第 04～10 行代码通过应用 spinner()方法，来设置微调按钮的有效或无效状态；其中，第 06 行代码通过 spinner("enable")方法设定微调按钮为有效状态；第 08 行代码通过 spinner("disable")方法设定微调按钮为无效状态。

第 12～18 行代码通过应用 spinner()方法，来设置微调按钮的样式；其中，第 14 行代码通过 spinner("destroy")方法设定微调按钮为普通样式；第 16 行代码通过 spinner()方法来恢复微调按钮的样式。

第 20～22 行代码通过应用 spinner("value")方法来获取微调按钮的数值，并在消息框中显示。

第 24～26 行代码通过应用 spinner("value", 0)方法来设定微调按钮的数值，此处为恢复到初始“0”值。

【代码 13-35】页面初始效果如图 13.32 所示。

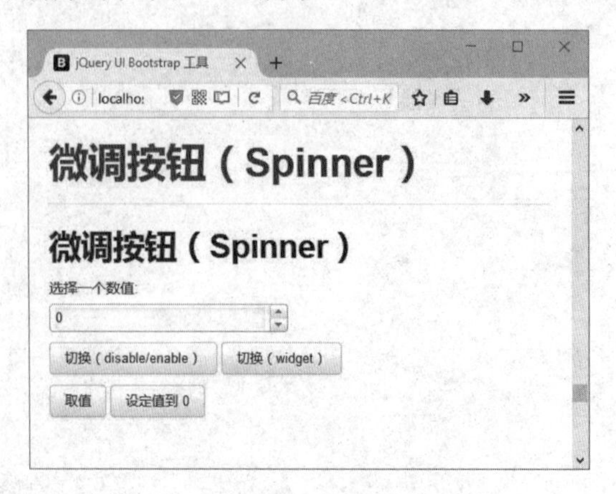

图 13.32　微调按钮 Spinner（一）

然后，点击“切换（disable/enable）”按钮，页面效果如图 13.33 所示。

图 13.33　微调按钮 Spinner（二）

继续点击“切换（widget）”按钮，页面效果如图 13.34 所示。

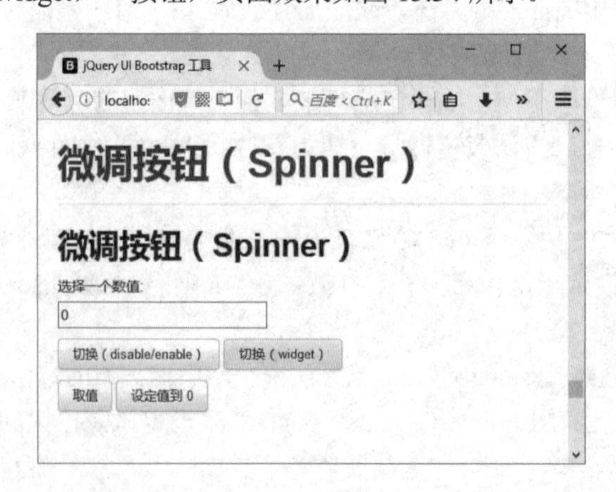

图 13.34　微调按钮 Spinner（三）

下面，可以通过微调按钮调整数值到“8”，然后点击“取值”按钮，页面效果如图 13.35 所示。

图 13.35　微调按钮 Spinner（四）

最后，点击“设定值到 0”按钮，微调按钮会恢复到初始值，页面效果如图 13.36 所示。

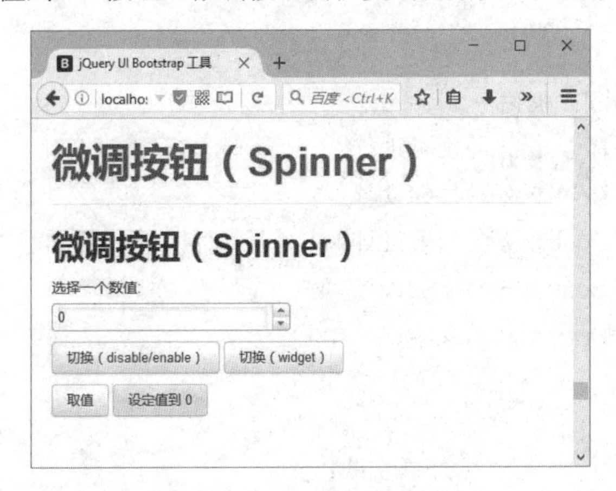

图 13.36　微调按钮 Spinner（五）

13.14 本章小结

本章主要介绍了 jQuery UI Bootstrap 工具开发的内容，包括按钮、折叠、对话框、标签页、重叠与覆盖、高亮显示、日期选择、滑块、自动完成功能、下拉菜单、提示信息和微调按钮等内容，并配合具体代码实例进行讲解，希望对读者有一定的帮助。

第 14 章

jQuery Mobile 框架与 Bootstrap主题风格

本章介绍整合 jQuery Mobile 框架与 Bootstrap 主题风格进行应用开发的相关知识。众所周知，jQuery Mobile 是基于 jQuery 开发出来的、主要适用于移动端 App 开发的框架，在业内是很有知名度的。那么，将 jQuery Mobile 框架与 Bootstrap 主题风格整合在一起会是什么样子呢？下面向读者进行详细介绍。

本章主要内容包括：

- 认识 jQuery Mobile 框架
- jQuery Mobile+Bootstrap 的主页设计
- jQuery Mobile+Bootstrap 的按钮设计
- jQuery Mobile+Bootstrap 的列表设计
- jQuery Mobile+Bootstrap 的导航设计
- jQuery Mobile+Bootstrap 的表单设计

14.1 jQuery Mobile+Bootstrap 概述

本节介绍有关 jQuery Mobile 框架和 Bootstrap 主题风格的基本知识，以及一些关于整合等方面的内容。

14.1.1 jQuery Mobile 框架

jQuery Mobile 框架是一款真正意义上功能强大、易学易用、广泛认可的，专为设计开发移动 App 的框架。设计人员使用 jQuery Mobile 框架，可以开发出适用于 iOS、Android 和 Windows Mobile 等平台上的移动应用，具有很好的跨平台适应性。下面，我们详细介绍一下 jQuery Mobile 框架的特点：

- 完全基于最新的 HTML5、CSS3、JavaScript 等 Web 标准，整个库在压缩和 gzip 后大约不到 200KB，非常轻量级。

- 全面兼容 iOS、Android、Blackberry、Palm WebOS、Windows Mobile、MeeGo 等主流移动平台，而且 Android 平台上的开发人员还可以使用一些专为 Android 定制的主题。
- 提供多种函数库，例如键盘、触控等功能，不需要编写过多代码，通过简单的设置就可以产生强大的功能，大大地提高了编程效率。
- 提供了丰富的主题风格，轻轻松松就能够快速创建出高质量的应用页面。
- 可通过 jQuery UI 的 ThemeRoller 在线工具，定制出有特色的页面风格，并且可以将代码下载下来直接应用。

jQuery Mobile 官方地址：http://www.jquerymobile.com/。

可以说，jQuery Mobile 是目前最强大的前端移动开发平台，而且 jQuery Mobile 框架仍在不断完善提高，在提升软件性能的同时也提升了用户体验，是未来前端设计开发的重要工具之一。

14.1.2　Bootstrap 主题风格

Bootstrap 框架目前已经是前端设计开发的主要工具，基于 Bootstrap 框架开发出来的主题风格也是举不胜举。目前，在互联网的开放资源中，有很多这样的主题模板可供设计人员学习与使用。

实际开发中，我们可以将这些主题模板直接下载下来使用（需遵循开源代码使用规则），也可以将其修改完善后再进行引用。即使每种 Bootstrap 主题风格不尽相同，我们也会发现其中有许多相似的地方，这就是 Bootstrap 框架的优势所在。

本章我们介绍的整合 jQuery Mobile 框架与 Bootstrap 主题风格的应用，更偏向于移动端风格样式，这样也会更大地发挥出 jQuery Mobile 框架的功能作用。

14.1.3　应用开发基础

本章应用中，具体包括用于展示内容的一组 HTML 页面文件、Bootstrap 框架、jQuery 框架和 jQuery Mobile 框架所需要的脚本文件、样式文件和资源文件，具体应用的源代码目录如图 14.1 所示。

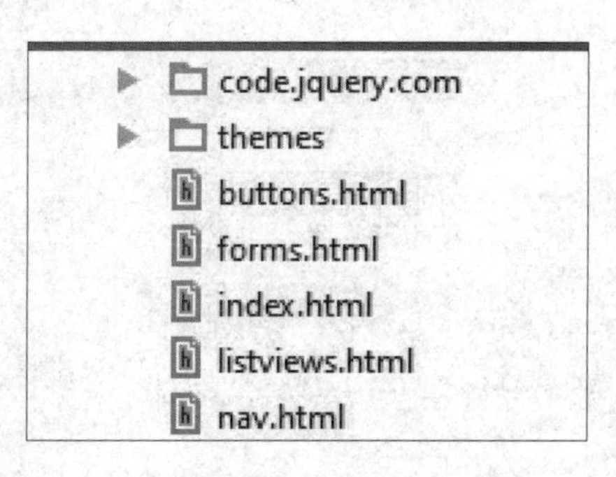

图 14.1　源代码目录

如图 14.1 所示，index.html 为应用主页，buttons.html 为按钮页面，forms.html 为表单页面，listviews.html 为列表页面，nav.html 为导航页面，这些页面我们会分小节进行详细介绍。

另外，code.jquery.com 文件夹用于存放 jQuery 和 jQuery Mobile 的 js 脚本文件及 CSS 样式文件， 具体源代码目录如图 14.2 所示。

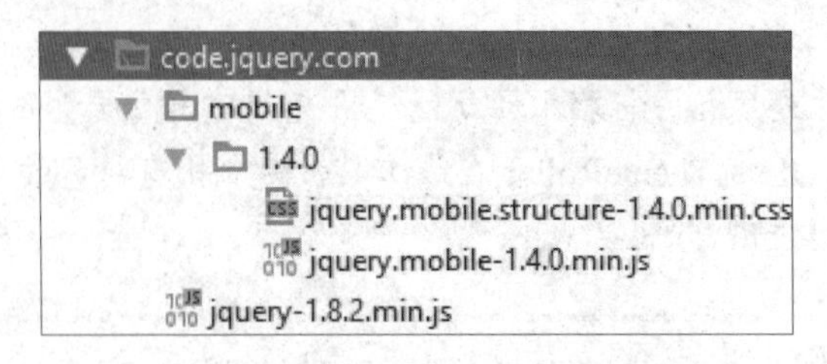

图 14.2　code.jquery.com 目录

themes 文件夹用于存放 jQuery Mobile 框架和 Bootstrap 框架的 CSS 样式文件， 具体源代码目录如图 14.3 所示。

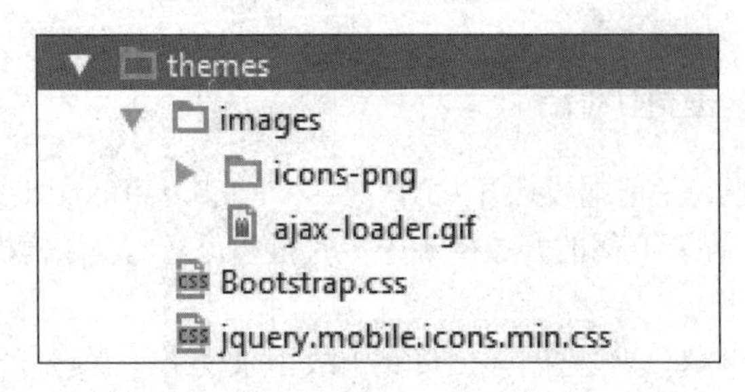

图 14.3　themes 目录

下面是页面所引用的几个重要 css 样式文件与 js 脚本文件的代码。

【代码 14-1】（详见源代码 ch14 目录中 index.html 文件）

```
01 <head>
02 <meta charset="utf-8">
03 <meta name="viewport" content="width=device-width,initial-
scale=1">
04 <link rel="stylesheet" href="themes/Bootstrap.css">
05 <link rel="stylesheet"
href="code.jquery.com/mobile/1.4.0/jquery.mobile.structure-1.4.0.min.css"
/>
06 <link rel="stylesheet" href="themes/jquery.mobile.icons.min.css"
/>
07 <script src="code.jquery.com/jquery-1.8.2.min.js"></script>
08 <script src="code.jquery.com/mobile/1.4.0/jquery.mobile-
1.4.0.min.js"></script>
09 </head>
```

关于【代码 14-1】的分析如下：

第 02 行代码通过 meta 标签设定页面字符编码属性（charset="utf-8"），这个"utf-8"编码是一种国际通用格式的字符编码。

第 03 行代码继续使用 meta 标签，定义了页面视口属性（name="viewport"），其主要是为了适应移动设备应用开发而设计的；其中，定义 width 属性值为 device-width，表示页面视口尺寸等于设备宽度尺寸；定义 initial-scale 属性值为 1，表示页面视口初始缩放值等于 1，相当于不允许页面缩放。

第 04 行代码引用了 Bootstrap 框架的 CSS 样式库文件（Bootstrap.css）。

第 05 行代码引用了 jQuery Mobile 框架的 CSS 样式库文件（jquery.mobile.structure-1.4.0.min.css）。

第 06 行代码引用了 jQuery Mobile 框架的 CSS 样式库文件（jquery.mobile.icons.min.css）。

第 07 行代码引用了 jQuery 框架的 JavaScript 脚本库文件（jquery-1.8.2.min.js）。

第 08 行代码引用了 jQuery Mobile 框架的 JavaScript 脚本库文件（jquery.mobile-1.4.0.min.js）。

14.2 主页设计

本节介绍整合 jQuery Mobile 框架与 Bootstrap 主题应用的主页设计。在应用的主页中，主要包括一个顶部导航菜单和页面主题。下面看一下代码示例。

【代码 14-2】（详见源代码 ch14 目录中 index.html 文件）

```
01 <!doctype html>
02 <html>
03  <head>
04      <meta charset="utf-8">
05      <meta name="viewport" content="width=device-width,initial-
scale=1">
06      <title>jQuery Mobile & Bootstrap</title>
07      <link rel="stylesheet" href="themes/Bootstrap.css">
08      <link rel="stylesheet"
href="code.jquery.com/mobile/1.4.0/jquery.mobile.structure-1.4.0.min.css"
/>
09      <link rel="stylesheet"
href="themes/jquery.mobile.icons.min.css" />
10      <script src="code.jquery.com/jquery-1.8.2.min.js"></script>
11      <script src="code.jquery.com/mobile/1.4.0/jquery.mobile-
```

```
1.4.0.min.js"></script>
  12  </head>
  13  <body>
  14      <div data-role="page" data-theme="a">
  15          <div data-role="header" data-position="inline">
  16              <h1>jQuery Mobile & Bootstrap</h1>
  17              <div data-role="navbar">
  18                  <ul>
  19                      <li><a href="index.html" data-icon="home"
class="ui-btn-active">主页</a></li>
  20                      <li><a href="buttons.html" data-icon="star">按钮
</a></li>
  21                      <li><a href="listviews.html" data-icon="grid">列
表</a></li>
  22                      <li><a href="nav.html" data-icon="search">导航
</a></li>
  23                      <li><a href="forms.html" data-icon="gear">表单
</a></li>
  24                  </ul>
  25              </div>
  26          </div>
  27          <div data-role="content" data-theme="a">
  28              <h3>介绍</h3>
  29              <p>
  30              这一章我们介绍一个整合 jQuery Mobile 框架与 Bootstrap 主题风格
的应用。
  31              </p>
  32              <p>
  33              众所周知，jQuery Mobile 在基于 jQuery 开发出来的、主要适用于移动
端 App 开发的框架，在业内是很有知名度的。
  34              </p>
  35              <p>
  36              那么，将 jQuery Mobile 框架与 Bootstrap 主题风格整合在一起会是
个什么样子呢？下面我们向读者进行详细介绍。
  37              </p>
  38          </div>
  39      </div>
  40  </body>
  41  </html>
```

关于【代码 14-2】的分析如下：

第 03～12 行代码通过 head 标签元素定义了页面头部，其与【代码 14-1】基本一致，包括了必需的库文件。

第 14～39 行代码通过为 div 标签添加 data-role="page"属性，定义了一个页面（"page"）区域；另外，还添加了 data-theme="a"属性，用于定义页面风格样式。

第 15～26 行代码通过为 div 标签添加 data-role="header"属性，定义了一个页面头部样式（"header"）区域。

第 16 行代码通过 h1 标签定义了页面头部的标题。

第 17～25 行代码通过为 div 标签添加 data-role="navbar"属性，定义了一个页面头部的导航菜单条（"navbar"）。

第 18～24 行代码通过为 ul-li 标签定义了一组导航菜单；其中，在每个菜单项中通过 data-icon 属性定义菜单图标样式；其中，第 19 行代码为 li 标签添加了"ui-btn-active"样式类，表示该导航菜单项（主页）默认为“选中”状态。

第 27～38 行代码通过为 div 标签添加 data-role="content"属性，定义了一个页面内容（"content"）区域；其中，第 28～37 行代码定义了页面中的具体内容。

【代码 14-2】页面的效果如图 14.4 所示。

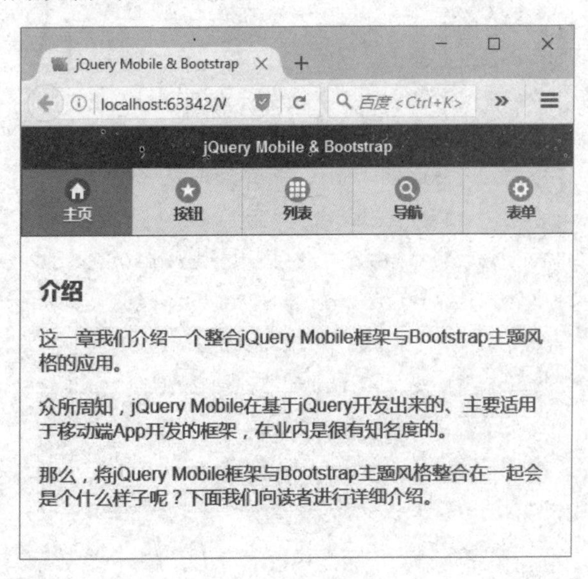

图 14.4　主页效果

14.3 按钮设计

本节介绍整合 jQuery Mobile 框架与 Bootstrap 主题应用的按钮设计，具体包括一组不同样式和不同图标的按钮。下面看一下代码示例。

【代码 14-3】（详见源代码 ch14 目录中 buttons.html 文件）

```
  01 <!doctype html>
  02 <html>
  03 <head>
  04     <meta charset="utf-8">
  05     <meta name="viewport" content="width=device-width,initial-
scale=1">
  06     <title>jQuery Mobile & Bootstrap</title>
  07     <link rel="stylesheet" href="themes/Bootstrap.css">
  08     <link rel="stylesheet"
href="code.jquery.com/mobile/1.4.0/jquery.mobile.structure-1.4.0.min.css"
/>
  09     <link rel="stylesheet"
href="themes/jquery.mobile.icons.min.css" />
  10     <script src="code.jquery.com/jquery-1.8.2.min.js"></script>
  11     <script src="code.jquery.com/mobile/1.4.0/jquery.mobile-
1.4.0.min.js"></script>
  12 </head>
  13 <body>
  14     <div data-role="page" data-theme="a">
  15         <div data-role="header" data-position="inline">
  16             <h1>jQuery Mobile & Bootstrap</h1>
  17             <div data-role="navbar">
  18                 <ul>
  19                     <li><a href="index.html" data-icon="home">主页
</a></li>
  20                     <li><a href="buttons.html" data-icon="star"
class="ui-btn-active">按钮</a></li>
  21                     <li><a href="listviews.html" data-icon="grid">列
表</a></li>
  22                     <li><a href="nav.html" data-icon="search">导航
</a></li>
  23                     <li><a href="forms.html" data-icon="gear">表单
</a></li>
  24                 </ul>
  25             </div>
  26         </div>
  27         <div data-role="content" data-theme="a">
```

```
28              <h2>按钮（Buttons）</h2>
29              <a href="index.html" data-role="button" data-theme="a"
data-icon="star">按钮（Button Star）</a>
30              <a href="index.html" data-role="button" data-theme="b"
data-icon="search">按钮（Button Search）</a>
31              <a href="index.html" data-role="button" data-theme="c"
data-icon="check">按钮（Button Check）</a>
32              <a href="index.html" data-role="button" data-theme="d"
data-icon="info">按钮（Button Info）</a>
33              <a href="index.html" data-role="button" data-theme="e"
data-icon="arrow-l">按钮（Button Arrow-left）</a>
34              <a href="index.html" data-role="button" data-theme="e"
data-icon="arrow-u">按钮（Button Arrow-up）</a>
35              <a href="index.html" data-role="button" data-theme="e"
data-icon="arrow-r">按钮（Button Arrow-right）</a>
36              <a href="index.html" data-role="button" data-theme="e"
data-icon="arrow-d">按钮（Button Arrow-down）</a>
37              <a href="index.html" data-role="button" data-theme="f"
data-icon="delete">按钮（Button Delete）</a>
38          </div>
39      </div>
40  </body>
41  </html>
```

关于【代码 14-3】的分析如下：

第 03～12 行代码通过 head 标签元素定义了页面头部，其与【代码 14-1】基本一致，包括了必需的库文件。

第 14～39 行代码通过为 div 标签添加 data-role="page"属性，定义了一个页面（"page"）区域；另外，还添加了 data-theme="a"属性，用于定义页面风格样式。

第 15～26 行代码通过为 div 标签添加 data-role="header"属性，定义了一个页面头部样式（"header"）区域。

第 16 行代码通过 h1 标签定义了页面头部的标题。

第 17～25 行代码通过为 div 标签添加 data-role="navbar"属性，定义了一个页面头部的导航菜单条（"navbar"）。

第 18～24 行代码通过为 ul-li 标签定义了一组导航菜单；其中，在每个菜单项中通过 data-icon 属性定义菜单图标样式；其中，第 20 行代码为 li 标签添加了"ui-btn-active"样式类，表示该导航菜单项（按钮）默认为“选中”状态。

第 27～38 行代码通过为 div 标签添加 data-role="content"属性，定义了一个页面内容（"content"）区域。

第 29～37 行代码通过 a 超链接标签定义了一组按钮；其中，通过 data-role="button"属性定义按钮的外观，通过 data-theme 属性定义按钮的样式主题，通过 data-icon 属性定义按钮的图标。

【代码 14-3】页面的效果如图 14.5 所示。

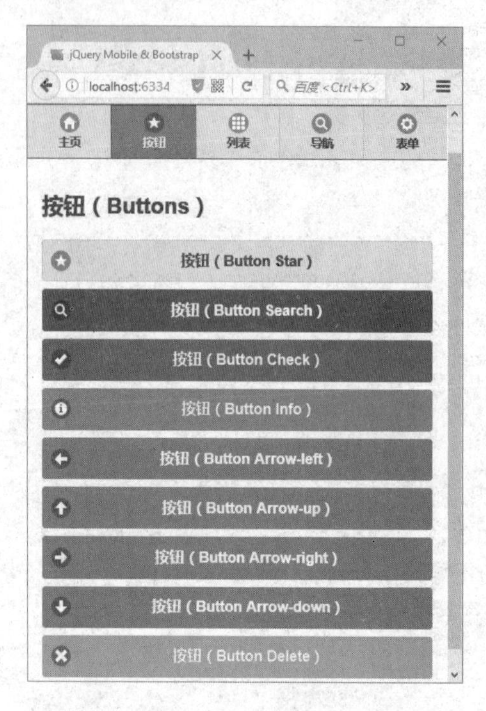

图 14.5　按钮效果

14.4 列表设计

本节介绍整合 jQuery Mobile 框架与 Bootstrap 主题应用的列表设计，具体包括一组不同样式和不同图标的列表视图。下面看一下代码示例。

【代码 14-4】（详见源代码 ch14 目录中 listviews.html 文件）

```
01 <!doctype html>
02 <html>
03 <head>
04     <meta charset="utf-8">
05     <meta name="viewport" content="width=device-width,initial-scale=1">
06     <title>jQuery Mobile & Bootstrap</title>
```

```
    07      <link rel="stylesheet" href="themes/Bootstrap.css">
    08      <link rel="stylesheet"
href="code.jquery.com/mobile/1.4.0/jquery.mobile.structure-1.4.0.min.css"
/>
    09      <link rel="stylesheet"
href="themes/jquery.mobile.icons.min.css" />
    10      <script src="code.jquery.com/jquery-1.8.2.min.js"></script>
    11      <script src="code.jquery.com/mobile/1.4.0/jquery.mobile-
1.4.0.min.js"></script>
    12  </head>
    13  <body>
    14      <div data-role="page" data-theme="a">
    15          <div data-role="header" data-position="inline">
    16              <h1>jQuery Mobile & Bootstrap</h1>
    17              <div data-role="navbar">
    18                  <ul>
    19                      <li><a href="index.html" data-icon="home">主页
</a></li>
    20                      <li><a href="buttons.html" data-icon="star">按钮
</a></li>
    21                      <li><a href="listviews.html" data-icon="grid"
class="ui-btn-active">列表</a></li>
    22                      <li><a href="nav.html" data-icon="search">导航
</a></li>
    23                      <li><a href="forms.html" data-icon="gear">表单
</a></li>
    24                  </ul>
    25              </div>
    26          </div>
    27          <div data-role="content" data-theme="a">
    28              <h2>列表（Listviews）</h2>
    29              <ul data-role="listview" data-inset="true" data-
divider-theme="a">
    30                  <li data-role="list-divider">列表 A</li>
    31                  <li data-icon="gear"><a href="index.html">列表项
</a></li>
    32              </ul>
    33              <ul data-role="listview" data-inset="true" data-
divider-theme="b">
```

```
34                    <li data-role="list-divider">列表 B</li>
35                    <li data-icon="info"><a href="index.html">列表项
</a></li>
36                </ul>
37                <ul data-role="listview" data-inset="true" data-
divider-theme="c">
38                    <li data-role="list-divider">列表 C</li>
39                    <li data-icon="check"><a href="index.html">列表项
</a></li>
40                </ul>
41                <ul data-role="listview" data-inset="true" data-
divider-theme="d">
42                    <li data-role="list-divider">列表 D</li>
43                    <li data-icon="grid"><a href="index.html">列表项
</a></li>
44                </ul>
45                <ul data-role="listview" data-inset="true" data-
divider-theme="e">
46                    <li data-role="list-divider">列表 E</li>
47                    <li data-icon="alert"><a href="index.html">列表项
</a></li>
48                </ul>
49                <ul data-role="listview" data-inset="true" data-
divider-theme="f">
50                    <li data-role="list-divider">列表 F</li>
51                    <li data-icon="refresh"><a href="index.html">列表项
</a></li>
52                </ul>
53            </div>
54        </div>
55    </body>
56    </html>
```

关于【代码 14-4】的分析如下：

第 03～12 行代码通过 head 标签元素定义了页面头部，其与【代码 14-1】基本一致，包括了必需的库文件。

第 14～54 行代码通过为 div 标签添加 data-role="page"属性，定义了一个页面（"page"）区域；另外，还添加了 data-theme="a"属性，用于定义页面风格样式。

第 15～26 行代码通过为 div 标签添加 data-role="header"属性，定义了一个页面头部样式

（"header"）区域。

第 16 行代码通过 h1 标签定义了页面头部的标题。

第 17～25 行代码通过为 div 标签添加 data-role="navbar"属性，定义了一个页面头部的导航菜单条（"navbar"）。

第 18～24 行代码通过为 ul-li 标签定义了一组导航菜单。其中，在每个菜单项中通过 data-icon 属性定义菜单图标样式；其中，第 21 行代码为 li 标签添加了"ui-btn-active"样式类，表示该导航菜单项（列表）默认为“选中”状态。

第 27～53 行代码通过为 div 标签添加 data-role="content"属性，定义了一个页面内容（"content"）区域。

第 29～52 行代码通过 ul-li 标签定义了一组列表视图。其中，对于 ul 标签元素，通过 data-role="listview"属性定义了列表样式，通过 data-inset="true"属性定义列表具有圆角和外边距的外观，通过 data-divider-theme 属性定义列表的分割线样式。

对于 li 标签元素，通过 data-role="list-divider"属性定义了列表样式，通过 data-icon 属性定义列表图标。

【代码 14-4】页面的效果如图 14.6 所示。

图 14.6 列表视图效果

14.5 导航设计

本节介绍整合 jQuery Mobile 框架与 Bootstrap 主题应用的导航设计，具体包括多组不同样式和不同图标的导航菜单。下面看一下代码示例。

【代码 14-5】（详见源代码 ch14 目录中 nav.html 文件）

```
01 <!doctype html>
```

```
    02  <html>
    03  <head>
    04      <meta charset="utf-8">
    05      <meta name="viewport" content="width=device-width,initial-
scale=1">
    06      <title>jQuery Mobile & Bootstrap</title>
    07      <link rel="stylesheet" href="themes/Bootstrap.css">
    08      <link rel="stylesheet"
href="code.jquery.com/mobile/1.4.0/jquery.mobile.structure-1.4.0.min.css"
/>
    09      <link rel="stylesheet"
href="themes/jquery.mobile.icons.min.css" />
    10      <script src="code.jquery.com/jquery-1.8.2.min.js"></script>
    11      <script src="code.jquery.com/mobile/1.4.0/jquery.mobile-
1.4.0.min.js"></script>
    12  </head>
    13  <body>
    14      <div data-role="page" data-theme="a">
    15          <div data-role="header" data-position="inline">
    16              <h1>jQuery Mobile & Bootstrap</h1>
    17              <div data-role="navbar">
    18                  <ul>
    19                      <li><a href="index.html" data-icon="home">主页
</a></li>
    20                      <li><a href="buttons.html" data-icon="star">按钮
</a></li>
    21                      <li><a href="listviews.html" data-icon="grid">列
表</a></li>
    22                      <li><a href="nav.html" data-icon="search"
class="ui-btn-active">导航</a></li>
    23                      <li><a href="forms.html" data-icon="gear">表单
</a></li>
    24                  </ul>
    25              </div>
    26          </div>
    27          <div data-role="content" data-theme="a">
    28              <h2>导航（Navigation）</h2>
    29              <div data-role="header" data-position="inline">
    30                  <a href="index.html" data-icon="delete" data-
theme="c">Cancel</a>
```

```
    31                  <h1>Edit Contact</h1>
    32                  <a href="index.html" data-icon="check" data-
theme="d">Save</a>
    33              </div><br />
    34              <div data-role="footer" class="ui-bar">
    35                  <a href="index.html" data-role="button" data-
icon="plus">Add</a>
    36                  <a href="index.html" data-role="button" data-
icon="arrow-u">Up</a>
    37                  <a href="index.html" data-role="button" data-
icon="arrow-d">Down</a>
    38              </div><br />
    39              <div data-role="footer" data-theme="f">
    40                  <div data-role="navbar">
    41                      <ul>
    42                          <li><a href="#" data-
icon="check">Yes</a></li>
    43                          <li><a href="#" data-
icon="delete">No</a></li>
    44                          <li><a href="#" data-
icon="alert">Maybe</a></li>
    45                      </ul>
    46                  </div>
    47              </div><br/>
    48              <div data-role="footer" data-theme="a">
    49                  <a href="index.html" data-role="button" data-
icon="arrow-l" data-iconpos="right">left</a>
    50                  <a href="index.html" data-role="button" data-
icon="arrow-r" data-iconpos="right">right</a>
    51                  <a href="index.html" data-role="button" data-
icon="arrow-u" data-iconpos="right">up</a>
    52                  <a href="index.html" data-role="button" data-
icon="arrow-d" data-iconpos="right">down</a>
    53              </div>
    54              <div data-role="footer" data-theme="b">
    55                  <a href="index.html" data-role="button" data-
icon="arrow-l" data-iconpos="right">left</a>
    56                  <a href="index.html" data-role="button" data-
icon="arrow-r" data-iconpos="right">right</a>
    57                  <a href="index.html" data-role="button" data-
```

```
icon="arrow-u" data-iconpos="right">up</a>
   58                  <a href="index.html" data-role="button" data-
icon="arrow-d" data-iconpos="right">down</a>
   59              </div>
   60              <div data-role="footer" data-theme="c">
   61                  <a href="index.html" data-role="button" data-
icon="arrow-l" data-iconpos="right">left</a>
   62                  <a href="index.html" data-role="button" data-
icon="arrow-r" data-iconpos="right">right</a>
   63                  <a href="index.html" data-role="button" data-
icon="arrow-u" data-iconpos="right">up</a>
   64                  <a href="index.html" data-role="button" data-
icon="arrow-d" data-iconpos="right">down</a>
   65              </div>
   66              <div data-role="footer" data-theme="d">
   67                  <a href="index.html" data-role="button" data-
icon="arrow-l" data-iconpos="right">left</a>
   68                  <a href="index.html" data-role="button" data-
icon="arrow-r" data-iconpos="right">right</a>
   69                  <a href="index.html" data-role="button" data-
icon="arrow-u" data-iconpos="right">up</a>
   70                  <a href="index.html" data-role="button" data-
icon="arrow-d" data-iconpos="right">down</a>
   71              </div>
   72          </div>
   73      </div>
   74  </body>
   75  </html>
```

关于【代码 14-5】的分析如下：

第 03～12 行代码通过 head 标签元素定义了页面头部，其与【代码 14-1】基本一致，包括了必需的库文件。

第 14～73 行代码通过为 div 标签添加 data-role="page"属性，定义了一个页面（"page"）区域；另外，还添加了 data-theme="a"属性，用于定义页面风格样式。

第 15～26 行代码通过为 div 标签添加 data-role="header"属性，定义了一个页面头部样式（"header"）区域。

第 16 行代码通过 h1 标签定义了页面头部的标题。

第 17～25 行代码通过为 div 标签添加 data-role="navbar"属性，定义了一个页面头部的导航菜单条（"navbar"）。

第 18～24 行代码通过为 ul-li 标签定义了一组导航菜单。其中，在每个菜单项中通过 data-icon 属性定义菜单图标样式；其中，第 22 行代码为 li 标签添加了"ui-btn-active"样式类，表示该导航菜单项（导航）默认为“选中”状态。

第 27～72 行代码通过为 div 标签添加 data-role="content"属性，定义了一个页面内容（"content"）区域，并通过 div 标签定义了多组导航菜单。

第 29～33 行代码通过 data-position="inline"属性，定义了一个内联式导航菜单，包括了一个标题和两个功能菜单按钮。

第 34～38 行代码通过 class="ui-bar"样式，定义了一个 ui 式导航菜单，包括了一组功能菜单按钮。

第 39～47 行代码通过 data-role="navbar"属性，定义了一个标准导航菜单，包括了一组 ul-li 标签定义的列表项作为导航菜单项。

第 48～71 行代码通过 data-role="button"属性，定义了 4 组风格类似的导航菜单，并通过添加 data-iconpos="right"属性，定义了图标在菜单项的右侧。

【代码 14-5】页面的效果如图 14.7 所示。

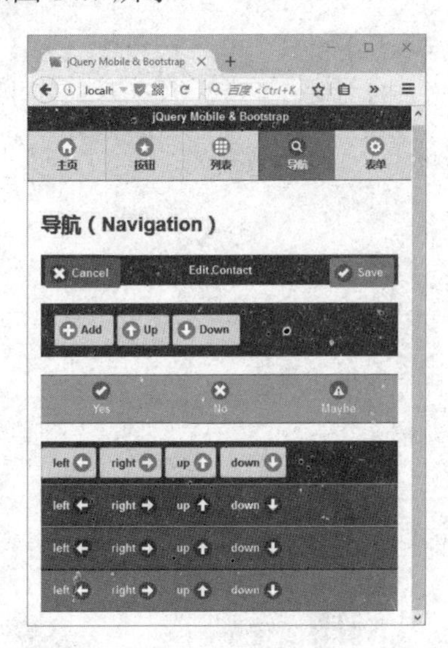

图 14.7　导航效果

14.6 表单设计

本节介绍整合 jQuery Mobile 框架与 Bootstrap 主题应用的表单设计，具体包括多种样式的输入框、滑块、切换开关、复选框、单选框、下拉菜单和按钮控件。

14.6.1　输入框

输入框包括普通文本框、多行文本域和查询输入框。下面看一下代码示例。

【代码 14-6】（详见源代码 ch14 目录中 form-input.html 文件）

```
   01  <!doctype html>
   02  <html>
   03  <head>
   04      <meta charset="utf-8">
   05      <meta name="viewport" content="width=device-width,initial-
scale=1">
   06      <title>jQuery Mobile & Bootstrap</title>
   07      <link rel="stylesheet" href="themes/Bootstrap.css">
   08      <link rel="stylesheet"
href="code.jquery.com/mobile/1.4.0/jquery.mobile.structure-1.4.0.min.css"
/>
   09      <link rel="stylesheet"
href="themes/jquery.mobile.icons.min.css" />
   10      <script src="code.jquery.com/jquery-1.8.2.min.js"></script>
   11      <script src="code.jquery.com/mobile/1.4.0/jquery.mobile-
1.4.0.min.js"></script>
   12  </head>
   13  <body>
   14      <div data-role="page" data-theme="a">
   15          <div data-role="header" data-position="inline">
   16              <h1>jQuery Mobile & Bootstrap</h1>
   17              <div data-role="navbar">
   18                  <ul>
   19                      <li><a href="index.html" data-icon="home">主页
</a></li>
   20                      <li><a href="buttons.html" data-icon="star">按钮
</a></li>
   21                      <li><a href="listviews.html" data-icon="grid">列
表</a></li>
   22                      <li><a href="nav.html" data-icon="search">导航
</a></li>
   23                      <li><a href="forms.html" data-icon="gear"
class="ui-btn-active">表单</a></li>
   24                  </ul>
   25              </div>
   26          </div>
   27          <div data-role="content" data-theme="a">
   28              <h2>表单（Forms）--- 输入框</h2>
   29              <form action="#" method="get">
   30                  <div data-role="fieldcontain">
   31                      <label for="name">文本输入：</label>
```

```
    32                      <input type="text" name="name" id="name"
value=""  />
    33                  </div>
    34                  <div data-role="fieldcontain">
    35                      <label for="textarea">文本域：</label>
    36                      <textarea cols="40" rows="20" name="textarea"
id="textarea"></textarea>
    37                  </div>
    38                  <div data-role="fieldcontain">
    39                      <label for="search">查询输入：</label>
    40                      <input type="search" name="password"
id="search" value=""  />
    41                  </div>
    42              </form>
    43          </div>
    44      </div>
    45  </body>
    46  </html>
```

关于【代码 14-6】的分析如下：

第 29～42 行代码通过 form 标签元素定义了一个表单，其中 action 提交地址属性值为"#"，method 提交方式属性值为"get"。

第 32 行代码通过 input 标签元素定义了一个普通输入框，type 属性值为"text"。

第 36 行代码通过 textarea 标签元素定义了一个多行文本输入域，rows 行属性值为"20"，cols 列属性值为"40"。

第 40 行代码通过 input 标签元素定义了一个查询输入框，type 属性值为"search"。

【代码 14-6】页面打开后的效果如图 14.8 所示。

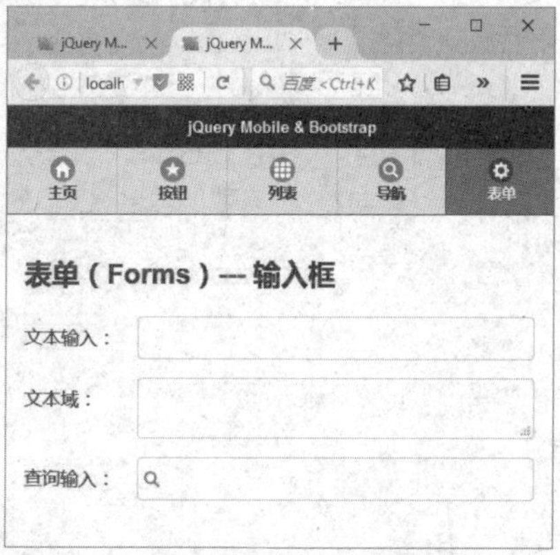

图 14.8　表单中的输入框

14.6.2 滑块

滑块是一款比较实用的控件，在数值选取、音量控制或百分比选择等设计上都可以使用。下面看一下代码示例。

【代码 14-7】（详见源代码 ch14 目录中 form-slider.html 文件）

```
01 <!doctype html>
02 <html>
03 <head>
04     <meta charset="utf-8">
05     <meta name="viewport" content="width=device-width,initial-
scale=1">
06     <title>jQuery Mobile & Bootstrap</title>
07     <link rel="stylesheet" href="themes/Bootstrap.css">
08     <link rel="stylesheet"
href="code.jquery.com/mobile/1.4.0/jquery.mobile.structure-1.4.0.min.css"
/>
09     <link rel="stylesheet"
href="themes/jquery.mobile.icons.min.css" />
10     <script src="code.jquery.com/jquery-1.8.2.min.js"></script>
11     <script src="code.jquery.com/mobile/1.4.0/jquery.mobile-
1.4.0.min.js"></script>
12 </head>
13 <body>
14     <div data-role="page" data-theme="a">
15         <div data-role="header" data-position="inline">
16             <h1>jQuery Mobile & Bootstrap</h1>
17             <div data-role="navbar">
18                 <ul>
19                     <li><a href="index.html" data-icon="home">主页
</a></li>
20                     <li><a href="buttons.html" data-icon="star">按钮
</a></li>
21                     <li><a href="listviews.html" data-icon="grid">列
表</a></li>
22                     <li><a href="nav.html" data-icon="search">导航
</a></li>
23                     <li><a href="forms.html" data-icon="gear"
class="ui-btn-active">表单</a></li>
```

```
24                    </ul>
25                </div>
26            </div>
27            <div data-role="content" data-theme="a">
28                <h2>表单（Forms）--- 滑块</h2><br><br><br>
29                <form action="#" method="get">
30                    <div data-role="fieldcontain">
31                        <label for="slider">滑块：</label>
32                        <input type="range"
33                               name="slider"
34                               id="slider"
35                               value="60"
36                               min="0"
37                               max="100"
38                               data-highlight="true" />
39                    </div>
40                </form>
41            </div>
42        </div>
43    </body>
44    </html>
```

关于【代码 14-7】的分析如下：

第 32～38 行代码通过 input 标签元素定义了一个滑块控件，type 属性值为"range"。

第 35 行代码通过 value 属性定义了滑块初始值为"60"。

第 36 行代码通过 min 属性定义了滑块下限值为"0"。

第 37 行代码通过 max 属性定义了滑块上限值为"100"。

【代码 14-7】页面打开后的效果如图 14.9 所示。

图 14.9　表单中的滑块

14.6.3 切换开关

切换开关是基于 select 控件实现的，算是一种比较新颖的设计。下面看一下代码示例。

【代码 14-8】（详见源代码 ch14 目录中 form-switch.html 文件）

```
01 <!doctype html>
02 <html>
03 <head>
04     <meta charset="utf-8">
05     <meta name="viewport" content="width=device-width,initial-
scale=1">
06     <title>jQuery Mobile & Bootstrap</title>
07     <link rel="stylesheet" href="themes/Bootstrap.css">
08     <link rel="stylesheet"
href="code.jquery.com/mobile/1.4.0/jquery.mobile.structure-1.4.0.min.css"
/>
09     <link rel="stylesheet"
href="themes/jquery.mobile.icons.min.css" />
10     <script src="code.jquery.com/jquery-1.8.2.min.js"></script>
11     <script src="code.jquery.com/mobile/1.4.0/jquery.mobile-
1.4.0.min.js"></script>
12 </head>
13 <body>
14     <div data-role="page" data-theme="a">
15         <div data-role="header" data-position="inline">
16             <h1>jQuery Mobile & Bootstrap</h1>
17             <div data-role="navbar">
18                 <ul>
19                     <li><a href="index.html" data-icon="home">主页
</a></li>
20                     <li><a href="buttons.html" data-icon="star">按钮
</a></li>
21                     <li><a href="listviews.html" data-icon="grid">列
表</a></li>
22                     <li><a href="nav.html" data-icon="search">导航
</a></li>
23                     <li><a href="forms.html" data-icon="gear"
class="ui-btn-active">表单</a></li>
24                 </ul>
```

```
25                </div>
26            </div>
27            <div data-role="content" data-theme="a">
28                <h2>表单（Forms）--- 切换开关</h2><br><br><br>
29                <form action="#" method="get">
30                    <div data-role="fieldcontain">
31                        <label for="slider2">切换开关：</label>
32                        <select name="slider2" id="slider2" data-
role="slider">
33                            <option value="off">关</option>
34                            <option value="on">开</option>
35                        </select>
36                    </div>
37                </form>
38            </div>
39        </div>
40    </body>
41    </html>
```

关于【代码 14-8】的分析如下：

第 32～35 行代码通过 select 标签元素定义了一个切换开关，其中通过 data-role="slider"属性定义了滑块样式。

第 33～34 行代码通过 option 标签元素定义了用于切换的两个开关（value="off" 与 value="on"）。

【代码 14-8】页面打开后的效果如图 14.10 和图 14.11 所示。

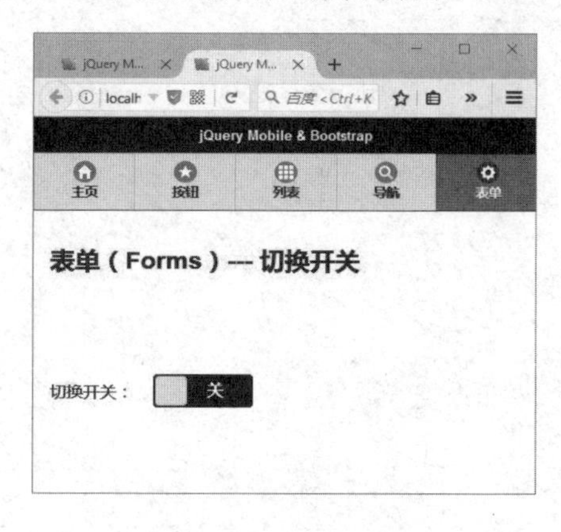

图 14.10　表单中的切换开关（一）

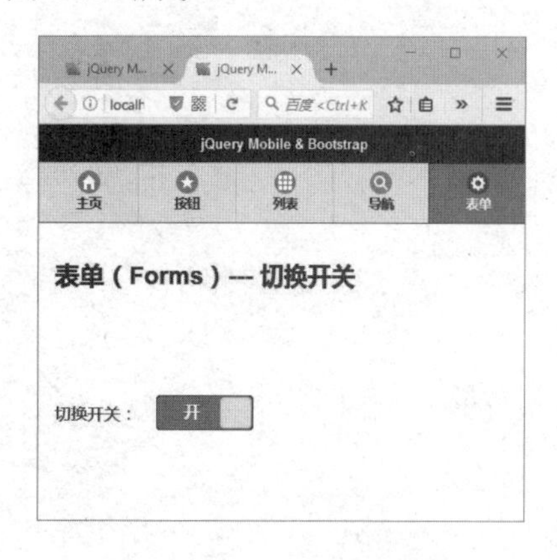

图 14.11　表单中的切换开关（二）

14.6.4 复选框

复选框包括基本样式复选框和水平样式复选框。下面看一下代码示例。

【代码 14-9】（详见源代码 ch14 目录中 form-checkbox.html 文件）

```
01 <!doctype html>
02 <html>
03 <head>
04      <meta charset="utf-8">
05      <meta name="viewport" content="width=device-width,initial-
scale=1">
06      <title>jQuery Mobile & Bootstrap</title>
07      <link rel="stylesheet" href="themes/Bootstrap.css">
08      <link rel="stylesheet" href="code.jquery.com/mobile/1.4.0/
jquery.mobile.structure-1.4.0.min.css" />
09      <link rel="stylesheet" href="themes/jquery.mobile.icons.
min.css" />
10      <script src="code.jquery.com/jquery-1.8.2.min.js"></script>
11      <script src="code.jquery.com/mobile/1.4.0/jquery.mobile-
1.4.0.min.js"></script>
12 </head>
13 <body>
14      <div data-role="page" data-theme="a">
15          <div data-role="header" data-position="inline">
16              <h1>jQuery Mobile & Bootstrap</h1>
17              <div data-role="navbar">
18                  <ul>
19                      <li><a href="index.html" data-icon="home">主页
</a></li>
20                      <li><a href="buttons.html" data-icon="star">按钮
</a></li>
21                      <li><a href="listviews.html" data-icon="grid">列
表</a></li>
22                      <li><a href="nav.html" data-icon="search">导航
</a></li>
23                      <li><a href="forms.html" data-icon="gear"
class="ui-btn-active">表单</a></li>
24                  </ul>
25              </div>
```

```
26          </div>
27          <div data-role="content" data-theme="a">
28              <h2>表单（Forms）--- 复选框</h2>
29              <form action="#" method="get">
30                  <div data-role="fieldcontain">
31                      <fieldset data-role="controlgroup">
32                          <legend>复选框：</legend>
33                          <input type="checkbox" name="checkbox-1a"
id="checkbox-1a" class="custom" />
34                          <label for="checkbox-1a">Bootstrap</label>
35                          <input type="checkbox" name="checkbox-2a"
id="checkbox-2a" class="custom" />
36                          <label for="checkbox-2a">jQuery</label>
37                          <input type="checkbox" name="checkbox-3a"
id="checkbox-3a" class="custom" />
38                          <label for="checkbox-3a">jQuery
Mobile</label>
39                      </fieldset>
40                  </div>
41                  <div data-role="fieldcontain">
42                      <fieldset data-role="controlgroup" data-
type="horizontal">
43                      <legend>字体风格：</legend>
44                      <input type="checkbox" name="checkbox-6"
id="checkbox-6" class="custom" />
45                          <label for="checkbox-6">b</label>
46                          <input type="checkbox" name="checkbox-7"
id="checkbox-7" class="custom" />
47                          <label for="checkbox-7"><em>i</em></label>
48                          <input type="checkbox" name="checkbox-8"
id="checkbox-8" class="custom" />
49                          <label for="checkbox-8">u</label>
50                      </fieldset>
51                  </div>
52              </form>
53          </div>
54      </div>
55  </body>
56  </html>
```

关于【代码 14-9】的分析如下：

第 30～40 行代码通过 input 标签元素定义了第一组普通样式的复选框，其中 type 属性值为"checkbox"。

第 41～51 行代码通过 input 标签元素定义了第二组水平样式的复选框，其中 type 属性值为"checkbox"；其中，第 42 行代码通过 data-type="horizontal"属性，定义了该复选框为水平样式。

【代码 14-9】页面打开后的效果如图 14.12 所示。

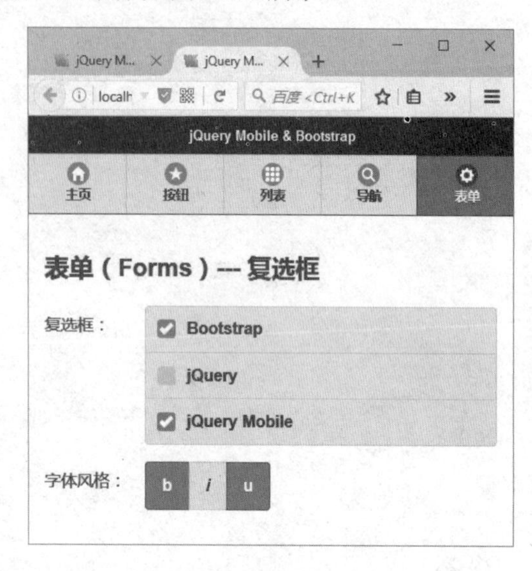

图 14.12　表单中的复选框

14.6.5　单选框

单选框包括基本样式单选框和水平样式单选框。下面看一下代码示例。

【代码 14-10】（详见源代码 ch14 目录中 form-radio.html 文件）

```
    01  <!doctype html>
    02  <html>
    03   <head>
    04       <meta charset="utf-8">
    05       <meta name="viewport" content="width=device-width,initial-
scale=1">
    06       <title>jQuery Mobile & Bootstrap</title>
    07       <link rel="stylesheet" href="themes/Bootstrap.css">
    08       <link rel="stylesheet"
href="code.jquery.com/mobile/1.4.0/jquery.mobile.structure-1.4.0.min.css"
/>
    09       <link rel="stylesheet"
href="themes/jquery.mobile.icons.min.css" />
```

```
10      <script src="code.jquery.com/jquery-1.8.2.min.js"></script>
11      <script src="code.jquery.com/mobile/1.4.0/jquery.mobile-
1.4.0.min.js"></script>
12  </head>
13  <body>
14      <div data-role="page" data-theme="a">
15          <div data-role="header" data-position="inline">
16              <h1>jQuery Mobile & Bootstrap</h1>
17              <div data-role="navbar">
18                  <ul>
19                      <li><a href="index.html" data-icon="home">主页
</a></li>
20                      <li><a href="buttons.html" data-icon="star">按钮
</a></li>
21                      <li><a href="listviews.html" data-icon="grid">列
表</a></li>
22                      <li><a href="nav.html" data-icon="search">导航
</a></li>
23                      <li><a href="forms.html" data-icon="gear"
class="ui-btn-active">表单</a></li>
24                  </ul>
25              </div>
26          </div>
27          <div data-role="content" data-theme="a">
28              <h2>表单（Forms）--- 单选框</h2>
29              <form action="#" method="get">
30                  <div data-role="fieldcontain">
31                      <fieldset data-role="controlgroup">
32                      <legend>单选框：</legend>
33                          <input type="radio" name="radio-choice-1"
id="radio-choice-1" value="choice-1" checked="checked" />
34                          <label for="radio-choice-
1">Bootstrap</label>
35                          <input type="radio" name="radio-choice-1"
id="radio-choice-2" value="choice-2"  />
36                          <label for="radio-choice-2">jQuery</label>
37                          <input type="radio" name="radio-choice-1"
id="radio-choice-3" value="choice-3"  />
38                          <label for="radio-choice-3">jQuery
Mobile</label>
39                      </fieldset>
40                  </div>
41                  <div data-role="fieldcontain">
```

```
42                    <fieldset data-role="controlgroup" data-
type="horizontal">
43                        <legend>水平单选框：</legend>
44                        <input type="radio" name="radio-choice-b"
id="radio-choice-c" value="on" checked="checked" />
45                        <label for="radio-choice-
c">Bootstrap</label>
46                        <input type="radio" name="radio-choice-b"
id="radio-choice-d" value="off" />
47                        <label for="radio-choice-d">jQuery</label>
48                        <input type="radio" name="radio-choice-b"
id="radio-choice-e" value="other" />
49                        <label for="radio-choice-e">jQuery
Mobile</label>
50                    </fieldset>
51                </div>
52            </form>
53        </div>
54    </div>
55 </body>
56 </html>
```

关于【代码 14-10】的分析如下：

第 30～40 行代码通过 input 标签元素定义了第一组普通样式的单选框，其中 type 属性值为"radio"。

第 41～51 行代码通过 input 标签元素定义了第二组水平样式的单选框，其中 type 属性值为"radio"；其中，第 42 行代码通过 data-type="horizontal"属性，定义了该单选框为水平样式。

【代码 14-10】页面打开后的效果如图 14.13 和图 14.14 所示。

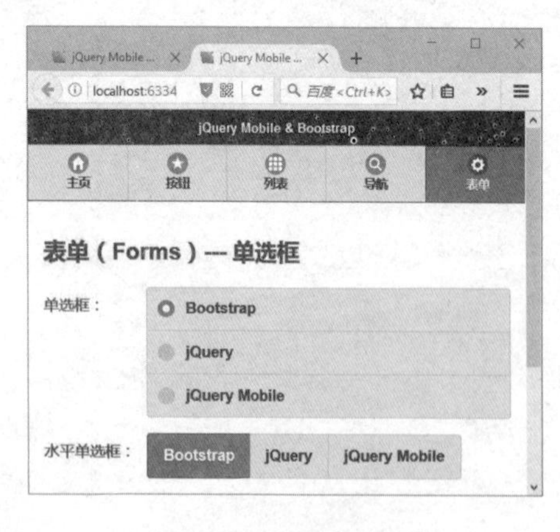

图 14.13　表单中的单选框（一）

图 14.14　表单中的单选框（二）

14.6.6 下拉菜单

下拉菜单也是基于 select 控件实现的，但其样式风格进行了全新的设计。下面看一下代码示例。

【代码 14-11】（详见源代码 ch14 目录中 form-menu.html 文件）

```
01 <!doctype html>
02 <html>
03 <head>
04     <meta charset="utf-8">
05     <meta name="viewport" content="width=device-width,initial-
scale=1">
06     <title>jQuery Mobile & Bootstrap</title>
07     <link rel="stylesheet" href="themes/Bootstrap.css">
08     <link rel="stylesheet"
href="code.jquery.com/mobile/1.4.0/jquery.mobile.structure-1.4.0.min.css"
/>
09     <link rel="stylesheet"
href="themes/jquery.mobile.icons.min.css" />
10     <script src="code.jquery.com/jquery-1.8.2.min.js"></script>
11     <script src="code.jquery.com/mobile/1.4.0/jquery.mobile-
1.4.0.min.js"></script>
12 </head>
13 <body>
14     <div data-role="page" data-theme="a">
15         <div data-role="header" data-position="inline">
16             <h1>jQuery Mobile & Bootstrap</h1>
17             <div data-role="navbar">
18                 <ul>
19                     <li><a href="index.html" data-icon="home">主页
</a></li>
20                     <li><a href="buttons.html" data-icon="star">按钮
</a></li>
21                     <li><a href="listviews.html" data-icon="grid">列
表</a></li>
22                     <li><a href="nav.html" data-icon="search">导航
</a></li>
23                     <li><a href="forms.html" data-icon="gear"
class="ui-btn-active">表单</a></li>
24                 </ul>
```

```
25              </div>
26          </div>
27          <div data-role="content" data-theme="a">
28              <h2>表单（Forms）--- 下拉菜单</h2><br><br><br>
29              <form action="#" method="get">
30                  <div data-role="fieldcontain">
31                      <label for="select-choice-a" class="select">下拉
菜单：</label>
32                      <select name="select-choice-a" id="select-
choice-a" data-native-menu="false">
33                          <option>选择编程语言</option>
34                          <option value="bootstrap">Bootstrap</option>
35                          <option value="jqury">jQuery</option>
36                          <option value="jquerymobile">jQuery
Mobile</option>
37                      </select>
38                  </div>
39              </form>
40          </div>
41      </div>
42  </body>
43  </html>
```

关于【代码 14-11】的分析如下：

第 32～37 行代码通过 select 标签元素定义了一个下拉菜单，其中通过 data-native-menu="false"属性定义了下拉菜单的全新样式。

第 33～36 行代码通过 option 标签元素定义了具体的下拉菜单项。

【代码 14-11】页面打开后的效果如图 14.15 和图 14.16 所示。

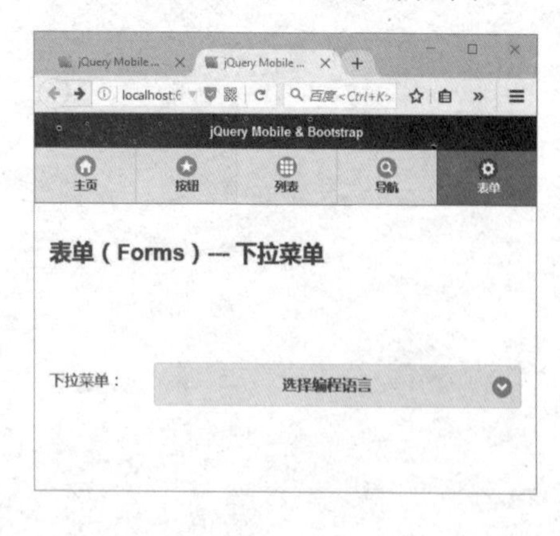

图 14.15　表单中的下拉菜单（一）

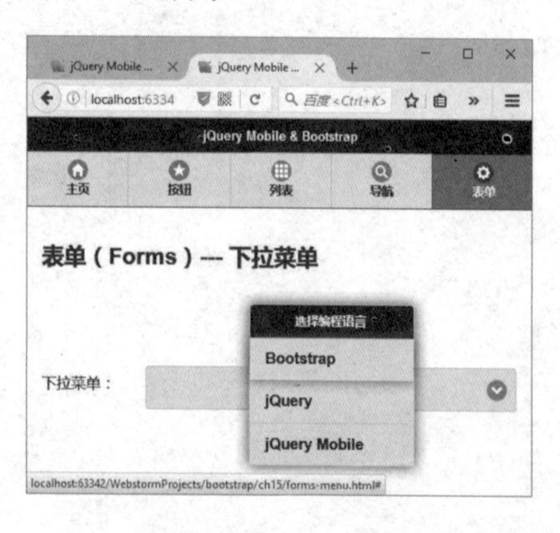

图 14.16　表单中的下拉菜单（二）

14.6.7　提交按钮

最后，将前面几个小节中关于表单的控件整合一下，并加入提交按钮，这样就可以形成一个完整的表单应用了。下面看一下代码示例。

【代码 14-12】（详见源代码 ch14 目录中 form.html 文件）

```
01 <!doctype html>
02 <html>
03 <head>
04     <meta charset="utf-8">
05     <meta name="viewport" content="width=device-width,initial-
scale=1">
06     <title>jQuery Mobile & Bootstrap</title>
07     <link rel="stylesheet" href="themes/Bootstrap.css">
08     <link rel="stylesheet"
href="code.jquery.com/mobile/1.4.0/jquery.mobile.structure-1.4.0.min.css"
/>
09     <link rel="stylesheet"
href="themes/jquery.mobile.icons.min.css" />
10     <script src="code.jquery.com/jquery-1.8.2.min.js"></script>
11     <script src="code.jquery.com/mobile/1.4.0/jquery.mobile-
1.4.0.min.js"></script>
12 </head>
13 <body>
14     <div data-role="page" data-theme="a">
15         <div data-role="header" data-position="inline">
16             <h1>jQuery Mobile & Bootstrap</h1>
17             <div data-role="navbar">
18                 <ul>
19                     <li><a href="index.html" data-icon="home">主页
</a></li>
20                     <li><a href="buttons.html" data-icon="star">按钮
</a></li>
21                     <li><a href="listviews.html" data-icon="grid">列
表</a></li>
22                     <li><a href="nav.html" data-icon="search">导航
</a></li>
23                     <li><a href="forms.html" data-icon="gear"
class="ui-btn-active">表单</a></li>
24                 </ul>
```

```
25              </div>
26          </div>
27          <div data-role="content" data-theme="a">
28              <h2>表单（Forms）</h2>
29              <form action="#" method="get">
30                  <div data-role="fieldcontain">
31                      <label for="name">文本框：</label>
32                      <input type="text" name="name" id="name"
value=""  />
33                  </div>
34                  <div data-role="fieldcontain">
35                      <label for="textarea">文本域：</label>
36                      <textarea cols="40" rows="20" name="textarea"
id="textarea"></textarea>
37                  </div>
38                  <div data-role="fieldcontain">
39                      <label for="search">查询输入：</label>
40                      <input type="search" name="password"
id="search" value=""  />
41                  </div>
42                  <div data-role="fieldcontain">
43                      <label for="slider2">切换开关：</label>
44                      <select name="slider2" id="slider2" data-
role="slider">
45                          <option value="off">关</option>
46                          <option value="on">开</option>
47                      </select>
48                  </div>
49                  <div data-role="fieldcontain">
50                      <label for="slider">滑块：</label>
51                      <input type="range" name="slider" id="slider"
value="50" min="0" max="100" data-highlight="true"  />
52                  </div>
53                  <div data-role="fieldcontain">
54                      <fieldset data-role="controlgroup">
55                          <legend>复选框：</legend>
56                          <input type="checkbox" name="checkbox-1a"
id="checkbox-1a" class="custom" />
57                          <label for="checkbox-1a">Bootstrap</label>
58                          <input type="checkbox" name="checkbox-2a"
```

```
id="checkbox-2a" class="custom" />
   59                    <label for="checkbox-2a">jQuery</label>
   60                    <input type="checkbox" name="checkbox-3a"
id="checkbox-3a" class="custom" />
   61                    <label for="checkbox-3a">jQuery
Mobile</label>
   62                 </fieldset>
   63              </div>
   64              <div data-role="fieldcontain">
   65                 <fieldset data-role="controlgroup" data-
type="horizontal">
   66                 <legend>字体风格：</legend>
   67                 <input type="checkbox" name="checkbox-6"
id="checkbox-6" class="custom" />
   68                    <label for="checkbox-6">b</label>
   69                    <input type="checkbox" name="checkbox-7"
id="checkbox-7" class="custom" />
   70                    <label for="checkbox-7"><em>i</em></label>
   71                    <input type="checkbox" name="checkbox-8"
id="checkbox-8" class="custom" />
   72                    <label for="checkbox-8">u</label>
   73                 </fieldset>
   74              </div>
   75              <div data-role="fieldcontain">
   76                 <fieldset data-role="controlgroup">
   77                 <legend>单选框：</legend>
   78                    <input type="radio" name="radio-choice-1"
id="radio-choice-1" value="choice-1" checked="checked" />
   79                    <label for="radio-choice-
1">Bootstrap</label>
   80                    <input type="radio" name="radio-choice-1"
id="radio-choice-2" value="choice-2"  />
   81                    <label for="radio-choice-2">jQuery</label>
   82                    <input type="radio" name="radio-choice-1"
id="radio-choice-3" value="choice-3"  />
   83                    <label for="radio-choice-3">jQuery
Mobile</label>
   84                 </fieldset>
   85              </div>
   86              <div data-role="fieldcontain">
```

```
    87                    <fieldset data-role="controlgroup" data-
type="horizontal">
    88                        <legend>Layout view:</legend>
    89                        <input type="radio" name="radio-choice-b"
id="radio-choice-c" value="on" checked="checked" />
    90                        <label for="radio-choice-
c">Bootstrap</label>
    91                        <input type="radio" name="radio-choice-b"
id="radio-choice-d" value="off" />
    92                        <label for="radio-choice-d">jQuery</label>
    93                        <input type="radio" name="radio-choice-b"
id="radio-choice-e" value="other" />
    94                        <label for="radio-choice-e">jQuery
Mobile</label>
    95                    </fieldset>
    96                </div>
    97                <div data-role="fieldcontain">
    98                    <label for="select-choice-a" class="select">下拉
菜单：</label>
    99                    <select name="select-choice-a" id="select-
choice-a" data-native-menu="false">
    100                           <option>选择编程语言</option>
    101                           <option
value="bootstrap">Bootstrap</option>
    102                           <option value="jqury">jQuery</option>
    103                           <option value="jquerymobile">jQuery
Mobile</option>
    104                       </select>
    105                   </div>
    106                   <div class="ui-body ui-body-b">
    107                       <fieldset class="ui-grid-a">
    108                           <div class="ui-block-a"><button
type="submit" data-theme="a">取消</button></div>
    109                           <div class="ui-block-b"><button
type="submit" data-theme="d">提交</button></div>
    110                       </fieldset>
    111                   </div>
    112               </form>
    113           </div>
    114       </div>
```

```
115      </body>
116  </html>
```

关于【代码 14-12】的分析如下：

第 106～111 行代码通过 button 标签元素定义了一组提交按钮，其中 type 属性定义为 "submit"。

【代码 14-12】页面打开后的效果如图 14.17 和图 14.18 所示。

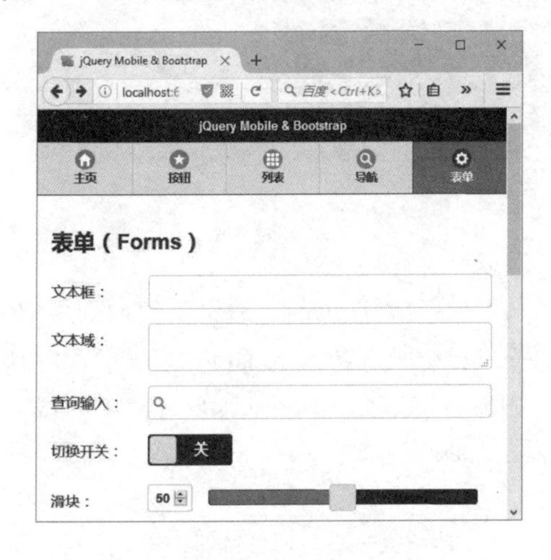

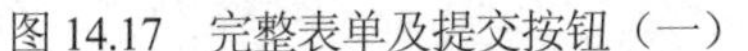
图 14.17　完整表单及提交按钮（一）

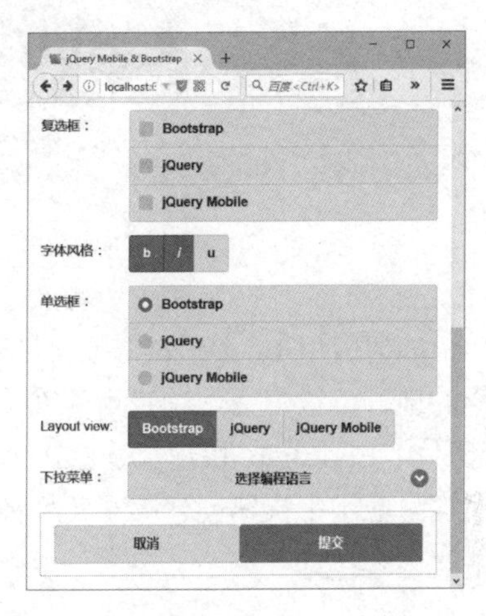

图 14.18　完整表单及提交按钮（二）

14.7 本章小结

本章主要介绍了整合 jQuery Mobile 框架与 Bootstrap 主题进行应用开发的内容，包括主页、按钮、列表、导航和表单设计的相关知识，并配合具体代码实例进行讲解，希望对读者有一定的帮助。

第 15 章

实战：应用Bootstrap实现一个贴吧管理页面

本章介绍如何应用 Bootstrap 框架实现一个贴吧后台管理页面。后台管理系统是 Bootstrap 应用最为广泛的地方，很多网站项目可能在用户界面看不到太多 Bootstrap 的痕迹，但其后台管理界面基本都是由 Bootstrap 快速搭建的。本章将仿照比较流行的贴吧来设计一个后台管理页面，帮助读者在实际应用中快速创建美观实用的管理界面。

本章主要内容包括：

- 管理页面的布局
- 管理页面的导航栏设计
- 管理页面的左侧边栏设计
- 管理页面的主体设计

15.1 项目设计概述

首先，设计项目开始先要确定需求。贴吧后台管理包含很多方面，譬如帖子审核、用户封杀、管理员和版主设置、首页推荐、数据统计等，限于篇幅，这里选择最有典型性的帖子审核作为示例。

众所周知，由于网络监管和水军攻击等方面的原因，很多贴吧要么被广告帖、垃圾帖占领，要么由于大量发布敏感信息被网监部门勒令关停，因此对贴吧内容的审核是后台必不可少的功能。所以，可以方便地查看帖子内容，并对帖子进行删除/通过/恢复等管理操作，就是该页面的核心功能。

以下就是贴吧后台管理页面的 3 个主要模块：

- 首部导航栏：包括内容审核、贴吧管理、数据统计这 3 个主要模块的链接，以及搜索、消息通知、管理员登录信息等通用功能。
- 左侧边栏：内容审核分类下的功能导航，包括主贴审核、内容审核、用户管理、审核日志等模块的导航链接。

- 主功能部分：查看帖子内容，并进行通过/删除/恢复操作。

15.2 页面布局设计

本节首先介绍贴吧后台管理页面的布局设计，包括如何引入 Bootstrap 框架库以及实现页面布局的代码等内容。

15.2.1 引入 Bootstrap 框架

首先，介绍如何引入 Bootstrap 框架和 jQuery 框架。比较流行的做法是，使用 Bootstrap 中文网提供的 CDN 链接引入 Bootstrap 框架，使用百度 CDN 链接引入 jQuery 框架。不过，调试阶段直接将 Bootstrap 框架和 jQuery 框架的库文件放置在本地也是一种有效的方法。这里，选择第二种方法，当然还包括一些自定义的 CSS 样式代码放在 main.css 文件中，具体代码如下。

【代码 15-1】（详见源代码 ch15 目录中 index.html 文件）

```
01 <!DOCTYPE html>
02 <html>
03   <head>
04     <title>贴吧后台管理系统</title>
05     <script src="js/jquery.js"></script>
06     <script src="js/bootstrap.min.js"></script>
07     <link href="css/bootstrap.css" rel="stylesheet">
08     <link href="css/main.css" rel="stylesheet">
09   </head>
10   <body>
11     .....
12   </body>
13 </html>
```

这里考虑到该系统可能在移动设备上使用，再加上 Bootstrap 框架默认采用响应式设计，因此需要在头部添加 viewport 的 meta 标签。此外为了防止在某些没有指定编码的浏览器下出现乱码，需要添加 meta 标签来指定 charset=UTF-8。具体代码如下。

【代码 15-2】（详见源代码 ch15 目录中 index.html 文件）

```
01 <!DOCTYPE html>
02 <html>
```

```
03    <head>
04      <meta http-equiv="content-type" content="text/html;
charset=UTF-8" />
05      <meta name="viewport" content="width=device-width, initial-
scale=1.0" />
06      <title>贴吧后台管理系统</title>
07      <script src="js/jquery.js"></script>
08      <script src="js/bootstrap.min.js"></script>
09      <link href="css/bootstrap.css" rel="stylesheet">
10      <link href="css/main.css" rel="stylesheet">
11    </head>
12    <body>
13      …..
14    </body>
15  </html>
```

15.2.2 实现页面布局代码

继续编写布局代码，页眉采用 nav 标签，主内容则包裹在 Bootstrap 默认的 container 容器内部。在 container 内部，则分为左侧边栏和右侧的主功能部分，这里采用的比例是 1:5，即 12 列栅格中，左侧占两列，右侧占 10 列。而在小屏幕设备下，则采用堆叠放置。具体代码如下。

【代码 15-3】（详见源代码 ch15 目录中 index.html 文件）

```
01  <body>
02  <!– 页眉 -->
03  <div class="header">
04      <nav>
05      <!-- 导航条部分 -->
06      </nav>
07  </div>
08  <div class="container">
09      <div class="row">
10          <!-- 左侧目录 -->
11          <div class="col-xs-12 col-sm-2 col-md-2 col-lg-2">
12          ......
13          </div>
14          <!-- 右侧主要内容 -->
15          <div class="col-xs-12 col-sm-10 col-md-10 col-lg-10">
16          ......
```

```
17          </div>
18       </div>
19    </div>
20 </body>
```

关于【代码 15-3】的分析如下：

第 03～07 行代码通过为 div 标签元素添加 class="header"样式定义了页面页眉部分，其中第 04～06 行代码通过 nav 标签元素定义了页眉导航条。

第 08～19 行代码通过为 div 标签元素添加 class="container"样式定义了页面主体部分；第 11～13 行代码定义了左侧目录；第 15～17 行代码定义了右侧内容区域。

第 01～20 行代码就是整个页面布局的基本样式。

15.3 页面导航栏设计

本章贴吧后台管理页面中的页眉导航主要包括标题、主要功能模块的链接、搜索框、通知、登录信息 5 个部分，主要采用 Bootstrap 中内置的头部导航组件来实现。

15.3.1 构建导航的整体架构

首先，介绍如何构建页眉导航的整体架构，具体代码如下。

【代码 15-4】（详见源代码 ch15 目录中 index.html 文件）

```
01 <nav class="navbar navbar-default" role="navigation">
02   <div class="navbar-header">
03      <!--这里设置标题 -- >
04   </div>
05   <div class="collapse navbar-collapse">
06     <ul class="nav navbar-nav">
07       <!--这里设置导航链接-- >
08     </ul>
09     <ul class="nav navbar-nav navbar-right">
10        <!--这里设置搜索、通知、登录信息-- >
11     </ul>
12   </div>
13 </nav>
```

关于【代码 15-4】的分析如下：

第 01～13 行代码通过 nav 标签元素定义了页眉导航条，并添加了"navbar navbar-default"样式类。

第 02～04 行代码通过为 div 标签元素添加 class="navbar-header"样式，定义了导航标题区域。

第 05～12 行代码通过为 div 标签元素添加 class="collapse navbar-collapse"样式，定义了导航链接、搜索、通知和登录区域。

15.3.2 设计标题和导航链接

导航标题需要在<div class="navbar-header"></div>标签内设置，同时要为该链接添加".navbar-brand"样式类。导航链接需要在<ul class="nav navbar-nav"></ul>内添加列表项即可，用".active"类表示当前活动的功能模块。具体代码如下。

【代码 15-5】（详见源代码 ch15 目录中 index.html 文件）

```
01 <div class="header">
02   <nav class="navbar navbar-default " role="navigation">
03     <div class="container">
04       <div class="navbar-header">
05         <button type="button" class="navbar-toggle" data-
toggle="collapse" data-target="#bs-example-navbar-collapse-1">
06           <span class="sr-only">Toggle navigation</span>
07           <span class="icon-bar"></span>
08           <span class="icon-bar"></span>
09           <span class="icon-bar"></span>
10         </button>
11         <a class="navbar-brand" href="#">贴吧后台管理系统</a>
12       </div>
13     </div>
14   </nav>
15 </div>
```

关于【代码 15-5】的分析如下：

第 04～12 行代码通过为 div 标签元素添加 class="navbar-header"样式定义了导航标题部分。

第 05～10 行代码通过 button 标签元素定义了适用于手机屏幕浏览器分辨率下的导航菜单。

第 11 行代码通过".navbar-brand"样式定义了导航标题链接。

下面测试一下该页面，页面效果如图 15.1 所示。

将页面分辨率调整到手机屏幕大小测试一下，页面效果如图 15.2 所示。

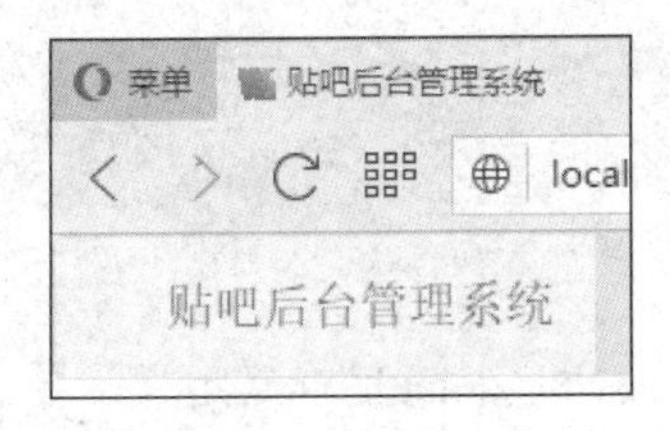

图 15.1　页眉导航标题（一）

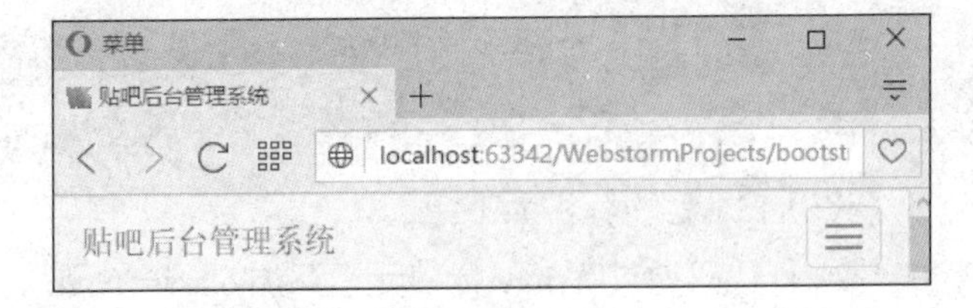

图 15.2　页眉导航标题（二）

15.3.3　设计搜索框和通知系统

对于搜索框，需要为其外层的 form 元素添加".navbar-form"和".navbar-left"类。同时，为了美观，这里没有添加显式的提交按钮，而将提交按钮设为了隐藏，通过回车键提交表单。通知系统则使用了 Bootstrap 框架的徽章系统，在值为空时会自动隐藏。具体代码如下。

【代码 15-6】（详见源代码 ch15 目录中 index.html 文件）

```
01 <div class="header">
02   <nav class="navbar navbar-default" role="navigation">
03     <div class="container">
04       <div class="collapse navbar-collapse" id="bs-example-navbar-collapse-1">
05         <ul class="nav navbar-nav">
06           <li class="active"><a href="#">内容审核</a></li>
07           <li><a href="#">贴吧管理</a></li>
08           <li><a href="#">数据统计</a></li>
09         </ul>
10         <ul class="nav navbar-nav navbar-right">
11           <form class="navbar-form navbar-left" role="search">
12             <div class="form-group">
13               <input type="text" class="form-control" placeholder="搜索">
14             </div>
15             <button type="submit" class="btn btn-default hidden">Submit</button>
16           </form>
17           <li><a href="#">未读消息 <span class="badge">5</span></a></li>
18         </ul>
19       </div>
20     </div>
```

```
21    </nav>
22  </div>
```

关于【代码 15-6】的分析如下：

第 02～21 行代码通过为 nav 标签元素添加 class="navbar navbar-default"样式定义了导航条的菜单、搜索和通知部分。

第 05～09 行代码通过 ul-li 标签元素定义了导航菜单。

第 11～16 行代码通过 form 表单标签元素定义了导航搜索框。

第 17 行代码通过 a 标签元素定义了导航通知系统。

下面测试一下该页面，页面效果如图 15.3 所示。

图 15.3　页眉导航搜索及通知系统（一）

将页面分辨率调整到手机屏幕大小测试一下，页面效果如图 15.4 所示。

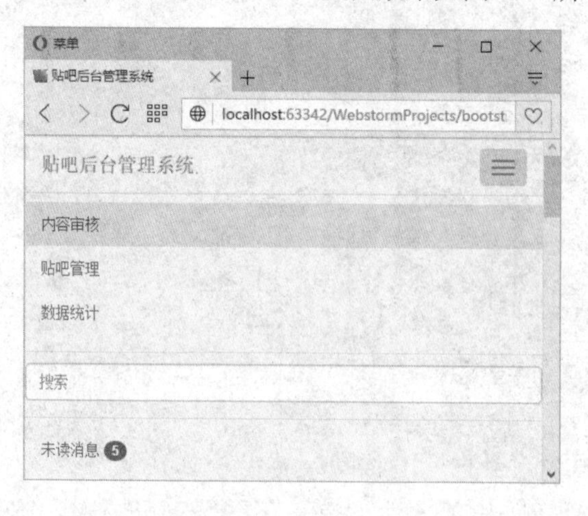

图 15.4　页眉导航搜索及通知系统（二）

15.3.4　设计管理员登录系统

在页眉中加入管理员登录系统也是很常用的模式。如果管理员未登录，这里应当显示登录的链接（对于后台管理，一般是不开放注册的）；如果管理员已经登录，这里应当显示管理员的用户名，并提供下拉菜单，菜单项涉及查看该管理员的操作日志，以及注销链接。具体代码如下。

【代码 15-7】（详见源代码 ch15 目录中 index.html 文件）

```
01  <div class="header">
```

```
02   <nav class="navbar navbar-default " role="navigation">
03     <div class="container">
04       <div class="collapse navbar-collapse" id="bs-example-navbar-
collapse-1">
05         <ul class="nav navbar-nav navbar-right">
06           <li class="dropdown">
07             <a href="#" class="dropdown-toggle" data-
toggle="dropdown">Admin_one<b class="caret"></b></a>
08             <ul class="dropdown-menu">
09               <li><a href="#">我删除的条目</a></li>
10               <li><a href="#">我修改的条目</a></li>
11               <li><a href="#">我恢复的条目</a></li>
12               <li class="divider"></li>
13               <li><a href="#">注销</a></li>
14             </ul>
15           </li>
16         </ul>
17       </div>
18     </div>
19   </nav>
20 </div>
```

关于【代码 15-7】的分析如下：

第 04～17 行代码通过为 div 标签元素添加 class="collapse navbar-collapse"样式定义了导航条的管理员登录系统区域。

第 05～16 行代码通过 ul-li 标签元素定义了一个登录区域的下拉菜单；其中，第 07 行代码通过 a 标签元素定义了登录信息；第 08～14 行代码通过嵌套的 ul-li 标签元素定义了具体下拉菜单项。

下面测试一下该页面，页面效果如图 15.5 所示。

图 15.5　页眉导航管理员登录系统（一）

将页面分辨率调整到手机屏幕大小测试一下，页面效果如图 15.6 所示。

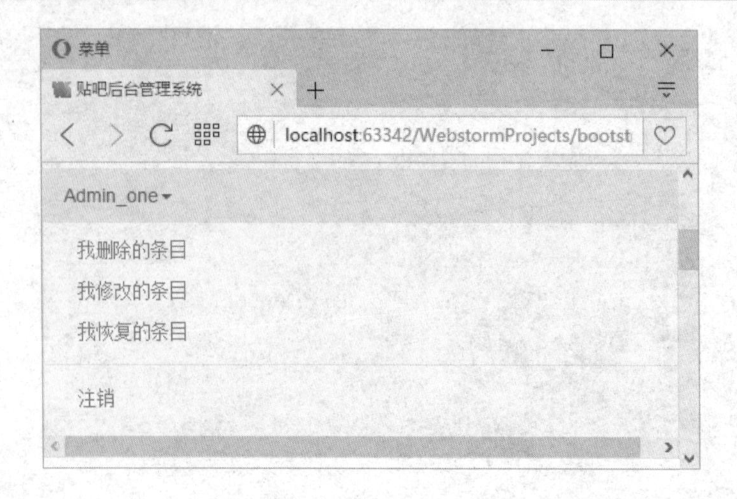

图 15.6　页眉导航管理员登录系统（二）

15.3.5　设计响应式导航

前面已经为读者展示了响应导航的效果，下面看一下具体是如何实现的。首先，在<div class="navbar-header"></div>内添加一个指定样式的按钮，用于控制列表的展开和收起，需要为该按钮添加 data-toggle="collapse"触发器和 data-target 属性。然后，为<div class="collapse navbar-collapse">添加 id 属性，id 的值要和 data-taget 属性的值对应，例如：id="set"，那么 data-target ="#set"。下面我们看一下具体代码。

【代码 15-8】（详见源代码 ch15 目录中 index.html 文件）

```
01 <div class="header">
02   <nav class="navbar navbar-default " role="navigation">
03     <div class="container">
04       <div class="navbar-header">
05         <button type="button" class="navbar-toggle" data-
toggle="collapse" data-target="#bs-example-navbar-collapse-1">
06           <span class="sr-only">Toggle navigation</span>
07           <span class="icon-bar"></span>
08           <span class="icon-bar"></span>
09           <span class="icon-bar"></span>
10         </button>
11         <a class="navbar-brand" href="#">贴吧后台管理系统</a>
12       </div>
13       <div class="collapse navbar-collapse" id="bs-example-navbar-
collapse-1">
14         <ul class="nav navbar-nav">
15           <li class="active"><a href="#">内容审核</a></li>
```

```
16          <li><a href="#">贴吧管理</a></li>
17          <li><a href="#">数据统计</a></li>
18        </ul>
19        <ul class="nav navbar-nav navbar-right">
20          <form class="navbar-form navbar-left" role="search">
21            <div class="form-group">
22              <input type="text" class="form-control" placeholder="
搜索">
23            </div>
24            <button type="submit" class="btn btn-default
hidden">Submit</button>
25          </form>
26          <li><a href="#">未读消息 <span
class="badge">5</span></a></li>
27          <li class="dropdown">
28            <a href="#" class="dropdown-toggle" data-
toggle="dropdown">Admin_one<b class="caret"></b></a>
29            <ul class="dropdown-menu">
30              <li><a href="#">我删除的条目</a></li>
31              <li><a href="#">我修改的条目</a></li>
32              <li><a href="#">我恢复的条目</a></li>
33              <li class="divider"></li>
34              <li><a href="#">注销</a></li>
35            </ul>
36          </li>
37        </ul>
38      </div>
39    </div>
40  </nav>
41 </div>
```

关于【代码 15-8】的分析如下：

第 05 行代码通过为 button 标签元素定义了 data-toggle="collapse"属性和 data-target="#bs-example-navbar-collapse-1"属性；同时，第 13 行代码为 div 标签元素定义了 id="bs-example-navbar-collapse-1"属性；通过以上的关联，当我们调整浏览器分辨率大小时就会根据需要显示不同的导航菜单样式了。

按钮的样式可以自己控制，但是 data-toggle="collapse"这个触发器和 data-target 属性都是必需的。

下面测试一下该页面，页面效果如图 15.7 所示。

图 15.7 响应式导航（一）

将页面分辨率调整到手机屏幕大小测试一下，页面效果如图 15.8 所示。

图 15.8 响应式导航（二）

15.4 左侧边栏设计

页眉导航设计完成后，继续设计左侧边栏的样式。一般来说，左侧边栏主要是一个大的功能模块中的子模块列表，本质上就是一组链接，这里可以选择 Bootstrap 框架的胶囊导航，也可以选择列表组。

下面是关于左侧边栏设计的代码。

【代码 15-9】（详见源代码 ch15 目录中 index.html 文件）

```
01  <div class="col-xs-12 col-sm-2 col-md-2 col-lg-2">
```

```
02      <div class="list-group">
03          <a href="#" class="list-group-item active">主帖审核</a>
04          <a href="#" class="list-group-item">回复审核</a>
05          <a href="#" class="list-group-item">用户管理</a>
06          <a href="#" class="list-group-item">版主审核</a>
07          <a href="#" class="list-group-item">主帖审核日志</a>
08          <a href="#" class="list-group-item">回复审核日志</a>
09          <a href="#" class="list-group-item">用户管理日志</a>
10      </div>
11  </div>
```

关于【代码 15-9】的分析如下：

第 01～11 行代码通过为 div 标签元素实现了一个左侧边栏容器，并添加了 class="col-xs-12 col-sm-2 col-md-2 col-lg-2"样式，表明在桌面浏览器下占据左侧 2 栏，而在手机浏览器下自动调整为浏览器全部宽度。

第 02～10 行代码通过为 div 标签元素添加了 class="list-group"样式类定义了列表组。

下面测试一下该页面，桌面应用的页面效果如图 15.9 所示。

将页面分辨率调整到手机屏幕大小测试一下，页面效果如图 15.10 所示。

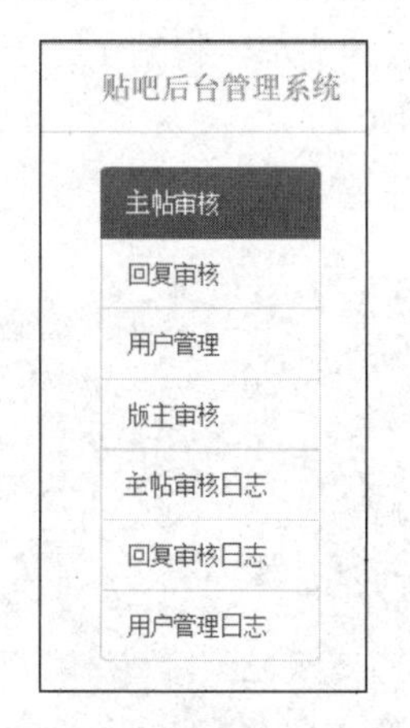

图 15.9　左侧边栏（一）

图 15.10　左侧边栏（二）

15.5 页面主体设计

最后，完成贴吧后台管理页面主体的设计。一般来说，一个贴吧后台管理系统包括审核、管理、日志等多个模块，这里限于篇幅无法一一赘述，仅仅选择主贴审核功能页面作为样例进行展开。

15.5.1 页面主体功能的头部

在页面主体功能的头部设计了一个面板，其基本框架代码如下。

【代码 15-10】（详见源代码 ch15 目录中 index.html 文件）

```
01  <div class="col-xs-12 col-sm-10 col-md-10 col-lg-10">
02    <div class="panel panel-default">
03       <div class="panel-heading">
04       ………………
05       <!-- 这里放置标题、选项、分页-->
06       </div>
07       <div class="panel-body">
08         ……………….
09         <!-- n 这里帖子列表-->
10       </div>
11     </div>
12  </div>
```

根据功能的划分，我们将标题、选项、分页等内容放在面板的头部，将帖子列表放在面板的内容部分。然后，继续向面板头部填充具体内容，具体代码如下。

【代码 15-11】（详见源代码 ch15 目录中 index.html 文件）

```
01  <div class="col-xs-12 col-sm-10 col-md-10 col-lg-10">
02    <div class="panel panel-default">
03      <div class="panel-heading">
04          <h4>主帖审核</h4>
05          <div class="form-group">
06            <span>全选 <input type="checkbox"/></span>
07            <button class="btn btn-success">通过</button>
08            <button class="btn btn-primary">恢复</button>
09            <button class="btn btn-danger">删除</button>
10            <ul class="pagination visible-md visible-lg visible-sm"
id="page-right">
11              <li><a href="#">&laquo;</a></li>
12              <li class="active"><a href="#">1</a></li>
13              <li><a href="#">2</a></li>
14              <li><a href="#">3</a></li>
15              <li><a href="#">4</a></li>
16              <li><a href="#">5</a></li>
```

```
17              <li><a href="#">&raquo;</a></li>
18            </ul>
19          </div>
20       </div>
21      <div class="panel-body">
22        ....................
23        <!-- n 这里帖子列表-->
24      </div>
25     </div>
26  </div>
```

关于【代码 15-11】的分析如下：

首先，第 04 行代码定义了一个标题，表明该页的主要功能是“主帖审核”；

对于一个帖子，可以有 4 种状态：未审核、已通过、已删除、已恢复。一个新帖子默认为“未审核”状态；如果用户选中一个或多个帖子，然后点击按钮进行标记，正常帖子标记为“已通过”状态，避免重复审核；然后，将散布垃圾或敏感信息的标记为“已删除”，让其无法在页面显示并使其不能被搜索引擎索引；最后，对于误删的帖子可以进行恢复，并标记为“已恢复”。

然后，第 06～09 行代码设置了通过、删除、恢复 3 个按钮来进行标记通过/删除/恢复操作；同时，鉴于可能出现的大量垃圾信息刷屏，还可以设置一个全选按钮，以降低审核人员的工作量；按钮通过 Bootstrap 框架内置的".btn-success"、".btn-danger"、".btn-primary"类设置颜色。

第 10～18 行代码定义了分页信息，将其放在同一个<div class="form-group"></div>中，使按钮和分页信息对齐呈一排。

下面测试一下该页面，页面效果如图 15.11 所示。

图 15.11　页面主体功能头部

15.5.2　页面主体功能的帖子列表

下面，继续设计帖子列表部分，列表每一行需要显示帖子的审核状态、主题、发帖时间、作者、详情等信息，显然这里使用表格是最合适的选择。同时为了避免内容很长的帖子，还需要用到 Bootstrap 框架的折叠插件来隐藏帖子内容。具体代码如下。

【代码 15-12】（详见源代码 ch15 目录中 index.html 文件）

```
01  <div class="col-xs-12 col-sm-10 col-md-10 col-lg-10">
02    <div class="panel panel-default">
```

```
03      <div class="panel-body">
04        <table class="table">
05          <tr>
06            <th></th>
07            <th>审核状态</th>
08            <th>标题</th>
09            <th>作者</th>
10            <th>创建时间</th>
11            <th>详情</th>
12          </tr>
13          <tr>
14            <td><input type="checkbox"/></td>
15            <td><span class="label label-default">未审核</span></td>
16            <td><a href="#">Bootstrap 框架设计问题探讨</a></td>
17            <td><a href="#">KING</a></td>
18            <td>2017年1月8日 08:08</td>
19            <td>
20    <a class="detail-link" data-toggle="collapse" data-
parent="#accordion" href="#collapse1">
21                <span class="glyphicon glyphicon-chevron-down"></span>
22              </a>
23            </td>
24          </tr>
25          <tr id="collapse1" class="collapse">
26            <td colspan="10">
27              Bootstrap 框架设计问题探讨明细.
28            </td>
29          </tr>
30          <tr>
31          ......
32          </tr>
33          <tr>
34          ......
35          </tr>
36        </table>
37        <div class="visible-xs">
38          <ul class="pagination">
39            <li><a href="#">&laquo;</a></li>
40            <li class="active"><a href="#">1</a></li>
```

```
41              <li><a href="#">2</a></li>
42              <li><a href="#">3</a></li>
43              <li><a href="#">4</a></li>
44              <li><a href="#">5</a></li>
45              <li><a href="#">&raquo;</a></li>
46            </ul>
47          </div>
48        </div>
49      </div>
50    </div>
```

关于【代码 15-12】的分析如下：

第 03～48 行代码通过 div 标签元素定义了帖子列表区域。

第 04～36 行代码通过 table 标签元素定义了帖子列表的表格；其中，表格第一列定义了“checkbox”选择功能，最后一列通过 Bootstrap 框架的 accordion 插件定义了打开/折叠面板功能。

下面测试一下该页面，页面效果如图 15.12 和图 15.13 所示。

	审核状态	标题	作者	创建时间	详情
☐	未审核	Bootstrap框架设计问题探讨	KING	2017年1月8日 08:08	˅
☐	未审核	Bootstrap框架设计问题探讨	KING	2017年1月8日 10:10	˅
☑	已通过	Bootstrap框架设计概述	Tina	2017年1月18日 10:38	˅
☐	已删除	Bootstrap框架之Bug汇总	Sandy	2017年1月18日 15:50	˅
☐	已恢复	Bootstrap框架4.0版本更新	Super	2017年1月20日 11:11	˅
☑	已通过	Bootstrap框架应用	KING	2017年1月24日 09:58	˅

图 15.12　页面主体功能内容（一）

	审核状态	标题	作者	创建时间	详情
☐	未审核	Bootstrap框架设计问题探讨	KING	2017年1月8日 08:08	˅
Bootstrap框架设计问题探讨明细.Bootstrap框架设计问题探讨明细.Bootstrap框架设计问题探讨明细.Bootstrap框架设计问题探讨明细.Bootstrap框架设计问题探讨明细.					
☐	未审核	Bootstrap框架设计问题探讨	KING	2017年1月8日 10:10	˅
☑	已通过	Bootstrap框架设计概述	Tina	2017年1月18日 10:38	˅
Bootstrap框架设计概述.Bootstrap框架设计概述.Bootstrap框架设计概述.Bootstrap框架设计概述.Bootstrap框架设计概述.Bootstrap框架设计概述.					
☐	已删除	Bootstrap框架之Bug汇总	Sandy	2017年1月18日 15:50	˅
☐	已恢复	Bootstrap框架4.0版本更新	Super	2017年1月20日 11:11	˅
☑	已通过	Bootstrap框架应用	KING	2017年1月24日 09:58	˅
Bootstrap框架应用.Bootstrap框架应用.Bootstrap框架应用.Bootstrap框架应用.Bootstrap框架应用.Bootstrap框架应用.					

图 15.13　页面主体功能内容（二）

最后，看一下基于 Bootstrap 框架设计的贴吧后台管理页面的整体效果，如图 15.14 所示。

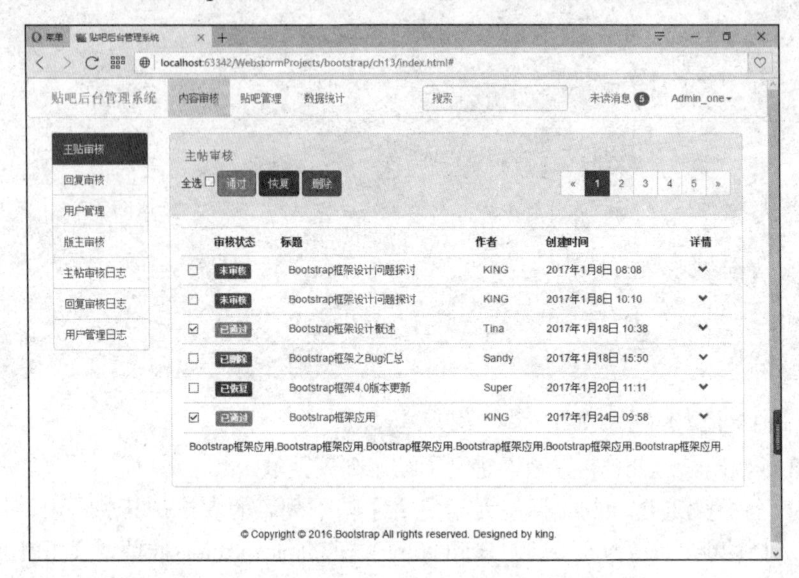

图 15.14　整体页面效果

15.6 本章小结

本章演示了如何从零开始应用 Bootstrap 框架完成一个贴吧后台管理页面构建的过程，包括头部导航、侧边栏、主体内容 3 大部分，应用到了 Bootstrap 中的按钮、标签、表格、表单等基础样式，列表组、面板、头部导航、分页、徽章等样式组件，以及头部响应式导航、折叠、下拉菜单等 jQuery 组件。

Bootstrap 框架的强大之处在于可以帮助设计人员从烦琐的页面细节中解脱出来，从而可以把更多的精力放在业务功能逻辑上，最大限度地提高开发效率。

附 录

CSS选择器速览

选择器	例子	例子描述
.class	.intro	选择 class="intro"的所有元素
#id	#firstname	选择 id="firstname"的所有元素
*	*	选择所有元素
element	p	选择所有<p>元素
element,element	div,p	选择所有<div>元素和所有<p>元素
element element	div p	选择<div>元素内部的所有<p>元素
element>element	div>p	选择父元素为<div>元素的所有<p>元素
element+element	div+p	选择紧接在<div>元素之后的所有<p>元素
[attribute]	[target]	选择带有 target 属性的所有元素
[attribute=value]	[target=_blank]	选择 target="_blank"的所有元素
[attribute~=value]	[title~=flower]	选择 title 属性包含单词"flower"的所有元素
[attribute|=value]	[lang|=en]	选择 lang 属性值以"en"开头的所有元素
:link	a:link	选择所有未被访问的链接
:visited	a:visited	选择所有已被访问的链接
:active	a:active	选择活动链接
:hover	a:hover	选择鼠标指针位于其上的链接
:focus	input:focus	选择获得焦点的 input 元素
:first-letter	p:first-letter	选择每个<p>元素的首字母
:first-line	p:first-line	选择每个<p>元素的首行
:first-child	p:first-child	选择属于父元素的第一个子元素的每个<p>元素
:before	p:before	在每个<p>元素的内容之前插入内容
:after	p:after	在每个<p>元素的内容之后插入内容
:lang(language)	p:lang(it)	选择带有以"it"开头的 lang 属性值的每个<p>元素
element1~element2	p~ul	选择前面有<p>元素的每个<ul>元素
[attribute^=value]	a[src^="https"]	选择其 src 属性值以"https"开头的每个<a>元素
[attribute$=value]	a[src$=".pdf"]	选择其 src 属性以".pdf"结尾的所有<a>元素
[attribute*=value]	a[src*="abc"]	选择其 src 属性中包含"abc"子串的每个<a>元素
:first-of-type	p:first-of-type	选择属于其父元素的首个<p>元素的每个<p>元素
:last-of-type	p:last-of-type	选择属于其父元素的最后<p>元素的每个<p>元素
:only-of-type	p:only-of-type	选择属于其父元素唯一的<p>元素的每个<p>元素
:only-child	p:only-child	选择属于其父元素的唯一子元素的每个<p>元素
:nth-child(n)	p:nth-child(2)	选择属于其父元素的第二个子元素的每个<p>元素
:nth-last-child(n)	p:nth-last-child(2)	同上，从最后一个子元素开始计数

（续表）

选择器	例子	例子描述
:nth-of-type(n)	p:nth-of-type(2)	选择属于其父元素第二个<p>元素的每个<p>元素
:nth-last-of-type(n)	p:nth-last-of-type(2)	同上，但是从最后一个子元素开始计数
:last-child	p:last-child	选择属于其父元素最后一个子元素每个<p>元素
:root	:root	选择文档的根元素
:empty	p:empty	选择没有子元素的每个<p>元素（包括文本节点）
:target	#news:target	选择当前活动的#news 元素
:enabled	input:enabled	选择每个启用的<input>元素
:disabled	input:disabled	选择每个禁用的<input>元素
:checked	input:checked	选择每个被选中的<input>元素
:not(selector)	:not(p)	选择非<p>元素的每个元素
::selection	::selection	选择被用户选取的元素部分